温暖化に負けない生き物たち

気候変動を生き抜くしたたかな戦略

Hurricane Lizards and Plastic Squid

The Fraught and Fascinating Biology of Climate Change

by Thor Hanson

ソーア・ハンソン 著

黒沢令子 訳

白揚社

兄へ

目次

第2部 難題（とチャンス）

第3部 応答

第4部 結果

本文中の〔　〕は訳者による訳注。
本文中の引用について、既訳書の文章を使用した場合はその翻訳者名を付した。

温暖化に負けない生き物たち

私が気候変動による危機に触発されて本書を書いたのは確かだが、危機そのものについて述べるわけではない。すでに警鐘を鳴らす著書はたくさん出版されているし、その警告は今でも有効だからだ。本書はむしろ、好奇心の賜物であり、科学者という生まれつき好奇心旺盛な人たちやその発見を通して語る物語である。本書が注目するのは、もっと根本的なことだ。気候変動がもたらす影響を予測する際に、この先どうなるかをいかに生物学から学べるか、ということである。本書には、急発展している分野の最前線から発信された最新情報が詰まっているので、さらに理解を深めたい読者のために関連文献を巻末にまとめておいた。科学的概念を解説するときには、専門用語をできるだけ使わないように心がけたが、どうしても使用せざるを得なかったものに関しては巻末に用語集を設けたので、参照していただきたい。また、改良型の甲虫捕獲トラップ、パックラットの尿の固定作用が続く期間、アヒルの卵を水に浸けて溶かす方法など、本文で紹介できなかった逸話や挿話は各章の註で取り上げておいた。私は本書の情報収集や執筆を通して多くの洞察を得られたので、読者のみなさんにもそれを共有してもらい、興味を持つと同時に、行動に移そうという意欲を高めるきっかけにしてもらえれば幸いである。世間に何かを伝えたいときは、みなで力を合わせて大きな声を出す方が遠くまで届くからだ。

序章　今さらながら

やあ、兄さん、このあいだ読んだ予言のことを考えてるんです。[1]

（松岡和子訳）

ウィリアム・シェイクスピア『リア王』（一六〇六年頃）

篠突く雨が降る真っ暗闇の中、私は斜面をよじ登り、ここまで登れば鉄砲水は避けられるのではないかと願いながら、テントを張って中へ潜り込んだ。しかし、激しい風で支柱がガタガタ揺らされて、仰向けに寝ている私の顔のすぐ上にある濡れた布から、細かい水しぶきが振りかかってくるので、さながら脱水が始まった洗濯機の中にいるようだった。夜半になっても嵐の収まる気配が一向に見えないばかりか、水が寝袋の中にまで染み込んできたとき、私は春休みの過ごし方の選択を誤ったなと後悔し始めた。

魚釣りに行く友達につきあうこともできたし、卒業を控えた四年生は飲み会をするのが定番なので、その親睦の輪に加わることもできた。しかし、私は春休み直前に、サンドイッチを山ほど作るとキャンプ用具と一緒にバックパックに詰め込んで、南カリフォルニアの人里離れた砂漠に向かうことにしたのだ。そこはのちにジョシュアツリー国立公園になった場所である。北米でも一番乾燥した場所なので、まさか防水シートや雨具が必要になるとは夢にも思っていなかった。そういうわけで、初日はこれまでのテント生活のなかでも最低な夜を過ごす羽目になったのだが、その雨がまさに奇跡を起こした。乾燥していた種子や多年草がいたるところで息を吹き返し、その後は晴天が続いたので、花の咲き乱れる砂漠というめったに見られない風景の中でハイキングを満喫する幸運に恵まれたのである。そのときのフィールドノートには、赤土と花崗岩《かこうがん》の上に青や紫、黄金色などの花が散らし模様のように咲き乱れていたと記してある。鮮やかな色をしたデイジーやブルーベルをはじめとして、ファセリア、オオバナノセンダングサ、ウィスリゼニアといった馴染みのない花まで（それぞれにサソリ草、スペイン人の針、ロバのクローバーという、西部劇から抜け出てきたような呼び名がついている）、記録された花は二〇種を優に超えた。しかし、私のノートに一番多く登場する植物は、花ではなく、まったく異なる種類の装飾をまとっていた。

狭い峠道を歩いていたとき、まるで熊手の歯のように枝を空に向けてポツンと立っているジョシュアツリーの古木に出会った。遠くからでも枝がそよ風に吹かれて揺れるとチラチラと奇妙に光るのが見えたが、その理由は近くに来るまでわからなかった。地形と標高のせいでこの場所に吹き込んでくる卓越風が、雑多なゴミを運んできて、それが花綱ならぬゴミ綱となって枝に絡みついていたのだ。ビニール袋、食品のラップ、梱包用の紐がぶら下がり、ヘリウムガスの抜け具合の異なるパーティー用の風船が三つも引っかかっていた。そのうちの一つは、「ハッピーバースデー」という文字が読み

図I.1　ジョシュアツリーはユッカ属の最大種で、モハーヴェ砂漠だけに生育しているが、生息地の砂漠は気候の温暖化に伴い、急速に変化している。

National Park Service/ Robb Hannawacker

取れ、枝に絡みついたリボンの先でゆらゆら揺れていた。私はこのゴミを見て果実を思い浮かべた——大きな町から八〇キロメートルも離れたこんな僻地で、奇妙な果実が実っているように思われたのだ。あれから数十年たった今でもあの木のことは鮮明に覚えているし、人間が自然界に及ぼす広範囲にわたる影響を如実に表しているように思える。しかし、今にして思えば、問題は風によって運ばれたものではなく、空気そのものだったのである。

私は砂漠で実り多い春休みを過ごした二か月後に大学を無事に卒業し、保全生物学の道を歩み始めた。奇《く》しくも卒業式の日には、一九九二年の地球サミットに参加する各国の代表団が、開催地であるブラジルのリオデジャネイロに集結していた。ちなみに、この会議で気候変動に関する最初の国際条約が調印されることになる。とはいえ、気候変動という概念は目新しいものではなかった。一九世紀にはすでに、科学者は炭素の排出が及ぼす影響について予測していたし、「地球温暖化」という言葉も環境問題の専門家の間では何年も前から普通に使われていた。しかし、地球サミットが転機となって、気候変動は一気に学者の間の学術的な問題から、世界中の人々の関心事へと変わった。それ以降、気候変動を裏付ける証拠が次々と積み上がり、対策を求める声が高まっていくと、特にアメリカでは政治と繰り返しぶつかり合うことになった。気候変動に対する抗議行動やキャンペーン、気候変動をめぐる論争なども盛んに行なわれ、さらには集団的不安の究極の表れとしてハリウッドでは次々と災害パニック映画が制作された。科学者の端くれとして、私も気候変動が焦眉の問題だということは十分に認識していたが、他の大勢と同様に、有効な対処法を探しあぐねていた。皮肉なことに、アフリカやアラスカのような遠方の調査地に行くには、飛行機に乗らざるを得ない。空港まで相乗りしたところで、飛行機のジェット燃料から排出される炭素量を相殺できるわけもない。しかし、こうした漠然とした懸念を別にすれば、気候変動の問題は当初、気がかりではあるが実感を伴わない、他人事のように感じられた。症状がないので診断結果に戸惑いを覚えている患者のような心境だ。

私の反応は多くの人とほぼ同じ、ごく典型的なものだった。こと気候変動に関するかぎり、私たちの現状認識と、そのためにできるとかやってみようと思うこととの間には、明らかにズレがある。長いこと気候変動がもたらす危機を訴えてきた活動家のジョージ・マーシャルは、『考えさえしない』という的を射た題名の名著を著し、この乖離について考察している。それによれば、人間の脳は抽象的な脅威を理解していながらも、同時にそれを無視できるのだという。結果が出るまでに相当時間がかかったり、少しずつしか影響が及ばないと思える場合には、人間の心の理性的な部分が、今後の参考にとどめるだけで済ませてしまう。それゆえ、すばやい行動に関わる、もっと本能的で情緒的な回路が起動することはめったにない（槍で突かれたり、ライオンに襲われたりするような身体的な脅威には、私たちはもっとうまく対処できる。私たちの祖先は、こうした切迫した問題に対処するように進化してきたからだ）。マーシャルは本のラストに、この心理的なズレを埋める戦略をいくつも挙げているが、その多くが、人間の脳が得意とする別の能力、「ストーリーテリング（物語を語って伝えること）」に頼っている。

複雑な概念も物語に結びつけられると、すぐに親近感が増すものだ。プラトンが対話篇という哲学的対話の多くを、ソクラテスの裁判という劇的な事件と絡めて著したのにも、カール・セーガンが物語の設定を使って、架空の宇宙船の輝くデッキから天体物理学を教えることにしたのにも、理由があるのだ。物語は事実だけでは反応しない脳領域に働きかけ、化学物質を放出させて、私たちの考え方や感じ方、記憶の仕方をがらりと変えてしまう。[2] 気候変動について学ぶのもまったく同じことだ。私たちが気候変動を理解し、行動を起こすための方法を突きつめれば、結局のところ、物語になるだろう。それは、私たち自身が語る物語であり、また気候変動問題そのものが私たちに問いかける物語でもある。私自身の見方も、キャリアを積み重ねていく中で劇的に変わった。物語に影響されて、他人事のように眺めていた気候変動に強い興味を持つように変化したのだ。必ずしも新聞の見出しや政策論争で語られることだけではなく、もっと根本的なところ、つまり私が研究してきた動植物の生活の中で繰り広げられていることにも強く惹かれるようになった。

生物学研究において、気候変動というテーマはかつては背景にある目立たない存在だったが、いまや前景に躍り出て、どの研究でも重要な問題として扱われている。世界各地の生物学者と同じく、私もその変化を注視してきた。人間はこの三〇年間、気候変動への対応を考えることにさえ苦慮してきたが、その間に地球上の他の生き物は、有無を言わさず気候変動と折り合ってきていたからだ。そうした生物の対応が教えてくれているように、将来の気候変動のシナリオがどんなに複雑だろうと異論が多かろうと、気候変動がもたらす結果は、最終的には「個々の動植物が変化にどう応答するか」という一点にかかっている。どんな状況になっても、地球上のすべての生き物が問題なくやっていけるのならば、多少の気候変動はまったく問題にはならない。しかし、どの生物も同じ生息条件で暮らしているわけではない。何百万種もの生物は、それぞれ微妙に異なる特定のニッチ（生態的地位）に巧みに適応して暮らしている。こうした特殊化によって、生物多様性が生み出されているのだ。生息条件が変わると、生物は新たに応答するよう強いられるので、急激に変化した場合には、生態系全体が再構築されかねない。したがって、気候変動が危機になるかどうかのカギは、その変化の速度が握っているのだ。とはいえ、これは、科学者、農家、バードウォッチャー、園芸家、市井の自然愛好家など、自然に関心のある人にとってはまたとない機会でもある。私たちはこのような劇的な生物学的事象に立ち会える機会を得たことはこれまでに一度もなかったし、気候変動によって生じた初期の結果が何かの兆候を示しているとしたら、そこから学べるものはたくさんあるはずだ。地球が予想外の速さで変化しているのと同じように、そこに暮らしている動植物も変化しているからだ。

本書では、現在姿を現しつつある新しい世界を探訪する。そこでは、甲虫からフジツボに至るさまざまな生物種(もちろんジョシュアツリーさえも)が気候変動による急激な変化という難題に立ち向かい、リアルタイムで順応したり、適応したり、時には目に見えるほどの変化を遂げている。本書は二酸化炭素について簡単に触れるが、地球温暖化の理由や仕組みについては詳述していない。また、温暖化対策の進展を阻み続けているさまざまな論争にも言及していない。きわめて重要な問題なのは確かだが、マスコミ等ですでに詳しく報道されているからだ(たとえば、アンドリュー・デスラーの『現代気候変動入門』は公平な立場でわかりやすくまとめた優れた解説書なので、一読をお勧めする)。そのかわりに、本書では生物学の新分野とも見なされる「気候変動生物学」について掘り下げて考察する。最初に、科学者が気候変動に気づき、その原因が温室効果ガスであることを発見した経緯について紹介する。それに続いて、この新しい生物学の中心にある三つの問いについて語る。その三つとは、(1)気候変動によって動植物はどのような問題を突きつけられるのか?(2)各個体はどのように応答するのか？（3）こうした個々の応答を総合すると、動植物と私たち自身の将来について何かわかるだろうか？　というものだ。

本書を通して、気候変動は憂慮すべき問題であると同時に、好奇心をかきたてる事象でもある、という私の考えに同意していただけたらうれしい。問題解決の第一歩は、みなが関心を持つことだ。不幸中の幸いだが、気候変動がもたらす危機はきわめて興味深く、さまざまな形で身近な生き物の世界に影響を与えており、日々考察するに値する。たとえば、私はこの文章をよく晴れた春の日の午後に書いているのだが、書斎のドアを大きく開け放してあるので、果樹園でブンブンうなっている昆虫の羽音や、南から渡ってきたばかりのアメリカムシクイのさえずりが聞こえる。しかし、地球温暖化が進めば、この場面のあらゆるところに——昆虫による送粉（花粉媒介）や鳥の渡りの時期から、ドアを開け放って半袖シャツで心地いいという状況にまで——影響が出ることだろう。気候変動に対する生物の応答を理解すれば、気候変動の中での私たちの居場所を見つける一助になるかもしれない。本書の中で展開される物語が読者の役に立つだけでなく、啓発にもつながれば望外の幸せである。結局のところ、キリギリスやマルハナバチ、チョウなどが行動を変えることができるのなら、私たちにもできるはずだ。近い将来に起こる事態について、私たちが生き物から学べることはたくさんある。動植物だけでなく、私たちの多くにとっても、その世界はすでに来ているからだ。

第1部 元凶

（気候変動と二酸化炭素）

敵を作りたいと思ったら、
何かを変えてみればいい。[1]

ウッドロー・ウィルソン、セールスマンシップ会議での演説（1916年）

私は大学院へ進みたかったので、何か月もかけて、自分に合った博士課程のある大学を探した。さまざまな大学を訪ねたり、指導教官になってくれそうな教授に電話したり、Eメールを書いたり、面会したりした。ある教授と面談したとき、私は自分が探し求めていた指導教官に巡り会えたと確信した。というのも、彼は研究室やオフィスを案内する前に、まず私と一緒に森で一日を過ごしたからだ。教授は「散歩でもしながら、話が合うか様子をみることにしよう」と言った。それは、基本が重要だという教えだった。込み入った企てに深入りする前には、まず基本的なことを確かめておくのが大切だ。

そこで、本書の第1部ではこの教えを念頭に置いて、「そもそも科学者はどのようにして、気候変動と二酸化炭素について考えるようになったのか」という、軽んじられがちだが基本的な話題に焦点を当ててみよう。

第1章　万物は流転する

生活習慣や思考習慣における変化は、すべてやっかいなものである。[1]
（高哲男訳）
ソースティン・ヴェブレン『有閑階級の理論』（一八九九年）

その鳥の姿が見える前から、鳴き声が聞こえた。頭上のどこかで、気の触れたオンドリのように、二羽が耳障りな甲高い声で鳴き立てている。金切り声は延々と続いた。こんなうるさい鳥を室内で飼いたいなどと思う人は頭がおかしいのではないか、と私は思った。しかし、ペット需要が増えたことが一因となって、普通種だったヒワコンゴウインコは、今や絶滅危惧種になってしまったのだ。私は、かつてはこのインコの主要な生息地だったところで、三年間かけて主要な食物について研究したことがある。この鳥を見つけるためには、バスと川船を乗り継ぎ、最後はエンジン付きのカヌーを利用して、二日かけて奥地まで行かなければならなかった。そんなわけで、二羽のヒワコンゴウインコが樹冠から突然飛び立って、川の上で帆翔を始めたときは、待ちに待った瞬間が訪れたときのようにワクワクした。それと同時に、この鳥をペットにしている愛好家たちが、あのけたたましい鳴き声を黙認する理由もわかった。遠くからでも、鮮やかな緑色の羽が日の光を受けて輝いているのが見えた。そこに深紅や栗色、ブロンズ色のアクセントが加わり、幅の広い青い翼に縁取られている。まるで、空から川や熱帯雨林に至る、あたり一帯のあらゆる色が抽出されて、羽の中で命を吹き込まれたかのようだった。

ヒワコンゴウインコはニカラグア側から川を横断してコスタリカ側へ飛んでいくと、丘陵の向こうへ姿を消していき、私はその姿を満足して見送った。中央アメリカでの私の研究目的は、鳥類が別の生息地に再定住するよう促すことだったので、その証拠を目にすることができ、研究の締めくくりにふさわしいと思った。とはいえ、私はヒワコンゴウインコを直接研究していたわけではない。私の研究対象はアルメンドロの木だった（アーモンドに似たその実を、ヒワコンゴウインコは主要な食物としている）。森が分断されたせいで、アルメンドロの木はあちこちの小区域に取り残されてしまった。だが、私の研究の結果、アルメンドロの木は互いに遠く離ればなれになっても、ハナバチの送粉によって結びつけられ、絶滅せずに繁殖できることがわかったのだ。この私の発見は、コスタリカ東部の低地に生えているアルメンドロを保護するという、新しい法律の正当性を裏付けるのに一役買った。その地域では、牧畜や果樹の栽培によって、熱帯雨林が牧草地や道路、農地で分断されてしまったのだが、適切な樹種が残っていれば、ヒワコンゴウインコは私がはるばる訪れたニカラグアの広大な自然保護区に残された北方の最後の生息地から、かつての生息地に戻ってきて定着するかもしれないと期待されていたのだ。そして、実際に、この再定住は予想以上に進んでいた。今後は何百というヒワ

図 1.1　ヒワコンゴウインコは中央アメリカ最大のインコだ。中央アメリカにおけるアルメンドロの木とこのインコの関係が、今後どのようになるかはわからない。
P. W. M. Trap, *Onze Vogels in Huis en Tuin* (1869). Biodiversity Heritage Library

コンゴウインコが、私が見かけた個体と同じように、サンファン川を横断して南へ向かい、コスタリカの各地でかつてのように普通に見られる（そして鳴き声も聞こえる）ようになるだろう。再定住してアルメンドロの実を食べ、その木の大きな洞に営巣して子育てをするようになったヒワコンゴウインコは一時、自然保護の成功例として取り上げられた。しかし、科学者たちはまもなく、ヒワコンゴウインコとアルメンドロの運命は、自然保護とはまったく関係ない、もっとはるかに重要な事柄の好例であることに気がついた。

今思うと、私はアルメンドロの研究をしたとき、それに関する提案書や報告書、査読付きの論文を数多く書いたが、「気候変動」という用語を一度も使わなかった。当時は、気候変動がこうした特定地域の生物学的研究に関連があるとは思えなかったからだ。しかし、研究の途中で、同じフィールドステーションの研究者に何気なく言われたことの中に、示唆に富むヒントが含まれていたのだ。その研究者のデータは、アルメンドロの木が気温の上昇に応答し、呼吸（植物が細胞に酸素を取り込む手段）の回数を増やしていることを示していた。いわば、アルメンドロの木はハアハアとあえいでいたわけだ。このようなストレスのしるしは、温暖化している世界では好ましい兆しではない。のちに、中央アメリカの気候変動が、気象モデルを用いて予測されるようになると、アルメンドロの木が窮地に立たされていることが明らかになった。ある専門家は「君が研究した木は今世紀中に姿を消してしまうだろう」と言った。そして、アルメンドロが生き残れるかどうかは、標高の高いところへ生息地を移動させ、好みに合う気温を見つけられるかどうかにかかっていると説明した。するとにわかに、私が付け足し同然に発表したことが、研究の最も重要な成果となったのだった。それは、「アルメンドロの種子は、オオコウモリによって一キロメートルほど遠いところにまで散布される」という発見だ。

こうした種子散布による移動距離と速度は、アルメンドロの温暖化対策として十分だろうか？ コウモリは適切な方向へ飛んでいくだろうか？ 高地の森はすでに樹木でいっぱいだが、アルメンドロはそこで根付くことができるだろうか？ そして、こうしたことはヒワコンゴウインコにとって何を意味するのだろうか？ ヒワコンゴウインコは種子散布のゆっくりしたペースに制約されずに、冷涼な気候を求めて北へ飛んでいくはずだ。コンゴウインコとアルメンドロの物語は、インコと樹木の整然とした関係ではなく、変化し続けている地球を象徴する不確実性のさらなる事例研究になったのだ。

生物学者の端くれとして、アルメンドロの木が急に窮地に陥ったことに驚いてはいけなかったのかもしれない。そもそも変化は進化の本質であり、進化は生物学の真髄だからだ。「進化する」という英語の「evolve」は「展開する」という意味のラテン語の動詞に由来する。すべての生き物はこうした絶え間ない動きの産物なのだ。種は生まれると、適応し、その過程でたいてい新しい種を生み出すが、周囲の世界が変化するにつれて、いずれは消え去る。アルメンドロが丘陵地帯に行き着けずに絶滅したとしても、仕方のないことなのである。絶滅はすべての種にとって避けることができない宿命だからだ。しかし、そうとわかってはいても、自分が研究した巨木（なかには、直径が三メートルにもなる木もある）がじきになくなってしまうかもしれないと考えると、居ても立っても居られなかった。単なる感傷や驚きというものではなかった。変化に抵抗するのは人間心理の特徴と考えられている。社会には結びつきとまとまりが必要であり、その必要性と合わさって、人間は馴染みのあるものに本能的に安全性と安心感を覚える。そして、専門家は変化に対する抵抗をそうした安心感と結びつけている。人気アニメ『ザ・シンプソンズ』に登場する愛すべきエブリマン〔平凡な人〕、ホーマー・シンプソンが言い放つ、「新しいたわごとはたくさんだ！」というセリフにうまく表わされた共通の感情がそれである。

環境は常に変化すると考えて落ち着かなくなるのは、もちろん私が最初ではない。人間はいつの時代も、こうした考えをはねつけ、自然界を不変のものと見なそうとしてきた。確かに、季節は移り変わるし、干ばつや洪水が起きることもあるが、大地も海もそこに生きる生き物もずっと変わらず存在していた。古代ギリシャの哲学者パルメニデスは、変化はありえないということの証明まで試みている。無からは何も生じないし、すでに存在しているものから何かが生じることもありえない。なぜなら「存るものは存る」からだとパルメニデスは論じている。[2]

アリストテレスは、物体はその根底にある本質が失われないかぎり、形を変えることがあるかもしれないと提唱して、パルメニデスの主張にある程度の融通がきくことを示した。たとえば、ドングリは成長すればカシの木になるし、青銅を溶かして鋳型に入れれば銅像を造ることもできる。こうすることによって、自然を絶対不変なものと見なす考えに異議を唱えることなく、日常生活でみられる明らかな変化の過程を説明することができる。また、アリストテレスは、自然界を厳格に階層化することも試みており、単純な形態をしていると見なした植物のような生き物は下層に、動物（やギリシャの哲学者）のような複雑な生き物は上層に据えている。

後世の学者たちはこの考えを受け入れただけでなく、発展させて、新しく発見された生物種にとど

図1.2　16世紀の銅版画。岩や土から植物、動物、そして人間へと至る、不変の「偉大なる存在の鎖」として描かれた自然界。その上と下には天国と地獄（およびその住人）が描かれている。
Diego Valadés, *Rhetorica Christiana* (1579). Getty Research Institute

まらず、貴金属、惑星、恒星のようなものから、さまざまな種類の天使までも序列化した。このパラダイムは二〇〇〇年近くも信奉され続けて、偉大な分類学者のカール・リンネが考案した階層的分類体系に反映されている。一七三七年にリンネは、真正の種はいずれも「自然によって限界が定められていて、その限界を超えることはできず[3]」、種の数は「現在も今後も決して変わることはない[4]」と述べている。しかし、リンネがこう書き記した頃には、すでに新しい考えが古い世界観の根底を揺るがし始めていた。変化とはありふれた現象であるばかりか、自然界の原動力でもあるという証拠は、岩石からもたらされた。アリストテレスの階層の土台にいつも据えられていた岩石が、それを揺るがす証拠をもたらしたとは、いかにもふさわしいではないか。

スコットランド人のジェームズ・ハットンは、一七九五年に『地球の理論』という大著を出版した人物だ。その姉妹編の『知識の原理』は二一九三ページにも及ぶのでいうまでもないが、一五四八ページの『地球の理論』を読破した人もほとんどいないだろう。ハットンの本は冗長で読みにくいが、それでも、大陸や島の岩盤は、絶え間ない堆積と侵食作用によって形成されて固まり、地熱によって上昇したものだという地質学の基本原理は理解することができるだろう。ハットンは、変化することのない静的な地形ではなく、悠久の時が流れる中で絶え間なく「移り変わる世界[5]」を提唱したのだ。ハットンの世界観は急進的だったが、当時イギリスで急増していた炭鉱の坑道からもたらされる豊富な証拠で裏付けられていた。産業革命による石炭や金属の需要が、はからずも悠久の時を垣間みる窓を開き、太古の物語が詰まった岩盤の地層をみせてくれたのである。海洋生物の化石が含まれている地層は、「丘陵地や山地の高いところにあるものも含めて、地層は海の堆積物からできあがったものだ」というハットンの考えを裏付けていた。また、見たことも聞いたこともない動植物の部分化石が入っているものもあり、生物も地形と同じように、遠い過去には現在とはずいぶん違った姿をしていたことが示唆された。その結果、「こうした種はどこへ行ってしまったのか?」というもっともだが困った疑問が生じてしまった。

フランス人動物学者のジョルジュ・キュヴィエがゾウの化石研究を始めるまでは、絶滅は仮説の域を出ない概念だった。ハットンが地質学において不変の概念を覆してまもなく、キュヴィエは生物学においてハットンと同じことをしようとした。マストドンやケナガマンモスの歯の化石を詳細に調べて、両者がまったく違うだけでなく、現生のどのゾウともはっきり異なることを明らかにしたのだ。キュヴィエはマストドンやマンモスを「失われた種」と呼んだ。ゾウは巨大でまず見落とすことがないので、懐疑派としても、マンモスやマストドンはまだ見つかっていないだけでどこかにいるはずだと主張して、キュヴィエに反論するわけにもいかなかった(しかし、興味深いことに、アメリカ合衆国第三代大統領のトマス・ジェファーソンはマストドンが大好きだったので、見つけ出そうとしたようだ。一八〇四年に西部を探検したルイス・クラーク探検隊のメンバーに「稀少か、絶滅したと見なされる」[6]動物を探すようにと命じているからだ)。キュヴィエはその後も生涯にわたり、カメやナマケモノから翼竜に至るまで、あらゆる種類の絶滅した動物を記載して、自らの主張の正しさを立証することに努めた。しかし、キュヴィエが後世に残した偉業の一つは、生物種は一つ一つ消えていったわけではないのを発見したことだ。ときには、化石記録から生物群集が一度にそっくり消えてしまい、それに取って代わって、上方の新しい地層に著しく異なる生き物のグループが出現していた。ハットンが提唱した「長い時間をかけて地形が徐々に変わっていく」という漸進説に対する反論として、キュヴィエがこの現象を挙げて、地形（とそこに暮らす生き物）は洪水などの天変地異によって、繰り返し何度も破壊されてきたと主張したことは有名である。しかし、天変地異説と呼ばれるようになったこの一般仮説は結局は覆された。ときおり地震や火山活動などが起きるのを除けば、ハットンが提唱したように、地質学的な変化は緩やかに生じるのだ。しかし、キュヴィエの化石研究によって、少なくともごくたまに、広範囲の生物がいきなり絶滅することがありうるのが明らかになった。自然界も急激に変化する可能性があることが初めて示されたのである。次世代の偉大な博物学者は、この概念に折り合いをつけようとして、悪戦苦闘する羽目になる。

ハットンとキュヴィエの理論は科学のドグマだけでなく、宗教上の規範にも異を唱えるものだったので、その後、何十年にもわたり論争が続いた。学者の多くは聖書を根拠にして、岩石に海の生物の痕跡がみられるのなら、その岩石はノアの洪水のときに形成されたものだろうし、見慣れない化石はノアの方舟に乗れなかった生物のものだろうと反論した。一方、（現代とは異なる）太古の世界があったという考えを受け入れる学者もいたが、岩石の形成や化石の起源、地質学的時代の変遷の原因については異なる説を唱えた。若きチャールズ・ダーウィンは地質学に興味を持っていたので、こうした論争に大いに関心を持った。一九世紀の偉大な地質学者でダーウィンの親友でもあったチャールズ・ライエルは、ハットンの見解を敷衍《ふえん》して広めた人物であり、ダーウィン自身もハットンの見解の「熱心な信奉者」[7]を自称していた。ダーウィンはビーグル号の航海中に、動物の標本を収集する間を惜しんで、何千点にも上る化石や岩石の標本を集めた。ガラパゴス諸島を訪れるのを心待ちにしてい

図 1.3 「アメリカ最初のマストドンの発掘」。画家で博物学者のチャールズ・ウィルソン・ピールは、1801 年に自身が行なった化石発掘の様子を絵に描いて、後世に残した。発掘された化石の生き物は、当初「アメリカン・インコグニトゥム（アメリカの未知の生物）」と名付けられていたが、そのスケッチがパリのジョルジュ・キュヴィエの元に届けられ、マストドンと確認された。マストドンは絶滅種と明確に認定された最初の生物の一つになった。
Maryland Historical Society

たが、それはそこに生息しているフィンチが目当てだったのではなく、「活火山がたくさんあった」[8]からだ。

ダーウィンはのちに、化石証拠をよりどころにして、種の形成に関する仮説を立てた。また、アルフレッド・ラッセル・ウォレスも同様の仮説を立てた。一八五八年に二人は共同で自然選択による進化について論文を発表した（ちなみに、ダーウィンの『種の起源』はその翌年に出版されている）。二人の論文はハットンが地質学に及ぼしたのと同じ影響を生物学に与えた。つまり、変化を基本的なものとして受け入れ、それに説得力のあるメカニズムを与えたのである。二人はこうした変化はゆっくりと徐々に生じると考えていたので、地質学的作用が侵食や堆積のようにゆっくりと起こるという、新たに生まれつつあるコンセンサスをうまく補完していた。その後、環境や進化、またその重要な相互作用のなかで、事象がどれくらいの速さで変化するのかを生物学者が把握し始めるまでに、一世紀以上を要することになる。そしてここでも、最初の洞察は現生の生き物の研究ではなく、岩石や化石、悠久の時間の理解を通して得られたのである。

古生物学者になりたてのナイルズ・エルドリッジとスティーヴン・ジェイ・グールドは、一九七一年にアメリカ地質学会の年次総会で「断続平衡」という用語を初めて使用した。二人は大学院の学生のころから共同で研究を行なってきた親友で、長いこと古生物学者の頭を悩ませてきた「ミッシングリンク（失われた環）はどこにあるのか？」という疑問に対する斬新な答えとして、この断続平衡という概念を提示したのだ。進化がゆっくりと徐々に進むものだとしたら、化石記録は少しずつ移り変わっていったことを示す過渡的な中間種の化石で満ちあふれているはずではないか？　ところが、化石種は突然現れると、その後は何千年どころか何百万年もの間、ほとんど形を変えずに地層に残されていることが多いのだ。ダーウィンもこの問題を十分に認識していて、「私の学説に対する異論としては最もわかりやすく最も重大なもの[9]」と述べていた。『種の起源』では、この「地質学的記録がきわめて不完全なこと[10]」の問題に一章を割いて、岩石はしかるべき条件のもとでしか形成されないうえに、化石が含まれている岩石はごく一部にすぎないので、ほとんどの種（や移行段階のもの）は化石として残っていないのだと説明し、範を後世に残している。「地質学的記録は……不完全にしか残されていない世界の歴史である。……あちこち短い章が残されているだけで、個々のページもわずか数行ずつしか残っていない[11]」（渡辺政隆訳）と、ダーウィンはいみじくも述べている。エルドリッジとグールドは地質学的記録の限界を問題にせず、過渡的な化石がめったにみられないのには別の理由があり、それは「進化が急激に起こるから」だと提唱した。種は長い時間をかけて徐々に新しい種に変わっていくのではなく、短期間で一気に進化すると考えれば、地質学的な時間尺度でみたとき、移行の過程の痕跡が残る時間はまったくないだろう。

断続平衡説は進化という概念そのものに異議を申し立てることなく、進化についての考えに一石を投じた。この説では、自然選択などのダーウィンが提唱した基本原理はそのまま適用されていたが、進化の速度だけが異なっていた。急激な変化（断続）が短期間に生じたのちに長い安定期（平衡）が続くと仮定すると、三葉虫からウマに至るあらゆる化石記録をうまく説明することができたので、断続平衡説の支持者は、この説を広範に当てはめるようになった[12]。しかし、その一方で、進化の過程は基本的には緩やかに進むものであり、そのなかでときおり変則的に生じる瑣末《さまつ》な動向を、エルドリッッジとグールドは針小棒大に述べているか、あるいは誤解していると批判する者もいた。この論争はまだ決着をみていない。だが、そうした急激な進化は一般的なのか稀なのか、また、その真の原因が何かという問題はさておき、断続平衡説はある重要な考えをもたらした。それは、進化をもたらす変化の速度は一様ではなく、ときには短期間に急激に変化することもある、というものだ。

二世紀の間に科学者や一般の人々の自然観は、「自然は不動不変である」というものから、「徐々にゆっくり変化してゆく」というものや、「突然、急激に変化することもある」というものへ変わった。その結果、生物学者の役割は拡大した。単に種を記載して分類するだけでなく、種の歴史や関係を明らかにして、進化が起きていることを示す測定可能なしるしを探し始めた。動植物は環境やお互いに対して、どのように応答したのか？（アルメンドロのように）環境のわずかな変化にも弱いようにみえる種がいる一方、何百万年も存続するほど強靭な種もいるが、こうした強靭さは何に起因するのか？種の進化と絶滅率に変動をもたらす条件は何か？こうした疑問が生じた背景には、もう一つの認識の高まりがあった。ある生物こそが、地球の生態系を変化させている最大の支配的存在であると、さまざまな研究で続々と明らかになってきたのである。

伝統的な自然観では、人間活動はさほど大きな影響を及ぼすとは考えられていなかった。農業、狩猟、伐採などの活動は生態系に犠牲をもたらしたかもしれないが、その犠牲は一時的で、一地域に限られたものと見なされていた。たとえば、古代ローマのトラヤヌス帝がダキアを制圧した際に建てられた記念柱のレリーフを見ると、征服した軍隊に供給するために王国の森が裸にされて、野生動物も根こそぎにされたことがわかる。しかし、その豊かな自然がまもなく回復することは暗黙のうちに了解されていた。そうでなければ、ダキアをわざわざ征服する必要などなかったはずだ。古い中国のことわざにあるように、「青山在るかぎり、薪が尽きることはない」。こうした里山がことわざにあるほど無尽蔵ではないことに人々が気がつき始めたのは、一九世紀の中頃になってからのことだった。工業化、都市化、人口の増加はいずれも、大気や水質の汚染から、狩猟動物や耕作地、それに薪の不足まで、人々が身近に経験できる影響を環境に及ぼした。かつては普通にみられたリョコウバトやオオウミガラス、さらにドードーのようなエキゾチックで有名な種まで乱獲によっていなくなり、絶滅論争にけりがついた。ドイツの博物学者で探検家のアレクサンダー・フォン・フンボルトは、森林を伐採すれば「将来の世代に災いをもたらす[13]」と一八一九年に警告したが、半信半疑の人がまだ多かった。しかし、一九世紀末までには、世界各国の政府は公園や森林保護区、野生動物保護区を当たり前のように設置するようになり、環境保護のロビー活動をする市民団体のネットワークも広がっていった。しかし、フンボルトはもう一つ、私たちが現在直面する苦境を暗示するような、洞察力に富んだ観察をしている。工業地帯から排出される「大量のガスと蒸気[14]」のせいで、気候が変わってきているようだと指摘しているのだ。

誤解のないように言っておくと、フンボルトは、工場の排出物がもたらす悪影響はごく限定的なもので、温室効果に脅かされるのは大都市とその周辺地域だけだと見なしていた。そして、広域の気候の傾向は、「文明がさしたる影響を及ぼすことのない[15]」地形や卓越風などの要因に左右されると考えていた。しかし、工業化が進み、大気汚染が深刻化するに従って、その影響力を懸念し始める人が増えた。ヨーロッパと北米では、風下に暮らす人々が健康被害を受けたことが端緒となって、「煙害」

防止協会がいくつも設立され、一八五〇年代にはイギリスのマンチェスター周辺で悪名をはせた煤煙による黒い霧（スモッグ）の研究によって、高硫黄炭を燃焼させたときに出る煙が酸性雨の原因であることが明らかになった。一方で、水蒸気やさまざまな気体には熱を吸収する力があり、気温を変動させる役割を担っていることを物理学者が突き止めた。それから数十年後に、スウェーデンの物理・化学者でノーベル賞を受賞したスヴァンテ・アレニウスはこうした知見を統合して、人間の「石炭や石油等の消費[16]」によって、一地方だけでなく、地球全体の気候が変わる可能性があることを示唆した。そして、「大気中の二酸化炭素の割合が二倍になれば、地表面の温度が四℃上がるだろう[17]」と予測した。とはいえ、楽観主義からか、人間の活動に根本的に信頼を置いていたからなのか、あるいは単に寒冷なスウェーデンに暮らしていたからなのかはわからないが、アレニウスはこうした気温の上昇は歓迎すべきことだと考えていたようだ。人間が引き起こす温暖化のおかげで、気候が良くなり、作物の収穫量が増えるだけでなく、新たな氷期が訪れるのも防げるだろうと述べているからである[18]。

アレニウスが一八九六年に気候予測を発表したときにはほとんど注目されず、その予測を検証して精度を高められるほど精密な機器が登場するまでに半世紀以上がかかった。しかし、二酸化炭素の濃度と地球の気温がともに測定可能なほど上昇し始めると、アレニウスが予測の前提としていた基本的な考えは気候科学の土台となった。だが、現代の研究者たちはアレニウスの楽観的な見通しを全面的に認めているわけではない。この先見の明のあったスウェーデンの学者が、気候変動について明らかに読み違えていたことが一つある。それは気候変動の速度だ。アレニウスはストックホルムで開かれた公開討論会で研究結果を発表し、人類の活動は三〇〇〇年後に大気中の二酸化炭素を二倍にする勢いであると述べたが[19]、もし現在の排出量が変わらなければ、三〇年も経たないうちにこの節目の数値に達することになる。繰り返すが、地球が変化する力は私たちの予想を超えている。それゆえ二一世紀の科学者たちは、急激な変化が起こりうるかどうかではなく、われわれが暮らす今の世界でそれが起きているのかということを問題にしているのだ。

人間が自然について考えてきた歴史において、「急激な変化」という概念は、まだ新しいアイデアの部類に入る。そこから、なぜ現在という瞬間がきわめて重要で、驚きに満ちているのかが説明できるだろう。現代の気候変動は、抽象的な理論だったものをいきなり現実に変えて、過去の地球の激動期に生命や地形が形成された過程の多くを、目の当たりに見せてくれているのだ。本書では、種の応答〔対応の仕方〕を考察するので、因果関係の込み入った点や論争には触れない。そもそも動植物は地球が温暖化している理由に関心など持っていないからだ。それに、たとえ温暖化が自然の成り行きだったとしても、動植物が苦労することに変わりはない。しかし、気候変動の元凶としてよく引き合いに出されるが、ほとんど説明されないものが一つある。それについては、さらに詳しく調べる必要がある。

野外研究者として、私は目に見えるものを研究することには慣れている。川を横切って飛んでいく稀少なインコを一目見るためなら、何日もかけて旅するのも厭わない。自分の目で直接観察すれば、それについて考え、理解し、より良い問いかけをしやすくなるからだ。気候変動の影響が自然界にはっきり表れていることはいうまでもない。それは本書の基礎となるものだ。しかし変動を引き起こしているものは目に見えないままである。そのために、基本的だが見逃されがちな疑問が湧いてくる。

そもそも、二酸化炭素とはいったい何なのか？　さらに言えば、それはどこに行けば手に入るのか？

第2章　有害な空気

測れるものはすべて測るべし、測れないものは測れるように工夫を凝らすべし。(1)

トマ＝アンリ・マルタン『ガリレオ』（一八六八年）

高校の化学の教科書に載っていた二酸化炭素分子の図には、大きな黒いボール（炭素）が一つ、小さめの赤いボール（酸素）二つで挟まれているイラストが描かれていた。前の学期に生物の授業で赤い目をしたショウジョウバエを勉強したところだったので、その顔によく似ていると思ったのを思い出す。顎と一対の触角を描き足せば、ショウジョウバエの顔のできあがりだ！　ショウジョウバエの連想が頭にこびりついていたので、のちに二酸化炭素が気候変動と結びつけられて悪名をはせたとき、世界中の煙突や車の排気管から、小さなハエが止めどなくウジャウジャと吐き出されているように思えてしまった。生々しいイメージだったが、それでこの気体のことがよくわかったわけでもない。二酸化炭素はメタンやその他の温室効果ガスよりも分解されにくく、また量も多いので、地球全体を脅かす危険をはらんでいる。その一方で、地球上の生物にとって欠かせない物質の一つでもあるので、絶対に必要である。このように二酸化炭素はどこにでもあるので比較的簡単に見つけることができ、それゆえに大気の気体の中で最初に特定されたのだ。実のところ、二酸化炭素が発見されるまでは、大気がどんなものなのか、そこに測定できるものが含まれているのかどうかは、科学者にはよくわかっていなかった。

一七六七年の夏、イギリスの著名な神学者で自然哲学者でもある碩学のジョゼフ・プリーストリーには時間の余裕がたっぷりあった。リーズ市の牧師の宗務は少なかったので、手が空くことが多く、自由な時間に思索や著述、実験などをして過ごしていた。すでに文法から電気までさまざまなことについて著書や論文を書いていたので、次に取り組むテーマとして、当時「空気化学」と呼ばれていた、気体を研究する刺激的な新分野を選んだ。ある伝記作家によれば、その選択が火付け役となり、「伝説になるほど大量の知的発見が続いた[2]」。それからわずか数年のうちに、プリーストリーは、大気は測定できるものであることだけでなく、明確に区別できる成分が混ざり合った複雑なものであることも立証することになった。その過程で、酸素やその他の存在量の多い一〇種類の気体を初めて分離して記載したばかりか、光合成の基本的な化学的作用まで解明してみせた。

そもそもプリーストリーが大気の研究をすることにしたのは、炭坑夫が「チョークダンプ（窒息ガス）」と呼んでいるものに興味をそそられたからだ。もう少し婉曲に「メフィティックエア（有害な空気）」とも呼ばれていた窒息ガスとは、炭坑の竪坑の底に溜まる、目に見えない窒息性の蒸気である。この少し前には、スコットランドの化学者であるジョゼフ・ブラックが実験室でチョーク（白

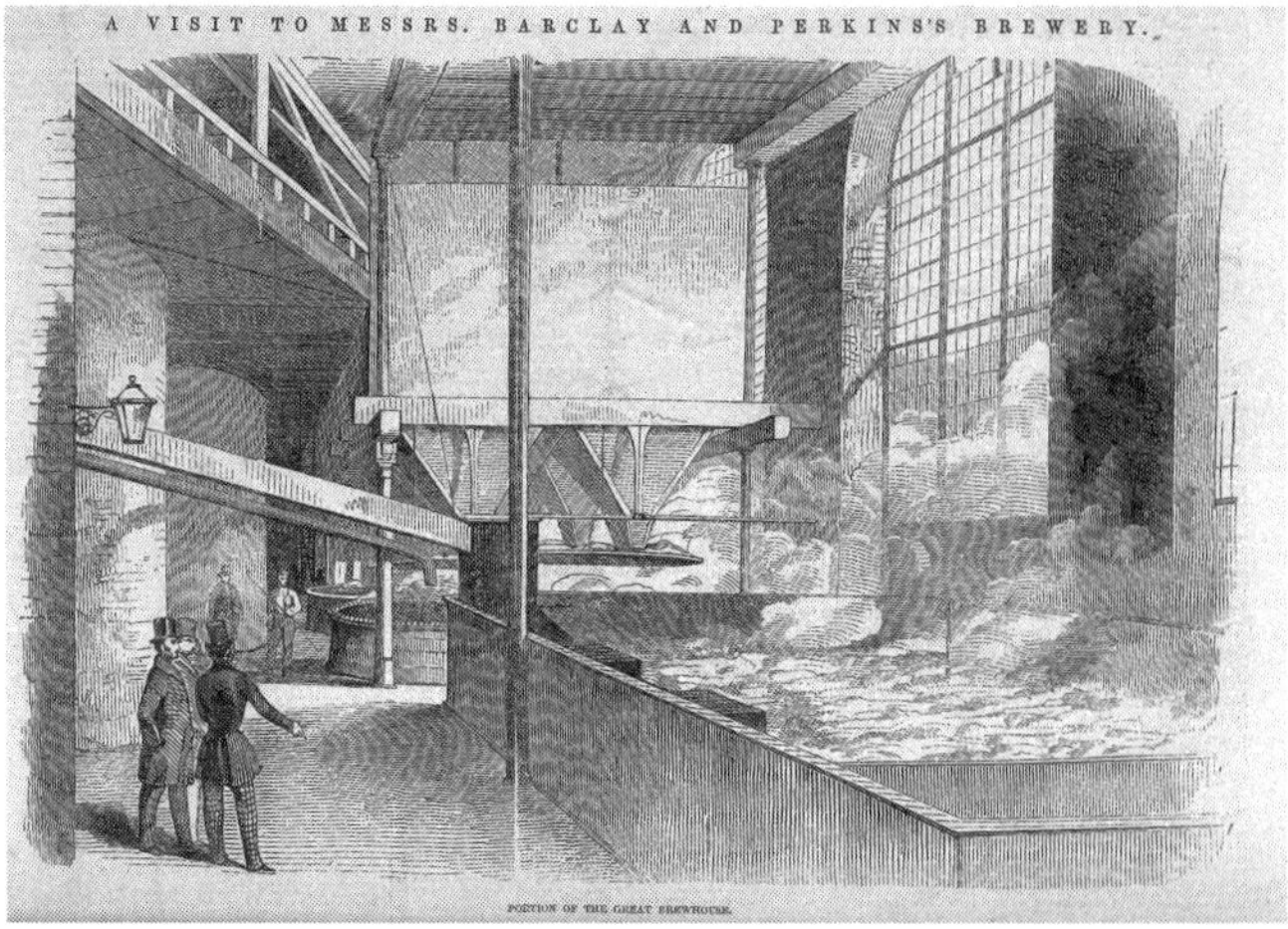
A VISIT TO MESSRS. BARCLAY AND PERKINS'S BREWERY.
PORTION OF THE GREAT BREWHOUSE.

図 2.1　バークレー＆パーキンズ醸造所を描いた図（1847 年）。醸造所では、ビールの発酵中に副産物として大量の二酸化炭素が発生するので、気体の研究をするジョゼフ・プリーストリーはそこでのびのびと実験を行なった。Wellcome Collection

亜）と石灰岩の小片を熱し、その煙霧を瓶に封じ込めて、この窒息ガスを人工的に作り出していた。炭坑以外にもこの気体が発生する場所が知られていたが、その場所が住まいのすぐ近くだったこともプリーストリーに幸いした。

「近所に醸造所があったので、実験してみたくなった[3]」と、プリーストリーはのちに回顧している。発酵中のビールのタンクの上には件《くだん》の気体が漂っていて、いつでも利用できる状態だったうえ、「蒸気の層はたいてい三〇センチほどの厚みがあったので、その中にどんなものでも問題なく差し入れることができるだろう[4]」とプリーストリーは考えた。それから数か月の間、プリーストリーは発酵タンクの上に漂っている気体の中に、ろうそく、焼けた火かき棒、氷、松脂、硫黄、エーテル、ワイン、チョウ、巻貝、ミントの小枝、さまざまな花、少なくとも一匹の「たくましい大きなカエル[5]」など、それこそさまざまなものを入れてみた。プリーストリーの好奇心はとどまるところを知らなかったが、醸造所の人たちの我慢強さはそれを上回っていただろう。実験がうまくいかず、ビールに「妙な味」[6]が残ってしまったときでさえ、風変わりな牧師の気の済むようにさせていたからだ。それ以前の観察者たちと同様に、プリーストリーもその気体には何かが欠けていることにすぐに気づいた。ろうそくの炎はその中に入れると消えてしまうし、動物はわずかな時間でもその中に入れられると、すぐに窒息して死んでしまったからだ(「たくましいカエル」は幸運なことにほんの数分後に救出されたので、息を吹き返した)。しかし、プリーストリーは、この謎の蒸気は単に「通常の」空気が欠如しただけのものではないことにも気づいた。この蒸気は一風変わった興味深い独特な特性を備えていたのだ。その中にバラの花を入れると、色が抜けてしまうことがわかった。また、この蒸気が重いこともわかった。煙が蒸気の中に取り込まれ、ビールのタンクを伝って醸造所の床に集まるのを観察したからだ。とりわけ有名なのは、水にこの気体をすばやく溶かす方法を発見したことである。水にこの気体を溶かすと、「さわやかな酸味」[7]のある発泡飲料ができるのだ。この発見によって、プリーストリーは王立協会から権威あるコプリーメダルを授与された[8]。一方、ヨハン・シュヴェッペという起業家は炭酸飲料会社を設立すると、プリーストリーが発見した方法を真似て大儲けをした。その会社は今日でもシュウェップスという名前で知られている。こうした初期の研究結果のおかげで、件の「有害な空気」についても、かなり多くのことが(味も含めて)わかっていた。しかし、化学者がこの気体を二酸化炭素と名付けるようになるのはまだずっと先のことである。

プリーストリーの気体に関する著書は出版されてから二五〇年近く経つが、今読んでもワクワクす

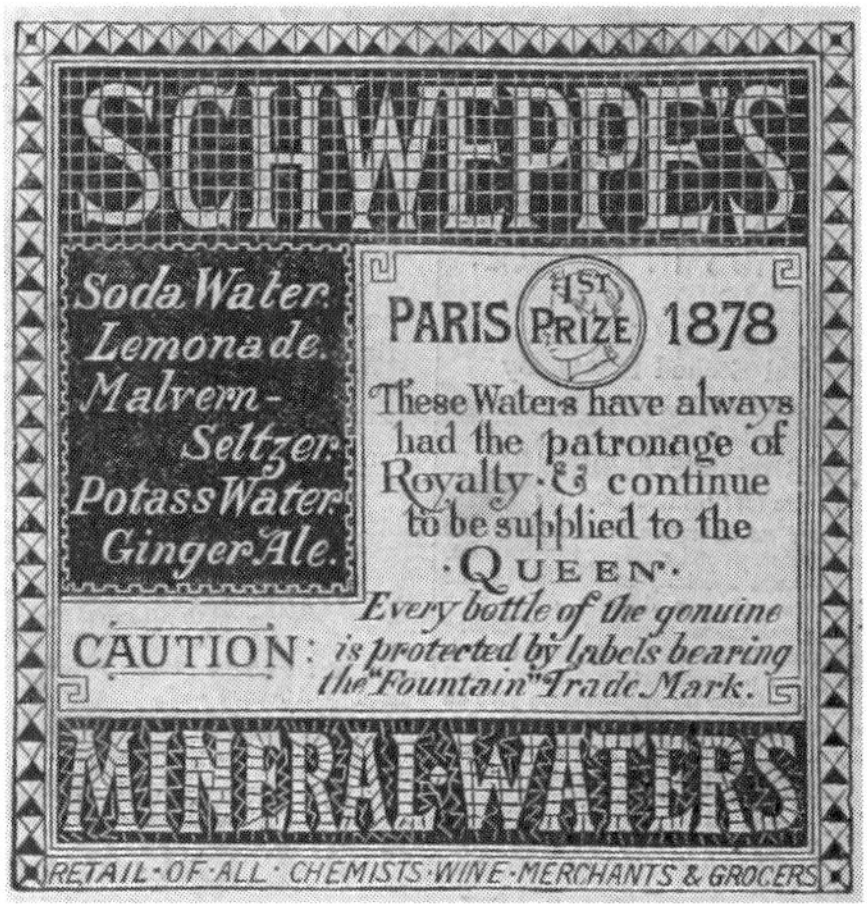

図2.2　シュウェップスの広告（1883年）。炭酸水を発見したのはジョゼフ・プリーストリーだが、その商業的価値を見抜いたのはヨハン・シュヴェッペだった。
The British Library

る。ある風の強い一二月の朝、プリーストリーの本を読んでいた私はその情熱に感動して、醸造所でプリーストリーが気づいた思いがけない新事実を体験してみたくなった。その日、小学生の息子のノアはたまたま鼻風邪を引いて学校を休んで家にいたが、寝ていなくてはならないほど悪くはなかったので、「二酸化炭素を探しに行こう！」と私が言うと二つ返事で同意し、こうして実験が始まった。

炭酸飲料の瓶を何本か開けて、そこから出てくる気泡を集めることもできた（ちょうどいい具合に、シュウェップスの瓶も何本か棚に並んでいた）。しかし、二酸化炭素を手に入れるために炭酸飲料の気泡を使うのは、ズルをしているように思えて、居心地が悪かった。真っ赤に燃えさかっている薪ストーブの煙に望みの気体が含まれているのは間違いないが、その他にも六〇種類を超える気体や化学物質、有害な微粒子が含まれている。それをどうやって取り除けるだろうか？　それよりも、プリーストリーを見習って、地球上で最も純粋な二酸化炭素が手に入る、最もありふれた発生源の一つへ行くのが一番良さそうに思えたので、薪ストーブではなく、冷蔵庫へ向かうことにした。

実のところ、ビールの発酵タンク以外でも、さまざまな場所で発酵は起こっている。[9] ヨーグルトやチーズの生産者は発酵を培養と呼んでいるが、微生物によるゆっくりとした消化の一形態と考える方がより正確だ。つまり、細菌などの微生物が食物に住み着いて、そこからエネルギーを取り出して利用する方法なのである。発酵も消化である以上、その過程で廃棄物が生じるが、食いしん坊にとっては幸いなことに、発酵の副産物である廃棄物には、アルコール（もちろんビールも）や乳酸などが含まれている。ちなみに、キムチやバターミルクのような人気のある発酵食品のピリッとした酸味は、この乳酸に由来する。そして、発酵中にはたいてい二酸化炭素も生成される。そこで私は、冷蔵庫の奥の方を漁っていたのだ。有機ザワークラウトの容器には「プロバイオティクスのパワー」とか「生きた乳酸菌」といった宣伝文句が書かれていたが、そのザワークラウトの中にいただろう生き物はとうの昔に命が尽きていて、二酸化炭素を生成していなかった。その上に火をつけたマッチをかざしてみても赤々と燃えていたからだ。ヨーグルトとサワークリームでも試してみたが、結果は同様に期待外れだった。しかし、そのとき、私たちは宝を掘り当てた。

一番下の棚にニンジンとセロリを入れた袋があり、その奥に自家製のピクルスを入れた二リットル瓶があった。八月に漬けたもので、酸っぱいだけでなく酵母臭もしたので、細菌のほかに真菌も加わって分解していたようだ。正直に言うと、このピクルスはとうの昔に捨てておくべきだったのだが、今回だけはさっさと始末しなかったことが幸いした。ノアと私が開いた瓶の口にマッチを近づけると、たいていの消火器に二酸化炭素が入っている理由がわかった。燃焼に必要な酸素がないので、マッチの炎はスイッチを切ったように、たちどころに消えてしまった。さらに、消えたマッチの先から出た煙はその気体に取り込まれて、下へ向かって流れ始めたのだ。まさにプリーストリーが記載したとおりだった。

ノアが「瓶に沿って下りていくよ！」と声を上げると、煙は重い気体と一緒に瓶の縁を越えて下へ向かい、カウンターの上に広がった。

「どうだい。二酸化炭素を見たんだ！」と私が言うと、すかさずノアは私たちが探しているものは目には見えないことを指摘した。「二酸化炭素は見えなかったよ、パパ。見えたのは煙だよ」。しかし、プリーストリーと同様に、私たちも煙を利用して二酸化炭素を見ることができた。煙が瓶の口のまわりを流れる様子から、二酸化炭素が存在している範囲を見定めることができたのだ。マッチを擦るたびに火が消えて煙になり、二酸化炭素が周囲の空気に拡散し、煙が薄れていく様子を見ていた数分の間、わが家の台所では発見のスリルが満ちあふれていた。

簡単な実験をしてみて洞察が広がることはよくある。プリーストリーの発酵実験を再現してみると、もっともな疑問が生じた。ピクルスは気候変動をもたらすのか？　ビールの醸造はどうか？　もちろん、そんなことはない。しかし、同じ二酸化炭素排出でも無害なものと有害なものがある理由がわかれば、みながじっくり考えることがめったにない、気候変動の根本的な真実がみえてくる。

わが家のピクルスの場合、二酸化炭素は塩水に漬かったキュウリから出ていた。キュウリは前年の夏にうちの菜園でとれたので、そのまわりの空気から二酸化炭素を吸収していた。植物はみなそうだが、成長するためには光合成を行なう必要がある。太陽エネルギーを使って、葉で二酸化炭素と水からでんぷんを合成するのだ（つまり、炭水化物の中の炭素は二酸化炭素に由来する）。そして、このでんぷんが分解されると、二酸化炭素は大気に戻っていく。これが私たちに一番身近な地球の炭素循環の段階であり、私たちは毎日絶えず、この循環の一翼を担っている。私たちが植物を食べても、それを食べた草食動物を食べても、取り入れたエネルギーのもとをたどれば、光合成で生成されたでんぷんに行き着くし、息を吐き出すたびに、二酸化炭素を放出している。しかし、気候変動に関しては、ピクルスを漬けることやビールを醸造することと同様に、息を吐くことに後ろめたさを感じる必要はない。私たちの体は、炭素が大気から動植物を経て再び大気へ戻る循環過程の途中で一時的に立ち寄る場所にすぎず、それによって炭素の総量が増えも減りもしないからだ。話がこれだけならば、地球が温暖化することもないし、私がこの本を書くこともないだろう。現代の気候変動のカギを握っているのは、「すべての植物が分解されるわけではない」という事実なのだ。

キュウリのピクルスを例に挙げて話をしよう。キュウリは新鮮なうちに食べても、菜園に放置されて腐っても、炭素をすぐに放出するが、塩漬けで瓶に入れておくと炭素の放出はかなりゆっくりになる。しかるべき条件のもとでは、炭素の放出が完全に止まることもある。自然界では、主に海洋底と高層湿原（ボグ）のような湿地でこのようなことが起こる。海藻類が大量に死んで海底に沈むと、食べられたり分解したりする前に埋まってしまうことがある。高層湿原でも、植物の遺骸がほとんど腐敗せずに堆積して、泥炭層が形成されることがある。どちらの場合も、こうした有機堆積物の上や周囲に堆積岩が形成されると、有機堆積物の炭素は閉じ込められて、何百万年にもわたり大気から切り離されてしまう。こうした太古の植物は熱や圧力の作用で、長い年月を経て姿が変わり、今日、私たちの身近な化石燃料になっている。石油は藻類から、石炭は泥炭から、天然ガスはそのどちらかからできたものだ。こうした化石燃料を燃やすと、その中に蓄えられていた二酸化炭素が一度に大気中に放出されるので、自然の炭素循環で回収できる量を超えてしまい、現在、私たちが直面しているさまざまな問題が引き起こされるのだ。

私も科学的な知識としては、ジョゼフ・プリーストリーの本を読むずっと前からそうしたことを知っていた。また、侵食作用や火山活動のような他の現象で二酸化炭素が大気中に放出されることも知っていたし、貝殻やサンゴを多く含んだ堆積物からできた石灰岩に二酸化炭素が閉じ込められていることも知っていた（ちなみに、プリーストリーが醸造所で行なった実験は気候に影響を及ぼす恐れはなかったが、ジョゼフ・ブラックがチョークなどの石灰岩を燃焼させた実験は、セメント生産の重要な工程であり、太古の二酸化炭素を大気中に放出させる、もう一つの人間活動である）。しかし、うちの冷蔵庫の中で、他愛なく二酸化炭素を漏らしている発生源を見つけたことによって、炭素循環全体がはっきりわかるようになり、「通常の二酸化炭素」の発生源と、問題の元凶である「化石燃料が排出する二酸化炭素」の発生源をはっきり区別できるようになった。ノアと私は最後にピクルスの瓶の蓋をていねいに閉めると、またガスでいっぱいになることを期待して、冷蔵庫の中へ戻した。もう一つこの目で確かめておきたいことがあったからだ。

プリーストリーの発見に続き、ヨハン・シュヴェッペがこの気体を使った商品をヨーロッパ中で販売したので、他の科学者がこの手に入りやすい気体の研究を始めたのもうなずける。今度はアイルラ

図 2.3　ロンドンで行なわれたジョン・ティンダルの公開講演には大勢の聴衆が集まった。ティンダルは科学的仮説だけでなく、それを検証するために考案した創意あふれる実験器具でもよく知られていた。
London Illustrated News（1870）. Wikimedia Commons

ンド人の物理学者ジョン・ティンダルが二酸化炭素が放射熱を吸収することを発見して、二酸化炭素の研究をさらに躍進させた。ちなみに、二酸化炭素が現代の気候変動の元凶になっているのは、放射熱を吸収するというこの特性のためである。ティンダルの論文を読んで、その実験をそっくりそのまま再現するのは絶対に無理だとすぐに悟った。ティンダルは手作りの銅と鉄の筒の中に気体のサンプルを入れて実験したが、この筒装置はとても精巧で洗練されているので、ロンドンの王立研究所で常設展示されているほどである。とはいえ、うちのピクルス瓶はティンダルの有名な器具の代用品としては粗雑ではあるが、かのティンダルも私の使う熱源にはうらやましがることだろう。ティンダルは細心の注意を要する金属板や熱い油を入れた筒に手を焼いていたが、私には電気を使えるという利点があるし、ヒヨコを育てた経験が少なからずあるからだ。

新しくニワトリを注文するときはいつも、孵化して間もないヒヨコを孵化場から直接届けてもらっている(ちなみに、アメリカでは生きた動物を郵便で送ることは禁止されているが、家禽のヒナとミツバチ、それと不思議なことにサソリは例外で、郵送することができる)。最初の数週間は、ヒヨコたちはわが家の居間で暮らすことになる。母鶏に代わってヒヨコたちを温めるために、上の開いた段ボール箱の中にヒヨコを入れ、その上に電球を吊るしてやる。そして、ちょうど良い温度になるように電球の高さを調節する。低すぎると、ヒヨコたちは熱い光を発する電球のそばからあえぎながら急いで離れていき、高すぎると、寒さのあまり電球の真下で身を寄せ合うことになる。箱の中の温度は電球の位置を少し変えるだけで調節できるので、快適な環境を保つのは容易である。もう少し工夫すれば、このやり方で二酸化炭素の熱吸収効果をうまく検証できそうだった。ヒヨコのかわりに、ピクルス瓶を置きさえすればいいのだ。

実を言うと、たいして期待はしていなかった。ティンダルは実験器具を考案して調整するのに何か月もかけたし、現代の実験室でははるかに精巧なものが使われている。気候変動の根拠となる最も重要な(そして異論の多い)現象を、身近な家庭用品で簡単に再現できると考えるなんて、ばからしく思えるかもしれない。だが、私は細心の注意を払って、冷蔵庫に入れておいた古いキュウリのピクルスの瓶と、「対照用」に用意した発酵していない新しいキュウリを入れた瓶を比較した。温度を測定する前には、圧力による影響を排除するために、必ず蓋を開けておいた(気体は圧力がかかると温度が上がるからだ)[10]。電球の下に三〇分置いたあとに、念のために四種類の温度計を使用して、それぞれの瓶内の温度を測定した。すると驚いたことに、発酵したピクルスの上の気体の方が一貫して〇・九℃高かった。それから数分して二酸化炭素が消散してしまうと、両方の瓶の温度は同じになった。それがまぐれではないことを確認するために、数日経ってから（ピクルスを発酵させている微生物が、さらに二酸化炭素を発生させられるように）、同じ実験をやってみたが、結果はまったく同じだった。地球の大気の縮図のように、二酸化炭素の分量が多い瓶の方が、空気しか入っていない瓶よりも確実に熱を閉じ込めて保持していた。わずかな温度差だったが、この実験結果によって、「こと気候に関しては、些細な変化でも劇的な影響を及ぼすことがある」という教訓が強化されるばかりだった。

はからずも、ピクルス瓶の実験がもたらしたものは、二酸化炭素の実体験だけにとどまらなかった。急激な変化が起きている時代に生き物が直面する困難な状況について、はっきりと考えさせられたのだ。三回目にピクルス瓶の温度を測ってみようとしたとき、お馴染みになった鼻をつく匂いがしないことに気がついた。最後に蓋を開けてから何日か経っていたのに、瓶の上にマッチの火をかざすと、中に二酸化炭素がまったく溜まっていないことがわかった。寒い冷蔵庫の中と熱い電球の下の間を何度も往復させられたので、ピクルスの中で発酵を行なっていた微生物は耐えきれずにみんな死んでしまったのだろう。塩分に強い細菌も含め、生き物にとって不安定な気候に対処することがいかに大変なことなのか、改めて気づかせてくれた。熱波や突然の寒波などの異常気象は、すでに現代の気候変動の特徴となっている。もちろん、ピクルス瓶の中ではなく、世界各地の生態系での話だ。こうした異常気象はさまざまなストレス（とほんのわずかの好機）を生み出す。つまり、気候変動生物学者が研究を始める絶好の時期が到来したのだ。

第2部 難題（とチャンス）

立ち向かえ、臆せずに
——それが試練を乗り切る道なのだ。

ジョゼフ・コンラッド『台風』（1902年）

チェッカーのやり方なんて、誰でも知っている。少なくとも、コスタリカの田舎で野外調査の助手とゲームをするまでは、私はそう思っていた。だが、前にしか進めないはずの駒が、いきなりどの方向にも自在に動き出したので、ものの数分のうちに私の駒はすべて取られてしまった。負けたのは私の拙《つたな》いスペイン語のせいだと思いたかったが、実際には現地のルールを覚えたあとでも、その助手に勝つことはできなかった。自分がなじんでいるルールを変えられてしまうと、昔からの習慣や戦略をそれに合わせるのは難しい。自然界にも同じことが当てはまる。気候変動のせいで、世界中で生物種の生息環境が変化しているからだ。生息の基準が変化すると、それに対応しようとする動植物は主に四つの難題に直面することになる。

第3章　タイミングのミスマッチ

私たちは、もう春だというのに、なぜか冬にとどまってだらだら過ごしがちです。(今泉吉晴訳)

ヘンリー・デイヴィッド・ソロー『ウォールデン　森の生活』(一八五四年)

「昨日来ればよかったのにね」と、見晴台で隣にいた女性が言った。「Tシャツを着たい陽気だったのよ！」

氷結した池とそれを取り囲む落葉した木々を見ていると、その言葉は信じがたかったが、嘘ではなかった。私がマサチューセッツ州に到着する二四時間前には、気温は一八℃に達し、二月初旬としては過去最高の気温を記録していたのだ。今は平年の気温に戻って零度前後になり、冷たい風に乗って南から雲が流れ込んでいた。こんな日は体を動かしていないと凍えてしまうので、期待を募らせながら一人でトレイル〔自然遊歩道〕を足早に歩き始めた。自然史の本を書く者にとって、この道を歩くのは巡礼のようなものだからだ。

ウォールデン池は一番広いところでも、幅が八〇〇メートルに満たない小さな池だが、環境文学の歴史においては、ずっと大きく重要な位置を占める存在だ。現代アメリカの自然文学（ネイチャー・ライティング）は、ヘンリー・デイヴィッド・ソローが一九世紀の社会の喧騒を逃れて、この地で隠遁生活を始めたときに生まれたといっても過言ではない。一八五四年に著した『ウォールデン　森の生活』という回顧録には、人頭税からパリのファッションまでさまざまな事柄に関する思索が記されているが、たいていの人の印象に残っているのは、私が今歩いているこの場所の風景の生き生きとした描写だろう。今ソローが私と一緒に歩くことができたら、きっと当時と変わらぬ光景をいたるところで認めただろう。このあたりはほとんど開発されずに今でも樹木に覆われていて、ソローの小屋があった場所もマツやレッドオークの高木に囲まれていた。しかし、ソローは俗世間を逃れるために隠遁したので、今日の人出を見たら驚いただろう。ウォールデン池は今では世界的な観光地に数えられ、こんな真冬の日でも、中国やイスラエル、ベラルーシのような遠方の国々から訪れた観光客が来訪者名簿に記帳していた。近くのボストンからは観光バスが運行していて、土産物屋のすぐ隣には専用の駐車場もある。

しかし、ウォールデン池の変化でソローが一番興味を持つと思われるのは、人間ではなく、彼のよく知る森の変化の方だろう。というのは、ソローは日課として、思索や読書、豆の栽培以外にもさまざまなことをしていたからだ。また、偏執的と言ってもいいほど綿密に、身のまわりの動植物を観察してもいた。どの鳥がさえずっていたか？　野草の花が咲いたのはいつか？　どの果実が熟していて、誰がそれを食べたのか？　木の芽が最初に芽吹いたのはいつか？　最後の葉が落ちたのはいつか？

ソローは森を散策しながら、こうした出来事のすべてに注意を払い、細大漏らさず書き留めていた。

リチャード・プリマックはソローの記録を初めて目にしたときのことを思い出して、「あれは宝の山だったよ」と語った。ソローは手書きで、現代のスプレッドシートのような種名と日付の欄を設けた一覧表を作り、観察した花を次々と記録していたのだ。私たちはボストン大学のプリマックの研究室で話をしていたが、狭い室内は本や書類の山であふれ返り、足の踏み場もないくらいだった。この雑然とした状態は簡素な暮らしを旨としたソローの信条からほど遠いように思えたが、片付け方がいかに違おうとも、二人が意気投合することは間違いない。「ソローを共著者に挙げようと本気で思ったよ」と、プリマックは笑いながら言った。もしそうしていたら、ソローは二一世紀でも最も精力的な気候変動学者の一人と目されたことだろう。そして、ソローの専門分野は、プリマックと同様に「フェノロジー」になるだろう。フェノロジーとは、季節の移り変わりに伴って変化する自然界の現象、およびそうした生物季節現象を研究する学問のことだ。フェノロジーは「現れるもの」という意味のギリシャ語に由来し、「フェノメノン（現象）」という語と同様に、驚異という意味合いを含んでいる。特に、プリマックのような熱帯植物学の専門家にとっては、そもそもソローの記録を発見したこと自体が驚異的で思いもよらない出来事だったのだ。

「実を言うとね、ボルネオで研究するのがだんだん難しくなってきていたんだ」とプリマックは言うと、政治や経済的な問題を挙げて、急に研究対象を変えた理由を説明した。それでも、プリマックが数十年にわたり行なってきた熱帯雨林の研究を中断して、ウォールデンの森を探り始めたときには、同僚の研究者たちも驚いた。「正気の沙汰とは思えないと言われたよ。でも、こうしたすべてがすご

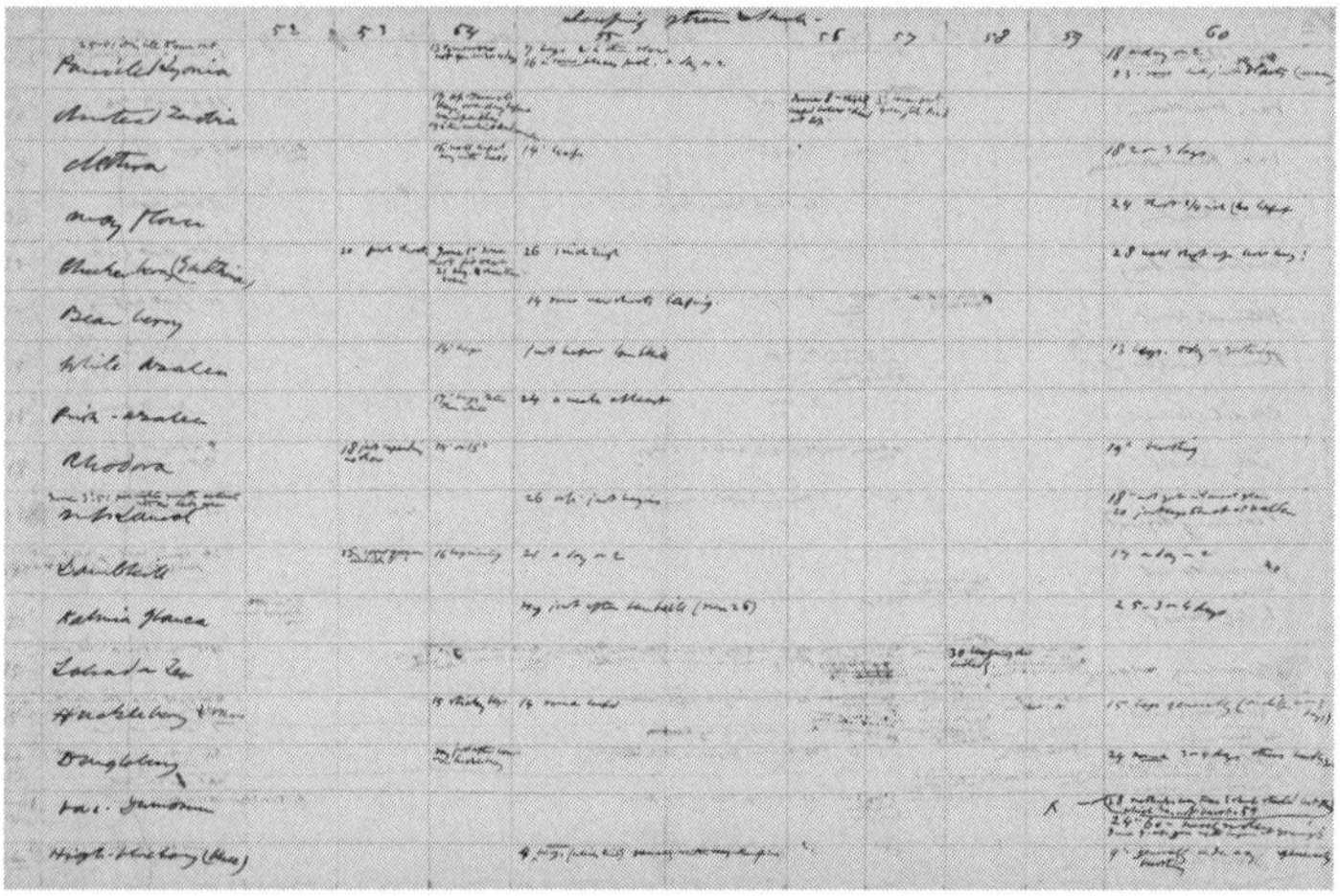

図 3.1　ヘンリー・デイヴィッド・ソローはウォールデン池やその周辺地域の植物や鳥類を注意深く観察し、現代のスプレッドシートのような日付と種名の欄を設けた一覧表にその観察結果を記録していた。The Morgan Library & Museum/Art Resource, NY.

いチャンスだと思っていたんだ」とプリマックは話した。二〇〇〇年代の初めには、気候変動がフェノロジーに及ぼす影響を話題にする人はたくさんいたが、実際に野外に出てその証拠を探した人は北米東部にはほとんどいなかった。プリマックはたった一人の大学院生とともに、春に野草のセンサス調査〔国勢調査のように全数を調べること〕を始めた。その後、論文を何十篇も発表し、数多くの共同研究を精力的に行なってきたが、今なお研究の勢いは増すばかりだ。「研究者の道を歩み始めてから今が一番充実しているよ。もう六九歳だというのにね！」といささか戸惑い気味に語った。

ブレザーをイキに着こなし、鉢回りに乱れ気味な白髪を生やしたプリマックは、植物学者らしくも、ソローの研究家らしくも見えるが、現在はその両方だと言ってもよいだろう。しかし、プリマックがウォールデン池を研究対象にすることにしたのは、有名人がかつて暮らしていたからではなかった。比較的に自然が損なわれていないだけでなく、ボストンから近いという利便さに加えて、大勢の現代のナチュラリストによる記録も豊富にあったからだ。ソローによる未発表のフェノロジー記録があることは研究者の間では知られていなかったし、プリマックも例外ではなかった。研究がだいぶ進んだ頃、プリマックは哲学科の友人（ちょうどソロー倫理学の権威だった）から、ソローの野草の観察記録がニューヨーク市の図書館に所蔵されていることをたまたま耳にした。さらに、似たような幸運によって、ソローが観察していた野鳥の記録がハーバード大学に収蔵されていることもわかった。そして私がプリマックに話を聞いたときには、さらにもう一つの宝物をくまなく調べているところだった。それは季節に関するソローの未完の著書で、さまざまな樹木が春に初めて開葉した日付が記されていた。それらを全部合わせると、北米最古の詳細なフェノロジーの記録になる。ソローの記録は気候変動を研究するうえできわめて重要である。どの植物種が開花したり発芽したのか、どの鳥種が森を飛び回っていたかだけでなく、その正確な日付も記されているからだ。こうしたタイミングは、渡りや成長、繁殖といった生物にとってきわめて重要な出来事の中核にあり、気候が温暖化し始めると、最初に変わる類のものなのだ。

「気温は、春に植物が開花する時期にきわめて大きな影響を及ぼしている」とプリマックは話した。また、気温は芽吹きや昆虫の羽化の時期をも支配している。プリマックの研究チームは、ソローの観察記録と当時の気象記録を組み合わせ、最近の観察記録と比較することで、ウォールデン池では開花時期が種によっては四週間以上も早まったことを明らかにした。ソローはスミレやカタバミを五月から六月に愛でていたが、今では四月下旬には開花している。ソローが「あの早春の黄色い匂い(1)」と呼んでいたヤナギの花の香りは、今日では三月に味わうことができる。私が訪れた日はさすがに早すぎて、ヤナギの香りの気配もなかったが、プリマックの研究で冬の気象条件も重要なことがわかった。[2] Tシャツ日和は一日違いで逃してしまったが、明らかに気候変動による現象を一つ、私でも簡単に確認することができた。

一八五七年の二月にソローは、ウォールデン池に張り詰めた氷の厚さは六〇センチメートルを超えるだろうと推定している。ソローはよく氷の上を歩き回り、天然氷の切り出し人たちが鋸《のこぎり》とパイクスタッフという長柄の道具を使って、大きな青みがかった氷のブロックを手際よく切り出して橇《そり》に積んでいる様子を記述している。私が氷の張った岸辺に近寄ると、「危険！　氷に乗るな」と表示された看板が立っており、割れた氷の穴に落ちた棒人間が、小さな丸い頭の上で腕を振り回している絵が描かれていた。浅瀬より先へ行くまでもなく、木の枝で薄い氷を割り、簡単に小さな氷の塊を取り出すことができた。厚さは五センチメートルそこそこだった。

ウォールデン池の平均気温はこの一六〇年の間に二・四℃上昇し、[3] 代表的な植物の春の開花時期が七日早まっている。生物学的には急激な変化ではあるが、もしそれだけの話ならば、ただ気候の移り変わりの予測が変わるだけのことだ。冬が短くなり、四月に咲く花が増え、ウォールデン池の人気のあるビーチの季節が長くなる、というふうに。しかし、自然の営みはそれほど単純ではない。プリマックの研究チームは、もう一つ重要なパターンにもすぐに気がついた。たいていの植物は、カタバミのように開花時期が早まる傾向にあったが、サギソウに似たランの仲間やマウンテンミントのように開花時期が昔と変わっていない植物もあり、そうした植物はたいていい稀少になっている。実のところ、

図 3.2　かつてはウォールデン池から切り出された氷は輸出されていたので、ソローは「チャールストン、ニューオーリンズ、そしてマドラス、ボンベイ、カルカッタの暑熱に苦しむ住民がみな、私の井戸の水を飲んでいる(4)」と思いを巡らした。しかし、私が２月に訪問したときには、氷の厚さは５センチメートルそこそこだった。写真：© Thor Hanson

まったく見つからなくなってしまった種も数多い。プリマックと同僚の研究者は何年にもわたり徹底的な調査を行ない、ソローが観察した植物のうち二〇〇種類以上がウォールデン池周辺から姿を消してしまったという結論に至った。こうした植物のなかには、開発など人的影響による環境の変化（住宅や高速道路、汚染が増加し、湿地や小規模農場が減少した）が原因で絶滅したものもある。しかし、そうした問題に加えて、気候変動は温暖化によって春の到来を早めることで、さらに並外れた難題を突きつけたのだ。

「柔軟性だよ」と、プリマックは研究から得られた重要な結果の一つを簡潔に述べ、こう説明した。生き物のなかには、気温の変化に応答する能力を生まれつき備えているものがいる。たとえば、そうした植物は気温が高くなると、時期に関係なく葉を出したり、花を咲かせたりする。気候が安定しているときは、どの植物もそれぞれ決まったスケジュールに従っているので[5]、この特性はあまり重要ではない。しかし、気温が上昇し始めると、この対応能力を備えた柔軟性のある植物種は、対応能力を備えていない保守的な種よりも数日から数週間早く成長して開花し、エネルギーを蓄えることができるので、優位に立つようになる。時期を早められなかった種の多くは遅れを取り戻すことができないので、やがてはもっと首尾よく対応できる隣人に取って代わられることになる。ときには、群落全体が影響を受ける場合もある。たとえば、落葉樹の下に生えている野草は、頭上の樹冠が葉で覆われるまでの数週間は太陽光を浴びられる。だが、その落葉樹の大半が比較的柔軟性が高いと、温暖化によって葉の成長が早まり、樹冠が覆われるまでの期間が短くなるので、その下の植物が太陽光を浴びられる期間も短くなってしまう。春先に光合成のできる期間が短くなると、野草は正常に成長し開花するのに苦労し、なかには種子を実らせるだけの栄養が得られないものもある。ソローの森で生き残るためには、隣人に遅れを取らないことが以前にも増して重要になったようだ。プリマックの言葉を借りれば、「早く芽を出せない植物は競争に負けてしまう」。このことは、気候変動は単に気温を変えるだけではなく、生き物間の関係性にも影響を及ぼすことに改めて気づかせてくれる。

ウォールデン池を去る前に、私はソローが豆を植えていた畑のあった場所を探すために、トレイルを引き返した。豆畑から得られた利益は九ドルにも満たないものだったが、ソローは簡素な鍬《くわ》で長時間かけて土を耕し、「七マイル[6]〔約一一キロメートル〕」に及ぶ、ぎっしり並んだ畝《うね》で豆を育てていた（ちなみに、家庭菜園のベテランである私の妻は、この数値を怪しいと睨んでいる）。今では樹木が生い茂っており、たとえ収益がわずかだったにせよ、商業作物を栽培していた形跡は見当たらなかった。だが、そこにシマセゲラがやってきた。つまり、探すべき場所さえ知っていれば、ここにはまだ食べ物が見つかるということだ。シマセゲラは灰色をしたオーク〔コナラ類〕の枯れ木の幹に取りついて、上の方へ二回ホッピングすると、一息ついて頭をかしげ、誰かに見られていないかどうかを確かめるかのように周囲を見回した。そして安心したらしく、樹皮の深い割れ目の中に隠しておいたドングリを取り出し、叩いて割ると、中身を食べ始めた。

キツツキやリスなどのように先見の明がある種は、余剰のナッツや種子を貯蔵し、その場所を記憶しておくことで、自分の食物供給をコントロールする稀有な能力を備えている。こうした種は、食物が乏しくなったときはいつでも備蓄しておいた食物を食べられるが、大多数の鳥や動物、昆虫にはそのような食物の蓄えがないので、常に食物を探して手に入れなければ生きていけない。そのため、渡りや繁殖のような体力を消耗する活動は、食物が豊富な時期に合わせて行なわなければならない。しかし、ウォールデン池の植物の記録が示すように、気候変動のせいですでにタイミングは狂い始めているが、すべての種が同じように反応しているわけではない。むしろ、同じことに反応さえしていない生物もいる。

かつてソローは春の鳥のさえずりを「自然の最も荘厳な声[7]」と呼んだ。種に特有のさえずりを知っていたので、南から帰ってくる渡り鳥〔夏鳥〕の到着日を記録する際に役立った。ソローの鳥の記録は手書きの名前と日付の羅列なので、植物の観察記録と同じようにみえる。しかし、似ているのは記載の仕方だけだ。というのも、この地のたいていの植物は、今では春の営みを始めるタイミングを早めているが、鳥は依然として、ソローの時代と同じスケジュールで到着しているからだ。[8] 熱帯から渡ってくる鳥も、もっと近いところから渡ってくる鳥も、気温に反応して渡りを始めるのではない。夏鳥たちは、春になると長くなる日照時間に反応して渡りを始めるのである。しかし、日長《にっちょう》は気候変動の影響をまったく受けないので、生物学で「タイミングのミスマッチ（ズレ）」と呼ばれる状態が生じている。たとえば、ハチドリが到着する前に、蜜をたくさん出す花が咲き終わってしまったり、空腹なツバメが到着しても、当てにしていた昆虫の羽化に間に合わなかったりするのがそれだ。応答する速度の違いのせいか、応答する刺激の違いのせいかはともかく、昔から作用し合うことに慣れきっている生物種同士が、次第に「適切な場所にいるのに、時期が合わない」という状態に陥りつつあるのだ。

こうしたタイミングのミスマッチが生じうる地域はきわめて広く、その範囲はウォールデン池の森にとどまらない。現代と比較できる古い記録が残されている場所ではほとんど、春にみられるフェノロジーには似た傾向が認められている。アメリカの中西部では、環境保護運動の象徴的存在であるアルド・レオポルドがそうした記録を残している。レオポルドは一九三〇年代にウィスコンシン州の山小屋で、春にみられる出来事を記録していたのだ。一方、イギリスの古い記録は少なくとも一七三六年まで遡れる。この年にノーフォークのロバート・マーシャムというナチュラリストが、カブの開花やセイヨウカジカエデの芽吹きから、「チャーンアウル」と呼ばれたヨーロッパヨタカの初鳴きまで、さまざまなフェノロジーのタイミングを記録し始め、六〇年にわたる観察の記録が『春の兆し』というタイトルでまとめられている。さらに厄介なことに、変化しているのは春の季節だけではないのだ。

プリマックの研究チームは最近、秋に注目し始めた。果実の実りや落葉のタイミングが変化したために、種子散布から冬眠の開始に至るまで、生物同士のさまざまな関係が大打撃を受けている。夏が長くなり、冬が短くなることの影響もあって、こうしたフェノロジーの変化はいずれも、特定の生態系で一段と甚だしくみられる。たとえば、アラスカの極北圏のツンドラ地帯では、秋の気温が最近は平年をはるかに上回るようになり、いつまでも秋が暖かいので、気候観測所のコンピューターはその気温データをエラーと判別して自動的に削除してしまったほどだ。[9]

日常生活でも、タイミングに予想外の変化が生じると、その影響がドミノ倒しのように連鎖する。たとえば、飛行機が遅れれば、乗り継ぎに間に合わなくなったり、到着が遅れたりするので、約束をキャンセルして急ぎ計画を立て直さなければならなくなる。それが気楽な休暇旅行なら、スケジュールを柔軟に調整できるかもしれないが、結婚式や仕事の面接のような事前に取り決めた重要な事柄が関わる場合には、事態はずっと深刻になる。フェノロジーが変わりつつある世界では、動植物も似たような難局に直面している。生態系を構成する生物種は、競争や捕食、送粉に至るまで互いに作用し合っているので、種ごとに反応が変わると、その気の遠くなるほど複雑な関係に大きな影響が及ぶからだ。こうした影響については、まだ研究どころか想像するのも難しいが、これまでに行なわれた調査の結果をみると、柔軟性が重要だというリチャード・プリマックの結論と一致している。速やかに適応できない種は最も大きな困難に直面するが、なかでもたった一つの資源や協力関係に依存している種が最も危険に晒《さら》されるだろう。その典型的な例が、一つの種の花粉媒介に特化した送粉者と、その相手の植物だ。こうした関係では、どちらか一方のフェノロジーに変化が生じると、両者の将来に影響が及んでしまう。このような関係は世界中で進化してきたが、目立たないので気づかれていないことが多い。運良く、私はその典型例を知っていた。うちから数キロのところで毎年春に見られるのだ。ボートさえあれば、それを見に行くことができる。

ボートに装着した船外エンジンのスイッチを切って引き上げると、私は水底の石にボートを当てないように気をつけながら、浜辺まで残り数メートルを漕いでいった（スクリューのプロペラに傷をつけない約束で、このモーターボートを貸してもらったからだ）。思ったとおり、その島には誰もいなかった。半ヘクタールほどの小さな島で、岩だらけの磯浜が波の上に一メートルほど顔を出しているだけなので、人気のある場所とはお世辞にも言えないところだ。しかし、何年か前に植物の調査で来たときには、小さな草地があって、そこには私が探していた植物が生えていたし、その花を受粉させる唯一のハナバチの健全な個体群も確認していた。

私は浜辺から上がって細い小道を歩き、太平洋岸北西部の沿岸に吹きつける風のせいで低く頭を垂れたネズやヤナギの枝の下を通り抜けていった。その日は穏やかに晴れ渡り、ハナバチの観察には申し分のない日和だった。小道が草地に出ると、タイミングもぴったりだったことがわかった。イネ科の草本に混ざって、リシリソウが二〇本ほどクリーム色がかった白い花を咲かせているのが見えた。ちなみに、このリシリソウは英名を「デス・カマス（死のユリ）」というが、その理由はこの植物が有毒で有名だからである。葉や球根がユリに似ているので、食用植物と勘違いして食べてしまうハイカーやキャンパーがいるうえ、ヒツジが食べてしまうので、羊飼いにとってもこの植物の毒は災いをもたらす。科学者によるとその毒はジガシンという成分によるもので、心臓や肺だけでなく消化管も冒してしまうほど強力である。この植物の学名が改訂されたときには、分類学的に強調を重ねた名がつけられた。「*Toxicoscordion venenosum* var. *venenosum*」（有毒球根・有毒種の有毒亜種）というのである！

私は腰を下ろして花を数本同時に見たいと思い、座り心地のいい岩を見つけて観察を始めた。リシリソウの下にはコリンシアの青い花が絨毯を敷き詰めたように咲いていて、マルハナバチが三種とコハナバチらしきハナバチが一種、その小さく鮮やかな花の蜜を吸っているのにじきに気づいた。しかし、一時間経っても、リシリソウには一匹も昆虫がやってこなかった。当然と言えば、当然なことだ。植物はたいてい、腹を減らした動物がかじりそうな部位である葉や種子、根などに防御用の化学物質を蓄積するが、リシリソウは花粉や花蜜を含めて体中に毒を持っているので、その花を訪れた昆虫は美味しい蜜をもらえるどころか、発作や痙攣、最悪の場合には死を覚悟しなければならないからだ。地元のハナバチの一種が解毒方法を編み出さなかったならば、この送粉戦略に未来はなかっただろう。リシリソウヒメハナバチはジガシンを消化して解毒する方法を進化させたことで、他の昆虫が寄りつかない豊富な花粉と花蜜の供給源という、いわば専用食堂を手に入れたのである[10]。リシリソウの方も、他の花には目もくれない送粉者に献身的に尽くしてもらえる。しかし、この関係はすべてタイミングにかかっている。

私は立ち上がって足を伸ばすと、島の南端へ向かった。そこは打ち寄せる海水のしぶきがいつもかかるせいで植生が乏しく、裸地になっており、地下にトンネルを掘って巣を造るヒメハナバチ科のリシリソウヒメハナバチにはうってつけの営巣場所なのだ。メスは単独で巣穴を掘ると、その中に食料を持ち込む。幼虫は巣穴の中で冬眠して冬を越し、春になると自力で土を掘って這い出してきて、新たに生活環を始めるのだ。私は四つ這いになって地面を探してみたが、ハチが掘り出している最中の穴も、這い出してきたハチが掘り返した土も見つからなかった。草地にはリシリソウがたくさん咲いていたが、地下にいるハナバチの目覚まし時計はまだ鳴っていないようだった。

これはタイミングのミスマッチの始まりだろうか？　確かに開花は早くなっている。ちなみに、リシリソウの開花はわずか三〇年の間に平均して二週間も早まっていることが近隣の自然保護区の観察記録からわかっている（この記録は、人里離れた保護区の管理人が山小屋の独り暮らしを引き継ぎながら取ってきたものだ。こうした記録はフェノロジー研究になくてはならないものになっているようだ）。地中で営巣するハナバチも春の気温に応答しているが、受粉する相手の花の大半よりも遅いことが数多くの研究で示されている。おそらく、巣穴の周囲の土の方が、花芽のまわりの空気よりも温まるまでに時間がかかるからだろう。あるいはウォールデン池から姿を消している保守的な植物と同様に、そうするように生まれついているからかもしれない。いずれにしても、こうした状況は特化した共生関係を結んでいる種に特に難題を突きつけている。リシリソウヒメハナバチが冬眠しているうちに共生相手のリシリソウが開花すれば、ハナバチは目覚めるまで採食の機会を毎日逃していることになる。その結果、蜜を吸い花粉を集める期間が短くなり、それはハナバチの子孫の数が減ることに直結する。一方、植物にとってもこの状況は望ましいものではない。送粉者がこないので、開花に費やした貴重なエネルギーが無駄になってしまうからだ。自然界では時間とエネルギーの浪費は必ず反

図 3.3　リシリソウ（*Toxicoscordion venenosum* var. *venenosum*）の蜜を吸っているリシリソウヒメハナバチ（*Andrena astragali*）。送粉のうえで特化した共生関係は、送粉者であるハチの飛び回る時期と、花の開花時期がずれると崩壊する危険性がある。この二者は、そうした数多い例の一つだ。
写真：© Thor Hanson

動を伴う。リシリソウとその送粉者のハナバチをはじめ、世界中で同じような状況に陥っている何千もの生き物たちが、こうしたタイミングのミスマッチが引き起こす難題にどのように対処するのかは、まだわからない。

このままハチが来ない花を眺めていても埒《らち》が明かないので、帰りの時間になるまでハナバチが出てくるのを待つことにした。いつかは地中から這い出してくるはずだし、今日ほど適した日は他にちょっと考えられなかったからだ。今年の冬は類い稀なほどの雪が降ったが、その後わずか数週間で、記録破りの暖かい春が訪れた。こうした極端な気候の変化が、現代の気候変動の特徴だ。リシリソウヒメハナバチと同様に、私自身も気温の変化を予想できなかったので、日中の気温が上がるにつれてセーターや毛糸の帽子を脱ぐほどになった。しかし、アブラムシを探すヨーロッパアカヤマアリから、巣に地衣類を飾りつけるハチドリまで、春の活動を私はたくさん目にしたが、その日の午後、リシリソウヒメハナバチは一匹も姿を見せなかった。リシリソウヒメハナバチに出会えたのは、三度目にこの島を訪れたときだった。独特な赤みを帯びた金色のハナバチが、失われた時間を取り戻そうとしているかのように、巣穴と花をせわしなく往復していた。しかし、季節外れの暖かい日差しの中で汗ばみながら座っていると、フェノロジーについて教えてもらったときに、リチャード・プリマックが最後に言ったことを思い出した。タイミングのミスマッチは興味深い問題なので、研究対象として脚光を浴びている。だが、彼によると、気候変動が多くの動植物を困らせている、もっと単純な理由が一つある。それは「暑すぎる」という状況だ。

第4章　暑すぎる問題

気候は予想するもので、天気は経験するものだ。(1)

不詳

私が一〇歳のときに実家がリフォームされ、ベースボードヒーターまで備えられた自分の部屋を付け足してもらった。自分の部屋を持てただけでなく、部屋を好きな温度に保つこともできたのでうれしかったことを覚えている。あの旧式のサーモスタットは今でもはっきりと思い出せる。ダイヤルには華氏四〇度から九〇度〔四℃から三二℃〕まで目盛りがついていたが、その真ん中の華氏六五度から七五度〔一八℃から二四℃〕までの間は、数字や目盛りのかわりに「コンフォートゾーン（快適域）」という文字だけが書かれていた。実用的な観点からみれば、暖房を入れるときの目安になる。しかし、それを設計した技術者ははからずも、生物の普遍的な法則をも巧みに示したのである。どの生物の種にも、正常な生活を営むために望ましい温度幅があり、その範囲内ならば正確な温度はさほど重要で

図 4.1　地球上の生き物はどの種も好ましい温度幅の中で生きている。サーモスタットメーカーがそれを「快適域」という用語と概念で巧みに言い表している。
Minnesota Historical Society

はない。しかし、その快適な温度域を外れると、たった一度の差が重要になってくる。

現在は地球が温暖化しているので、熱ストレスや生物学でいう「生育限界」となる最高温度の影響に関心が集まっている。最高限界温度とは、それ以上になると生物が生きていけなくなる気温のことだ（最低限界気温もあるが、気温が上昇している現代では、ないがしろにされがちだ）。当然のことだが、熱耐性は種によって大きく異なる。子供の頃に部屋の暖房を最大にすると、むっとするほどの暑さになった。人間には我慢できる温度だが、最高限界温度が三二℃をだいぶ下回るサンショウウオやニシンのような生き物ならば死んでいたことだろう。この違いの一部は生得的なものだ。哺乳類や鳥類のような「内温」性の動物は、両生類や魚類のような「外温」性の動物よりも体温調節の能力が高い。外温動物は周囲の暖かさに依存する度合いが大きいからだ。しかし、生物によって快適域がこれほど異なるもっと大きな理由ははるかに単純なことで、生息環境が変化に富んでいるからなのだ。地球上の生物は、温泉から雪に覆われたツンドラまで、また熱帯のサンゴ礁から南極の氷床の下にある氷点下の塩水まで、さまざまな生息環境に適応して繁栄してきた。こうした生息環境の多様性を考えると、気候の温暖化は暑い中で暮らすのに慣れている生き物に有利に働くと思うかもしれない。だが、極端な気温に対処することは、すでに過酷な環境で暮らしている生物にとって一番の難題であるらしい。というのも、気候変動に対する警鐘を最初に鳴らした生物の一つが、砂漠を象徴する生き物だったからだ。

「やつらは暑いのが好きだが、暑すぎるのはダメなんだ」と、バリー・シナーヴォは三〇年以上にわたり研究してきたトカゲについて電話で話した。長年にわたり、シナーヴォは主にカリフォルニア大学サンタクルーズ校で、トカゲの進化や遺伝、配偶戦略、個体によるエネルギーや時間の配分について多くの重要な発見をしていた。彼が気候変動に関わるようになったのはほぼ偶然で、二人の同僚との会話がきっかけだった。そのとき、全員がある同じ傾向を目にしていることがわかったのだ。彼らが長年にわたって調査していた地域のうち、特に高温の乾燥地域から、トカゲの個体群が減少し始めていたのである。シナーヴォはこのことに気づいたときの心境を「ひどいショックだった」と述べた。気候変動によってトカゲの生息地の気温が快適域を超えつつあるのだろうか？　もしそうだとしたら、どのようにしてか？　全員が考え込んだ。

だが、「予測があまりにも簡単にできたので驚いたよ」とシナーヴォは言うと、開発した数理モデルの概要を簡単に説明した。トカゲと気温に関する項目をいくつかモデルに入力するだけで、シナーヴォの研究チームに馴染みのある種だけでなく、世界中のトカゲに関して、どの個体群が危機に瀕しているかを正確に特定することができる。これに関する論文は一〇〇〇回以上引用されていて、科学界では大ベストセラーに相当する。「気候変動についてノストラダムスの大予言をするのが、僕の新しい天職だよ」と彼は冗談を言った。

シナーヴォは、革新的な研究のことを「誰にでもできる」といわんばかりの熱意で語るので、こちらもその気になってしまう。シナーヴォの共同研究者や共著者には、学部生から経験豊富な研究者まで、またチリや中国からカラハリ砂漠といった広範囲の地域から、実にさまざまな人たちがいるのもうなずける。最後には私も引き込まれて、今度カリフォルニアを訪ねたときには、一緒にトカゲ狩りに行こうと固く誓い合った。シナーヴォの研究対象がよく自宅の裏庭で見られるようなトカゲであることも、親近感を増す要因になっている。

フェンス・リザードやスパイニー・リザードと呼ばれているトカゲはハリトカゲ属の仲間で、北米では一番よくみられる爬虫類だ。メキシコから北はカナダ付近まで、砂漠やその他の温暖な地域に何十種も生息している。子供の頃に捕まえようとしたが、一匹も捕まえられなかったことを覚えている。どんなにすばやく手を伸ばしても、トカゲの方がもっとすばやくて、手の先から近くの岩の下へ潜り込んでしまった。シナーヴォのような専門家は釣り竿を使った方がうまく捕まえられることを知っていて、狙いを定めた個体を透明な釣り糸の輪に引っかけて、遠くから確実に捕らえる。専門家には、岩場はトカゲにとっては多くの機能を果たす重要な場所だということが知られており、好奇心旺盛な子供の追跡をかわすのはそのほんの一部にすぎない。

ハリトカゲやその近縁種は、日光浴をして体温を調整している（専門用語ではヘリオサームという）。人目につくところに寝そべっているのを見かけるのはそのためだ。体を動かすために体温を上げる必要がある、朝方や寒い日に目にすることが多い。しかし、陽に当たりすぎると、体温がすぐに限界温度を超えてしまうので、逃げ込めるように日陰の近くにとどまっている。トカゲは日向と日陰を行き来して、自らサーモスタットの役割を果たすことで、さまざまな状況下で安全で快適な範囲の体温を保っていられるのである。気候が温暖化するにつれて、トカゲはこれまでは暑い日にしていた行動をとるという応答をするようになった。つまり、日陰で過ごす時間が増えたのだ。しかし、ここで一つ問題が発生する。

「それが、私たちが拘束時間と呼んでいるものなんだ」とシナーヴォは言うと、高温と行動や繁殖の

図 4.2　ハリトカゲ属（*Sceloporus* spp.）やその他の日光浴をする種は、気温が上昇すると、それに応じて日陰で長く過ごすようになる。したがって、気温が上がると採食に充てられる貴重な時間が減り、繁殖に支障をきたしかねない。Depositphotos/Morphart

間に重要な関係があることを発見した経緯を話してくれた。トカゲが日陰に避難せざるを得なくなるたびに、採食に費やせたはずの貴重な時間が失われるのだ。こうしたカロリー不足は、特に繁殖期のメスに深刻な影響を及ぼす。「トカゲは暑くなりすぎると繁殖しなくなるんだが、理由は実に単純なんだ。ただエネルギーが足りないのさ」とシナーヴォは語った。この現象はいたるところでみられるので、シナーヴォの研究チームは変化が起こる「転換点」を正確に計算することができた。トカゲがいつも一日に三・八五時間以上日陰に避難していると、繁殖できなくなる。その結果がもたらす長期的な影響を予測するのに、数理モデルは必要ない。

バリー・シナーヴォの研究は、気温の変動は個体の命に関わるほど大きくなくても、生物に重大な影響を及ぼすことを、気候変動を研究している生物学者に改めて気づかせてくれる。確かに、気温が最高限界温度を超えたせいで、耐えきれなくなった個体がいた種の事例は存在する。たとえば、オーストラリアでは長引く熱波のせいで、オオコウモリのコロニーの全個体がねぐらの木からバタバタ落ちて死んだという事例があった。しかし、気温の上昇は生物の時間やエネルギーの配分の仕方に影響を及ぼすことの方が多い。トカゲで観察されたのと似たような現象は、今ではいたるところで起こっている。たとえば、アフリカではリカオンが日中に狩りを行なえる時間が減ったために、産仔数も減少している。また、熱帯雨林では樹冠を通る採食経路が熱くなりすぎたため、アリがその通路を放棄している。植物も気温の上昇に応答している。植物はいうまでもなく、自ら日陰に移動することはできないが、家庭で植えるトマトのような身近な種でも、熱ストレスに晒された葉の細胞を守るためにエネルギーを使ってしまい、繁殖に振り向ける（つまり、実をつける）ことができなくなる。しかし、極端な気温の高さにはもっと大きな問題をもたらしかねない別の側面があるのだ。暑さ（とそれへの対応）が、病気の流行に影響を及ぼしているのである。その関係性についての洞察が得られたのは、奇しくもヒトデをいっぱい飼育している水槽のバルブを誤って閉めてしまったときだった。

「みんな縮みあがっていたわ」と、ドリュー・ハーヴェルは誤って彼女のヒトデを高温に晒してしまった飼育係の反応を思い出して言った。「でも、自分を責めないでねと言ったのよ。それで学べたことがたくさんあったのだから」

この不運な出来事が起きたのは、ワシントン州にある私の自宅からさほど遠くないところにある海洋生物学研究所だった。二〇一四年の春のことで、ニューヨーク州のコーネル大学教授であるハーヴェルは、次々と明らかになる危機的状況に対し、何とか科学的に対処しようとしているところだった。北米の西海岸のいたるところで、少なくとも二〇種のヒトデが何百万と大量死していて、死んだヒトデは不可解にも体が内部から溶けたかのようにねじれてつぶれていたのだ。教授は自ら証拠を見るためにシアトルへ飛び、空港から車で海岸へ直行したが、それまでにすでに、感染症が大発生したのだろうと推察していた。これほど広域でこれほど多くの種に影響を与えられるのは、他には考えられなかったからだ。しかも、ヒトデの個体群全体がわずか数か月のうちに消え失せるという速さなのだ。「とてつもない大問題が起きていると思ったわ」とハーヴェルは当時のことを思い返して言った。まもなく教授の調査チームは怪しいウイルス(少なくともウイルス大のもの)[2]を突き止めた。そこで水槽のヒトデの出番となるわけである。

「みな、ピクノポディア属だったわ」と、教授はヒマワリヒトデの属名を使って教えてくれた。ヒマワリヒトデは多くの腕を持つ色鮮やかな種で、なかにはピザプレートほどの大きさになり、重さ五キログラムを超える個体もいる。このヒトデは特に感染症にかかりやすいように思われたので、病原体を検査するための被験体としてぴったりだった。しかし、病気の原因を突き止めるためには、その病気にまだかかっていない標本を使って実験を始める必要がある。「水槽に入れたヒトデは健康だと思っていたの」とハーヴェルは言い、水槽のヒトデはどれもまだ汚染されていないと思われる地域で採取されたものだったと説明した。しかし、ハーヴェルがこのヒマワリヒトデを用いて入念に計画した実験を始める前に、飼育係が冷たい海水を水槽に流し入れるバルブを閉じてしまったことで、はからずも別の実験になってしまったのだ。誰も気づかないうちに数時間が経ち、その間に水温は急上昇してヒトデの快適域を超えてしまった。冷水の流入を再開すると、すぐに正常な状態に戻ったので、最初は大したことではないように思われた。しかし、数日のうちに水槽内のヒトデは一つ残らず、野生のヒトデにみられていたのと同じ症状を示して死んでしまった。この出来事が示唆していることは明らかだ。ヒマワリヒトデは温かい海水で熱ストレスに晒されると、すでに持っている病気の勢いが増し、症状が発症するのだ。

「まさに、泣き面に蜂という状況なの」とハーヴェルは言うと、熱ストレスによって宿主の免疫系は弱まり、病原体の方は増殖力を増すと説明した[3]。ハーヴェルはこうした状況をこれまでにも何度も目にしてきた。三〇年にわたり海洋生物の疾病発生を研究してきた教授は、海水温が上昇すると、ロブスターからアワビまであらゆる生き物の病気が悪化するのを見てきたのだ。教授の最初の研究対象は病害抵抗性というミクロの世界だったが、やがて対象は広がって地球規模になった。海洋の温暖化はそこに生息している動植物にストレスを与え、ストレスを受けた動植物は病気にかかる。こうした強いつながりを研究してきたおかげで、ハーヴェルの専門知識は思いもよらないような妥当性を得て、現代の問題と直結するようになってきたのだ。

ドリュー・ハーヴェル教授の話を伺ったのは、花に囲まれた自宅のすてきなデッキで、足元では大きな黄色い犬が居眠りをしていた。教授はコーネル大学の授業がないときや、さまざまな研究や会議で世界中を飛び回っていないときには、ここで海洋学者の夫と静かに暮らしている。幸運にも、教授の自宅は私の家からわずか二~三キロメートルほどのところにある。田舎の小さな島では隣人のようなものだ（本書を執筆するためのインタビューで、自転車で話を聞きに行けたのはハーヴェル教授だけだったし、話が脱線して、裏庭で飼っているニワトリを脅かすキツネやアライグマに対する愚痴など、地元の話になることもあった）。健康的なすらりとした体形に、白髪交じりのボブヘアと年齢を感じさせない顔立ちをした教授は、温厚で思慮深い印象を与え、気さくだが内に多くのものを秘めている。人と話すときは、注意深く言葉を選ぶので、同僚や学生たちも私と同様に一心に耳を傾けるだろうことは想像に難くない。

「気候変動の影響は陸上よりも海洋の方がずっと大きいのよ」とハーヴェルは話した。長い時間海に潜り、こつこつと記録をとった結果、この洞察が得られたのだ。この見解は多くの生物学者にも認められている。海洋生物の生息環境は実際、予測がつかない形で急速に変化しており、それには水温が上がり、病気もまた流行りやすくなるという相乗効果が大きく関わっている。教授はさらに熱帯のサンゴの減少もその有力な事例だと強調した。水温が上昇すると、サンゴの本体であるポリプも、そこに共生している藻類もストレスに晒され、その結果、サンゴは白化して弱くなり、たやすく病原体に侵されてしまうのだ。サンゴが死滅すれば、その影響は生態系全体へ連鎖反応のように伝わっていく。ヒトデについても同じことが言える。実は、「周囲の生物に対して意外なほど大きな影響を与える、特定の生物種が存在する」という生態系の基本原理は、まさに今、病気で苦しんでいるヒトデの一種がきっかけになって発見されたのだ。

ハーヴェルにこれまでの研究者人生について尋ねると、「振り出しに戻ってしまったのは確かかね」と率直に認め、「でも、私が気にしているのはそのことじゃないの」と付け加えた。彼女が大学院を卒業して最初に所属したのは、生態学者の故ロバート・ペインの研究室だった。ペインはヒトデについて非常に有名な実験を行ない、「キーストーン種[4]」という概念と用語を提唱したことで知られている。ペインはピサスター属の捕食性のヒトデを潮間帯から取り除くと、そこの群集全体が変化することに気づいた。フジツボやイソギンチャク、カサガイ、海藻などのいる多様性豊かな群集が、ほぼムラサキイガイ一色の単純なものに変わってしまったのだ。ムラサキイガイは捕食者であるヒトデがいないと、他の種をことごとく打ち負かしてのさばってしまうのだ。ある意味では、海洋の温暖化と病気によって、今この実験が大規模に行なわれていると言えるのかもしれない。

「ヒトデというキーストーン種がいなくなる可能性を考えると……」とハーヴェルは言いかけたが、それ以上言葉を続けなかった。減少している海洋生物を研究することに慣れている人でさえ、言葉にしがたい考えだった。しかし、この近くでまだヒトデを見られる場所があるかと尋ねると、ハーヴェルの表情が明るくなった。教授は学生たちと毎年行なっているピサスター属のヒトデの調査をちょうど終えたばかりで、たいていの個体群は軒並み七〇～九〇%も減少しているが、一か所だけ予想外に繁殖率の高いところがあると教えてくれた。その理由はまだわからないが、回復の兆しや病害抵抗性がみられるのは誰にとってもうれしいニュースである。地元の海辺を彩るヒトデの姿を懐かしがるのは海洋生物学者だけではない。そこで、私はカレンダーの次の干潮の日に丸印をつけ、息子と一緒にピサスター属のヒトデ探しに行くことにした。

「濡れちゃうよ。でも構わないけどさ」と、息子のノアがうれしそうに声を上げた。私たちは土砂降りの中を、ヒトデを探しながら岩から岩へ移動していった。「今まで海辺で遊んだなかで一番面白いね、二七、二八、二九！」と、ノアは水面近くの岩の隙間に収まっている三匹の大きな紫色のヒトデを指さして、今までに見つけたヒトデの数に追加した。またヒトデが見られて、私と同様に息子も大喜びしているのがうれしかった。ヒトデはもともと息子の大好きな海辺の生き物だった。色鮮やかで腕が五本もあり、ドクタースースの絵本に出てきそうな生き物なので、子供ならだれでも大好きになるだろう。九歳の子供ですら、ヒトデがたくさんいた過去に郷愁を覚えていることからも、気候変動が自然界にもたらす変化の速さがわかる。しかし、見つけたヒトデの数が「九四、九五、九六！」と増えていくにつれて、私たちのにわか仕立ての調査は、過去へタイムスリップしているみたいになった。理由はわからないが、ここは教授の言葉どおり、「昔のまま」の場所だった。

車に戻る頃にはびしょ濡れになっていたが、一時間足らずでピサスター属のヒトデを四〇八匹も見つけたので、気分は晴れ晴れしていた。さらに、どのヒトデも健康そうで、どこにも病変はみられず、触ると光沢のある体表はしっかりしていた（ヒトデを触ったことのない読者にお教えしよう。ヒトデは驚くほど乾いてざらざらしており、まるでネコの舌のようだ）。雨が気にならなかった理由はもう一つあった。私が住んでいる島はもともと雨が多いのだが、このときはひどい日照り続きで、地球温暖化で変わるのは気温だけではないということを日々思い知らされていたからだ。日照りや洪水から暴風や寒波まで、あらゆる異常気象が増えている。いずれの異常気象も猛暑と同様に、それぞれ独自の難題を突きつけてくるので、動植物は種に固有の快適な環境からかけ離れた状態で生息せざるを得なくなる。それに対する生物の応答はさまざまだ（それについてはあとの章で詳しく述べる）が、新

図 4.3　ピサスター属のオーカースター（*Pisaster ochraceus*）には、茶色からオレンジ色や鮮やかな紫色までさまざまな色合いの個体がみられる。写真の個体は健康だが、ほとんどの個体群は海水温の上昇で発生した病気から回復していない。

写真：© Thor Hanson

しい状況にどうしても適応できない種がいることは明らかだ。このときのヒトデ調査で、いないのが目についたのはそうした種だった。

ハーヴェルの水槽騒ぎに巻き込まれたヒマワリヒトデは比較的深いところにいる種だが、このとき潮がかなり引いていたので、少なくても数匹は見つけられるのではないかと期待していた。このヒトデもキーストーン捕食者で、コンブを食べるウニの個体数調節に役立っている。しかし、潮間帯にいるピサスター属のヒトデとは異なり、ヒマワリヒトデは回復の兆しも見当たらなかった。今では、ヒマワリヒトデは過去の分布域の大部分で機能的には絶滅したと考えられている。そして、ヒトデがいなくなるとウニがコンブを食い荒らし、その結果コンブの森が消滅するという事例は、「気候変動で一つの種が影響を被ると、それが生態系全体に波及する」ことを示す実例として、よく引き合いに出されている。狭い地域に限れば、ヒマワリヒトデは気候変動の犠牲者のようにみえる。だが、ハーヴェルはあとから思いついたように、この話の別のもう一つの側面について話してくれた。

一〇〇万ドルの研究費をどうするつもりかと尋ねると、ハーヴェルは、まだ水温が低く、ヒトデが病気に侵されていないアラスカのダッチハーバーという人里離れた漁村で研究を始めるのだとすぐに答えた。「ヒマワリヒトデはそこでは元気なの」と教授は言った。それは、病気の原因とヒトデの応答について、確信を持って研究できる最後の健全な個体群の一つだった。教授はそれに加えて、私が思いもしなかったことを言った。「実は、そこでは分布域が広がっているのよ」。南の海でヒマワリヒトデを苦しめている海水温の上昇が、北方の海で生きる道を開いているようだ。かつては凍てつくほど冷たかったベーリング海の水温は、今では温暖化の影響で、生息を阻む大きな障壁ではなくなり、ヒマワリヒトデはアリューシャン列島全域とその向こうの沿岸に新たに棲みつけるようになったのだ。ヒトデ好きな人にとっては良いニュースだが、気候変動が引き起こす別の大問題の核心にある、明白な課題を提起している。キーストーン種という概念が証明しているように、ある生物種を取り除くと、自然の群集に劇的な影響を及ぼす場合がある。それでは、新しい種を追加したらどうなるのだろうか？

第5章　近所づきあいの問題

人間せっぱつまれば、どんな妙なやつとでも添い寝する。嵐が底をつくまでここにもぐってよう。[1]（松岡和子訳）

ウィリアム・シェイクスピア『テンペスト』（一六一一年）

三頭のシャチが岸辺近くに姿を現し、黒い背びれが岩礁と森を背景に優雅なシルエットを描いて滑るように進んでいった。絵葉書かネイチャーフィルムなら、のどかな光景に思えただろう。しかし、現実の世界ではあたりは大混乱に陥っていた。何十隻ものホエールウォッチング船がシャチのまわりに群がり、響き渡るシャチのシューという息遣いはエンジン音と拡声器による実況解説でかき消されてしまった。私が水先案内をしていた調査船は、シャチに近づいてもよいという許可を得ていたが、この調査ではウォッチングしている観光船団の真ん中に貼りついている必要があった。というのも、私が手伝っていたのは、小型船がクジラ類の行動に及ぼす影響についての調査だったからだ。ホエールウォッチング船の数がこれほど多くなると、それが重要な問題になってくる。私の役目は、レーザー距離計を装備した監視人が、時々刻々と変化する観光船とシャチの位置を地図上に落としている間、進路がぶれないようにすることだった。調査は順調に進んでいたが、突然、ウォッチング船の一団の頭上をまっすぐに翼を広げて悠然と帆翔する大きな鳥の姿が目に入った。

「ペリカンだ！」と、私は半信半疑で叫んだ。そして行方を追おうとして急いで振り向いたとき、すぐに気づいた。クジラの研究者たちは、調査の真っ最中に予定外の鳥が出現して邪魔されたことを快く思っていないのだ、と。しかし、少々怒られたとしても、これほど珍しい光景に声を上げずにはいられなかったのだ。結局のところ、観光産業を繁盛させるほど頻繁に、シャチはこの近くに姿を現している。しかし、私は地元で三〇年以上もバードウォッチングしているが、カッショクペリカンを見たのはこのときが初めてだったのだ。この鳥の分布域はずっと南方なので、海岸沿いに北の方まで上がってくることはほとんどない。そこで私は、バードウォッチャーが迷鳥と呼ぶものを幸運にも目撃したとメモに記しておいた。

あれ以来、クジラ調査船の水先案内の依頼は減ってしまったが、北の方へ上がってくるカッショクペリカンの数はますます増えている。ワシントン州とオレゴン州の州境を流れるコロンビア川の河口近くにカッショクペリカンのねぐらがあり、そこで個体数調査が行なわれている。その結果によると、一九七〇年代と一九八〇年代には一〇〇羽を超えることはほとんどなかったが、二〇〇〇年以降は一日に観察される個体数が一万六〇〇〇羽にも上るようになった。しかも、この個体数の増加が一時的ではないという有力な証拠も見つかっているのだ。

「おままごとをしているやつらもいたよ」と、電話で話すダン・ロビーの声から、彼がそのときのことを思い出して微笑んでいるのがわかった。「小枝をくわえて、巣材を集めていたんだ」。だが、最初の頃に見られた鳥たちは若い個体だったらしく、繁殖の試みはぎごちなく、うまくはいかなかったそうだ。ある一組のつがいはどうやら数週間も卵を抱いている様子だったので、その巣を調べてみたところ、驚くべきものが見つかった。「釣り用の擬似餌《ルアー》だったんだ!」とロビーは笑った。「このつがいは二八日間も擬似餌を一生懸命に温めていたのさ!」しかし、二〇一三年までに、それまで知られていた繁殖コロニー〔集団繁殖地〕から一五〇〇キロメートルほど北にある島で、あわただしく求愛や交尾、巣作りが行なわれたあと、実際に産卵もあったことをロビーは確認している。「ヒナはまだだけどね」と彼は釘を刺したが、この調子でいけば、時間の問題だろう。

ダン・ロビーはカッショクペリカンの飛来を見定めるのに打ってつけの立場にいた。ロビーはオレゴン州立大学と米国地質調査所の同僚と一緒に二〇年以上にわたって、コロンビア川下流で魚食性鳥類のモニタリング調査を行なっていたからだ(それは、降海型〔海に下る〕のサケの稚魚の保護管理という、より大きな事業の一環だった)。ペリカンが姿を現し始めたとき、彼らは留鳥〔渡りをせず、一年中一定の地域に定住する鳥〕であるウやアジサシ、カモメとともにその個体数を数えていたので、はからずも分布域の変化の典型例を記録することになったのである。気温が上昇すると好みの環境条件を求めて移動するのは、気候変動に対する生物の主な応答の一つであり、この話題には第7章で再び触れることにする。地域によって、分布域は拡大したり、縮小したり、あるいはその両方が組み合わさる。ペリカンの場合は、個体数の増加に伴って分布域が北へ拡大したので、コロンビア川でも繁殖するだろうとロビーは予測している。「例年なら、食物が制限要因になることはないだろう。塩水域にある砂州に行って採食できるからね。そのあたりは、群れになるカタクチイワシやマイワシが豊富なんだ」と語った。太平洋側北西岸部の冬にはまだ耐えられないが、秋に南下するのを嫌がる個体が増えているようだし、予測モデルのなかには、今世紀末までにはアラスカまで分布域が広がるとするものもある。

カッショクペリカンは北方へ分布域を拡大しているようだが、それは話の半分にすぎない。分布域の変化で影響を受けるのは、移動していく生物だけではないからだ。その地域にもともと生息していた在来種やその生息環境にとって、新参者はどれも、現状維持を脅かしそうで得体のしれない存在なので、気を許すことはできない。たとえば、カッショクペリカンは採食するとき、ヒメハヤの群れに頭から突っ込み、巨大な嘴《くちばし》いっぱいに魚を捕らえるので、近隣に生息しているイワシなどの小型の魚にとって対岸の火事では済まされないのは明らかだ。さらに、このような大食漢の捕食者が突然千単位や万単位で現れたら、カモメやウのような他の魚食性の鳥にも影響が出る。新しい競争相手が現れると、特に餌生物が少ない年には食物をめぐる競争はどのように変わるだろうか？　場所によってはねぐらや営巣場所のような資源も不足しているかもしれない。ワシントン州沿岸のさらに北方には、エトピリカのような海鳥がかつて営巣していた小島がいくつかあるが、今ではペリカンが優占種となっていることを危惧する鳥類学者もいる。(2)　留鳥たちはペリカンに追い出されているのだろうか？　こうした疑問を持つ機会はますます増えている。気候変動の時代に移動している動物は、カッショクペリカンだけではないからだ。

ペリカン以外にも最近観察した分布域の変化があるかと尋ねたところ、「グローバル・ウィアーデ

図 5.1　この年代物のイラストは奇想天外のように思われるかもしれないが、カッショクペリカンの嘴からあふれる魚を横取りするカモメの習性に基づいている。生物種の生息場所や群集が変わるときには、生物同士の関係にさまざまな影響が出る。食物をめぐる競争はその一つだ。
Depositphotos/Morphart

ィング〔地球規模の異様な変化〕が広まっているようだ」とロビーは述べた。ロビーの調査地にモモイロペリカンも姿を現し始めたし、一部のオニアジサシはアラスカを目指して出ていってしまった。しかし、「異様化」の極め付きの事例は、波の上を飛ぶ生き物ではなくて、その下に生息している生き物にみられた。海水温度の上昇や海流の変化によって、さまざまな生き物が低緯度地方の各地から極地へ向かって移動しており、海洋生物学者はこの現象を熱帯化と呼んでいる。カリフォルニア北部の沿岸では、わずか四年の間にフジツボ、ウミウシ、巻貝、カニ、海藻、バンドウイルカなど、三七種が平均三四五キロメートルも北上したことが最近の調査で明らかになった[3]。ほかにも数十種が確認されているが、本来の生息地があまりにも遠くにあるので、それは（少なくとも当面は）定住している個体ではなく、偵察に来た個体だと生物学者は考えている。たとえば、二トンにもなるカクレマンボウが初めてカリフォルニア州で確認されたが、実は州どころか北半球でも初めてなのだ。

生物種の大規模な分布域の変更を「異様化《ウィアーディング》」と呼ぶのは、まさに言い得て妙である。「ウィアーディング（weirding）」とは、古英語で運命や宿命を意味する言葉で、それはまさに、動植物が分布域を変える際に主導権を握る力である。また、この語は現代では「奇妙な、奇怪な」という意味で使われており、分布域の変化はそれにもぴったり合っている。かつて慣れ親しんだ自然界の群集がこれほど急速に変化する様子を見ると、実に奇妙に感じられるからだ。さらに、スコットランドの方言では、ウィアードは未来を見通す力を備えた人を意味する。ダン・ロビーのような生物学者はそうした能力を持ちたいと思うだろうが、何千にも上る生物種が地球規模で生態系の中を移動している現状は混沌としすぎていて、予知するのは無理というものだろう。気候変動モデルは種の行き先を示すことはできるが、到着したあとに何が起こるかは誰にもわからない。新しい群集の中に波風を立てずに収まってしまうものもいるかもしれないが、近隣全体を変えてしまう可能性を秘めたものもいる。そうしたドラマを見るには、マツの木の樹皮と辺材の間にある細胞の薄い層が打ってつけだろう。

わが家の裏にある森のコントルタマツ〔別名ロッジポールパイン〕は頭でっかちになる。成長するにつれて枝が樹冠に密集するので、古い木の幹は暴風に遭うとよく折れるのだ。私がこのことを知っているのは、それを当てにしているからだ。コントルタマツの木に恨みがあってのことではなく、手に入れやすい薪の供給源なので、いつも目を光らせているのである。折れたときはいつでも、すぐに斧と鋸を持って駆けつける。とはいえ、コントルタマツはわが家で使う薪のほんの一部にすぎない。この地域の森は、ベイマツ〔別名ダグラスファー〕のような沿岸に多い樹種が優占しているからだ。コントルタマツは北米西部のもっと内陸部の広域を覆っているのだが、その森には強風や倒木よりもずっと大きな心配事がある。暖冬の影響で、アメリカマツノキクイムシが分布域を北へ広げており、史上最大の虫害が発生しているのだ。大発生はもう何年も続いていて、丘陵の斜面が枯れかけた茶色い木で覆われている写真を見たことがある。とはいえ、本章を執筆するまでは、自宅の近くでそのキクイムシを探してみようと考えたことはなかった。そこで、この段落を書く前に、物置から手斧を取り出し、うちの私道脇に積んであるマツの木の残骸を調べに行った。時間をかければ、この甲虫の被害に遭ったしるしを見つけられるかもしれないと思ったのだ。しかし、実際には三〇秒とかからなかった。

切株や下枝の浮いた樹皮は簡単に剝がれ落ちて、木材に飾り文字のように刻まれた、甲虫の動き回った跡が現れた。きれいな網の目になっている跡もあれば、迷子になった坑夫のようにさまよった跡もあった。同じ木に数種類の甲虫が棲むことがあり、その掘り跡には特徴があるのを私は知っていた。しかし、米国森林局の古い害虫マニュアルを片手に掘り跡を調べても、区別がつかなかった。この中にアメリカマツノキクイムシはいたのだろうか？　私は写真を数枚撮り、Eメールに添付して送ってみると、数時間のうちに返事が返ってきた。

「そちらにアメリカマツノキクイムシが出る可能性がないわけではありません」というのがスタファン・リンドグレンの返事だった。近くの島ですでに少数だが見つかっているのだそうだ。リンドグレンは昆虫学者として人生の大半を虫害の大発生の最前線で過ごしてきたので、この甲虫が好む環境を熟知している。私が写真に撮った跡の主はすぐにわかったそうで、ヤツバキクイムシの仲間とカミキリムシの仲間だと教えてくれた。たいていのキクイムシと同様、この両種は枯死したり弱った木の材

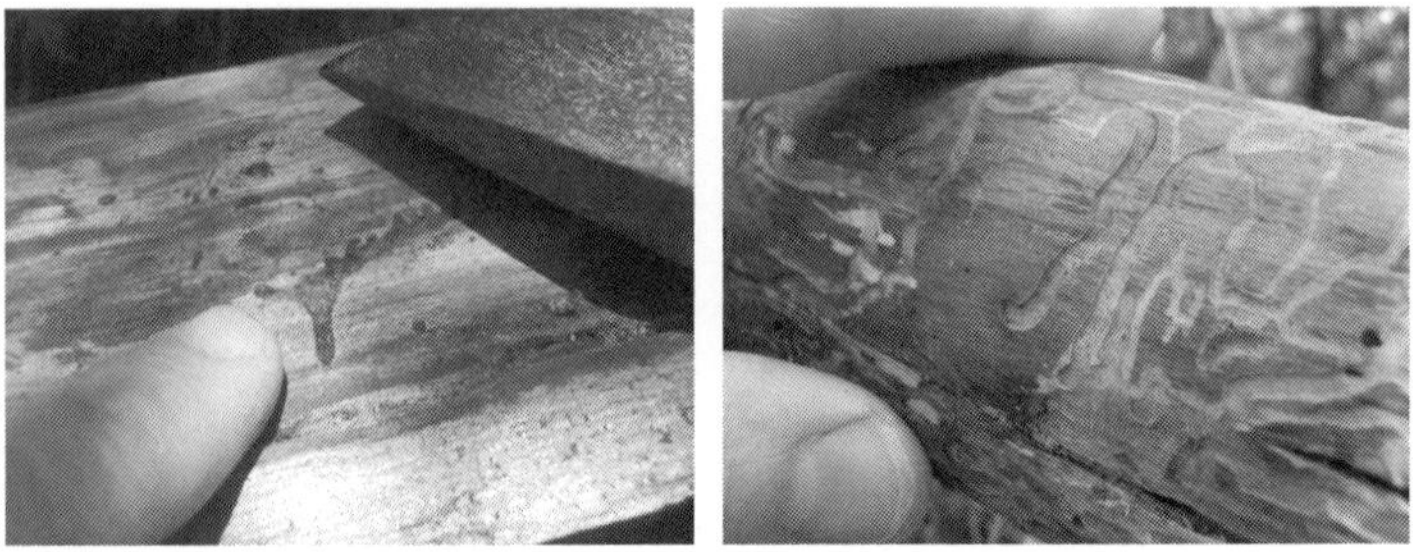

図 5.2　専門家にとって、キクイムシが這った跡は署名のように一目瞭然である。スタファン・リンドグレンはうちのマツを食い荒らしたのはヤツバキクイムシの仲間（左）と、おそらくパインソーヤーというカミキリムシの仲間（右）だろうと述べた。カミキリムシの跡をよく見ると、幼虫の成長に伴い、穴が次第に大きくなっているのがわかる。写真：© Thor Hanson

の中に棲む。うちのマツに入り込んだのは倒れたあとだろう。アメリカマツノキクイムシが他の甲虫と違うのは、どこも悪いところがない健全な木に入り込み、枯らしてしまう力があることだ[4]。それゆえ分類学者はこの虫に、ギリシャ語とラテン語を組み合わせた「木を殺すもの」という意味の *Dendroctonus* という属名をつけたのだ。リンドグレンにアメリカマツノキクイムシがそれほど恐ろしい害虫になった理由を尋ねると、カナダの著名な林学者のフレッド・バンネルが林学を評して言った言葉を使って、「ロケット工学とはわけが違う。もっと複雑なのです」と答えた。

「材を傷つけるのはメスなのです」とリンドグレンは電話で語った。樹皮に穴をあけると、まだ交尾をしていない場合は、強力なフェロモンを出して交尾相手のオスを呼び寄せる（メスは卑劣なことに、傷つけられたマツの木が自らの身を守るために生産する化学物質を使ってこのフェロモンを作り出す）。一方、オスも到着すると、マツの木の生産物を使って誘引物質を作り出して、雌雄に関わらず仲間をどんどん呼び寄せるので、マツは集団攻撃に晒されることになり、この甲虫が媒介する菌類によって攻撃はさらに強化される。甲虫の口器にある特殊な袋に数種の菌類の胞子が入っており、その胞子もマツの木を侵して、辺材の奥深くに青味がかった腐敗が広がっていくのだ。「マツを枯らす張本人は、キクイムシが媒介する菌類だとたいてい考えられています」とリンドグレンは言うと、菌類の感染によって、マツの木の水分と栄養（それにキクイムシに対する防御物質である松脂）が移動する通路が次第に塞がれてしまうのだと説明した。さらに、幼虫は孵化すると、木材だけでなく菌類も食べる。そうすることでさらなる栄養補給をするだけでなく、口器に新鮮な胞子を詰め込み、それが次の不運な被害者に運ばれるのだ。

これまではこの複雑な相互作用は、主に天候に制御されていた。秋と冬に到来する寒波で甲虫が死に絶え、分布域と発生の規模や期間が制限されていたのだ。しかし、冬の気温が上昇したので、このような厳しい寒波の到来が減少の一途をたどり、甲虫の個体数が年々増え続けている。「あるレベルに達したら、もう止められなくなります」とリンドグレンは言うと、手に負えなくなった山火事にたとえて、「燃えるものがなくなるまで、燃え続けます」と付け加えた。この段階はコンプリーション（焼き尽くし）と呼ばれており、特定の地域のキクイムシがすべてを文字どおり食い尽くしてしまう時点を指す。これは以前は稀な出来事だったが、現在の大発生したアメリカマツノキクイムシが一九九〇年代から二〇〇〇年代の初めに北上を始めて以来、何万平方キロメートルにも上るマツ林が被害に見舞われた。そのあとに残された、枯れたマツの木が無残な姿を晒して林立している森の面積は、ドイツ全土の面積［およそ三五万平方キロメートル］に相当する。しかし、現在の大発生には、リンドグレンのような研究者が不思議に思う、通常と異なる点がもう一つある。アメリカマツノキクイムシが通常の分布域の外に出ると、大発生の広がる速度が速くなるのだ。

「移動の速度はモデルの予測よりも三〇％も速かったのです」と、リンドグレンは発生初期のことを振り返って言った。コロンビア川でペリカンを観察していたダン・ロビーと同様に、リンドグレンもアメリカマツノキクイムシの分布域の拡大を目撃するのにちょうど良い時期に打ってつけの場所にいた。一九九四年にノーザン・ブリティッシュ・コロンビア大学で教職に就き、生まれ故郷のスウェーデンと景観がよく似たプリンス・ジョージという小都市に移り住んだ。リンドグレンは経験豊かなキクイムシの研究者であるだけでなく、甲虫ビジネスで成功を収めた起業家でもある。大学院生のときに、リンドグレン・トラップというじょうご形の捕獲器を発明し、それが今では、野生個体群を試験捕獲するための定番として使われているのだ。[5] プリンス・ジョージの街はコントルタマツの森に囲まれており、北へ分布域を広げるキクイムシの通り道にちょうど当たっていて、そこへリンドグレンがやってきたわけだ。しかし、ペリカンの調査を行なったロビーと状況が似ているのはここまでである。ペリカンが与える影響について理解するのには何十年もかかるだろうが、キクイムシの影響はすぐに現れたからだ。キクイムシがなぜこれほど速やかに新天地で猛威を振るうことができたのか、リンドグレンには察しがついていた。

「無法地帯だったのです」とリンドグレンは言うと、キクイムシが移住した地域のマツは、その攻撃に対する耐性を進化させたことがない「無防備な宿主《ナイーブ》」だったのだと説明した。南方の森は防御手段を進化させたが、このあたりのマツは手段を備えていないので、いいカモなのである。「たった一度、キクイムシが大発生しただけでも、そこで自然選択が起きるんです」とリンドグレンは述べ、キクイムシはまずとりわけ脆弱で食べやすい木にとりついて枯らしてしまうと指摘した。やがて、生き残ったマツとその子孫はより強力な化学物質や豊富な松脂などの防御手段を進化させて、キクイムシの攻撃を完全に食い止めることはできないにしても、少なくとも遅らせるようになった。このことを簡潔明快に証明するために、リンドグレンと同僚は状況の異なるマツ林で、キクイムシが残せた子孫の数を単純に数えた。耐性が最も少ないマツ林では、キクイムシの子孫の数は二倍以上になっており、個体群密度が信じがたいほど高くなっていた。その結果、リンドグレンに言わせると、個体群全体が「全力疾走を始めた」。

生物学でいうナイーブの概念は、少なくともチャールズ・ダーウィンまで遡る。ダーウィンはガラパゴス諸島で「鳥たちが極端に人怖じしないこと」[6]に驚いた。陸生の捕食者（や好奇心旺盛なナチュラリスト）がいない島では、ダーウィンが見たイグアナやリクガメなどと同様に、鳥も陸上で出会う相手に対する本能的な恐れをほとんど進化させていなかったのだ。しかし、警戒心を進化させなかったために、こうした動物たちは危険に対して無防備になってしまった。そのおかげで人間は、観察のためでも、シチューの具にするためでも同じように簡単に近づくことができた。動植物がまったく見知らぬ他の種に出会ったときにも、同じことが言える。特に新しい捕食者や競争相手、病原体や寄生者に対しては、しかるべき防御手段をまったく持っていないかもしれない。このことはキクイムシの大発生の速度を説明するだけではない。気候変動による分布変化が急増すると、なぜ自然界の群集が再編成される可能性がそれほど高まるのか、その理由も説明できる。

ここ一〇年以上、アメリカマツノキクイムシは北へ向かって全力で走り続け、プリンス・ジョージにあるリンドグレンの調査地を通り過ぎ、その前進を止めるほど寒い冬の気温に出会わなければ、カナダのユーコン準州に迫る勢いだ。しかも、キクイムシの分布域は、気候変動によって新たに北方に広がっただけではない。標高の高い地域もやはり温暖化しているので、大発生は東へも向かい、これまでは障壁となっていたロッキー山脈を越えて、カナダのアルバータ州の奥深くへ広がっている。このキクイムシは行く手にある（さまざまなマツの種の）ナイーブな宿主を食い物にしながら、北米大陸を横断してしまうだろうと予想する研究者も多い。ある著名な甲虫学者の例を借りれば「ネズミの糞のように見える」[7]小さな昆虫なのに、ずいぶん遠くまで移動したものだ。だが、これはほんの一例にすぎない。「近所づきあい」に苦労している生態系は、北米のマツ林だけではないからだ。北極のツンドラにはヘラジカから蛾の幼虫まで、新しい植食性の動物が進出しているし、タスマニアのコンブの森には外来のウニが入り込んでいる。五大陸にある塩性湿地には熱帯性のマングローブが拡大しており、在来のイネ科草本が生息空間をめぐる競争に巻き込まれているし、南極大陸周辺の海底ではまもなく貝類などの軟体動物が、殻を砕く捕食者であるタラバガニに対処しなければならなくなるだろう。これほど多くの種が移動し、新しい組み合わせや群集を大量に作り出している。したがって、将来の指針は「不測の事態に備えよ」[8]という、プロの林業家に根強い人気がある格言に勝るものはないだろう。

コントルタマツを次に待ち受けるものは何かとスタファン・リンドグレンに尋ねると、激しい山火事や侵食から土壌や地下水面の変化まで、アメリカマツノキクイムシの大発生後に起こりうるさまざまな問題を立て続けに挙げた。これまではマツの森は、キクイムシに耐性のある生き残った木の種子から再生してきた。今でも再生している森があるかもしれない。しかし、リンドグレンが指摘するように、キクイムシの分布域拡大を引き起こした温暖化は一方で、夏の干ばつや熱波の頻度や厳しさも増大させている。こうしたストレスが高まったせいで、場所によっては生息環境が樹木の生育に適さないものになってしまうかもしれない。さらに特筆に値するのは、キクイムシの大発生の影響が波紋のように広がり、網の目のように結びついた生態系がまるで綱引きのように激しく揺さぶられることだ。たとえば、大発生の直後には、キツツキがまずアメリカマツノキクイムシを食べ、次に枯死した木や朽ちかけた木で一時的に増えたさまざまな穿孔性の甲虫を食べたために、その個体数が急増した。しかし、イタチの仲間のフィッシャーやオオタカのような深い森に特化した動物は遮蔽物を失い、リスやイスカはマツの実という食料が急に不足し、シンリントナカイは散乱する倒木に行く手を阻まれて困り果てるなど、生活が厳しくなった生物種は多い。

気候変動の予測にはありがちだが、アメリカマツノキクイムシの分布変化がどのように展開するかについて結論を出すのは時期尚早だし、それがもたらす波紋のほとんどは研究されないだろう。たとえば私は、キクイムシがオオマツノキコツバメに及ぼす影響について言及した文献を見たことがない。この小さな茶色いチョウはマツの森に生息していて、絶妙な角度で光が当たると、後翅がワイン色を帯びた鮮やかな紫色に輝く。このチョウは堅い松葉を消化できる数少ない生き物としてよく知られているが、実は幼虫は松葉しか食べない。そのために、チョウはマツと切っても切れない関係にあるのだ。そこで、気候変動がもたらすもう一つの大きな生物学的問題が持ち上がる。生きていくうえで最低限必要なものの一つが突然なくなると、いったいどうなるのか。

図 5.3　オオマツノキコツバメ（*Callophrys eryphon*）。このチョウの幼虫はマツの若葉だけを食べるので、変動する気候の下で、宿主のマツと運命をともにすることになる。
写真：© Alan Schmierer

第6章　なくてはならぬ必需品

目に見えぬまま、背景のくらがりで、宿命はひそかにボクシンググローブに鉛を仕込んでいたのである。(1)（森村たまき訳）
P・G・ウッドハウス『でかした、ジーヴス！』（一九三〇年）

　絶好のシャッターチャンスだった。ビルが小鳥を手に持ち、木にとまっているようなポーズで固定したので、私はカメラを構えて、フレームいっぱいに小鳥をズームインした。近くに張った霞網《かすみ》にかかった鳥を外して、足に標識足環をつけて計測するというお決まりの作業をしているときに、このようなスナップ写真を撮っても、作業時間はほんの数秒増えるだけだ。赤褐色の胸に白い眉斑《びはん》がよく似合うこの美しいマユジロヒメコマドリは、このあとすぐに熱帯雨林の中に戻っていくはずだった。しかし、私がシャッターボタンを押すやいなや、突然上からの風を感じて、バサッという音と叫び声、あわただしい羽ばたきが聞こえた。カメラから顔を上げてみると小鳥の姿はなく、ビルがひとり、いまだかつて見たこともないほど呆気にとられた表情を浮かべて手を握りしめていた。

私たちの知らぬうちに、アフリカオオタカが真上の枝にとまって、私たちの作業をそっと見ていたのだ。猛禽類がよだれを流すという話は聞いたこともないが、小鳥の捕食者にとっては、餌になりそうな小鳥が目の前でこれほどたくさん捕獲されては放されるのを見ていることは試練だったに違いない。供物のように差し上げられた、無防備で美味しそうなヒメコマドリの姿には耐えきれなかったのだろう。しかし、最後の瞬間に何かがうまくいかず、タカは急降下を途中でやめて、ビルの手をかすめて終わったのだ。幸いヒメコマドリはどさくさに紛れて逃げおおせたし、オオタカも飛び去った（傷ついたのはプライドぐらいだろう）。しかし、気候変動のなかで山林に生息する両者は、捕食者と被食者が繰り広げるダンスと同じくらい重大な、長期にわたる問題に直面しているのだ。

タンザニアのウサンバラはキリマンジャロの東方の平原にそびえる山地で、世界有数の生物多様性ホットスポット、つまり動植物の固有種がきわめて豊富な場所だ。ヒメコマドリがオオタカに襲われた調査時の同僚はビル・ニューマークといい、ウサンバラ山地の鳥類個体群を三〇年以上にわたり研究している保全生物学者だ（地元では「ブワナ・ネデゲ」と呼ばれている。スワヒリ語で「ミスター・バード」という意味だ）。当時、ビルと野外調査のスタッフが捕獲、放鳥、再捕獲を行なった鳥は三万羽以上に上り、森が伐採されて分断化したときに、生き延びられる種とそうでない種に関する重要な知見が得られていた。私は修士課程の学生のときにビルの調査チームに加わり、この大きな謎《パズル》の小さな一つのピースに取り組んだ。それは、「分断化された小さな森では、ネズミなどの動物による鳥の卵の補食が、鳥類の減少要因になっているか？」という問題だった（ちなみに、それは減少の要因ではなかった）[2]。調査期間中、木材用に伐採された木の切株をよく見かけたし、薪集めのため

図 6.1　マユジロヒメコマドリ（左）とアフリカオオタカ（右）はタンザニアのウサンバラ山地の森林に生息しており、被食・捕食関係にある。
写真：© Thor Hanson

や農地の開墾のために木を切る音も、絶え間なく聞こえていた。私たちは森林の喪失や断片化を研究対象にしていた。なぜなら当時、森林の喪失や断片化による危険性は明らかに現実のものになっていたが、一方で気候変動の影響はまだ仮説の域を出ていないと思われていたからだ。気温の上昇に伴い、山地に生息している生物種は好みの生息環境を求めて標高の高いところへ上がっていくだろうという標準的な予測も、すでに頂上にいる種にとっては、生息に適した環境が消滅してしまう可能性があることも知っていた。しかし、そうした変化がどれくらいの速度で生じているかについては、つい最近ある若い鳥類学者が明らかにするまで、誰にもわかっていなかった。その学者は、今考えれば当たり前と思われる方法でそれを解明した。つまり、山へ行って、変化の速度を測定したのである。

「鳥に聞いてみるべし」とベン・フリーマンは自分の研究信条を簡潔に述べ、「現実の世界で実際に起きていることは、数理モデルでは何もわからないからね」と説明した。野外へ出たい欲求は、どうやら取材を受けるときの方針にも表れているようだ。フリーマンはブリティッシュ・コロンビア大学に在籍しており、もう一人のポスドク研究者と研究室を共有していたのだが、私たちはすぐにその簡素な研究室から飛び出して、近くの日当たりの良い中庭にあるピクニックテーブルへ行った（話の最中に、彼がときおり私の肩越しに藪の方を見ているのに気がついた。藪の方を見ると、二羽のミヤマシトドが巣立ったばかりのヒナに餌を持ってきていた）。フリーマンはやせ型で一八〇センチメートルは優にあり、遠くを見るような目をした人物で、人里離れたところのフィールドワークに慣れている人らしい落ち着きがあった。彼は人一倍科学に対する情熱があったので、私たちは鳥のさえずりの進化について話し込んでしまい、しばらくしてようやく、別の用件で彼に会いに来たことを思い出した。

私は本題に戻り、フリーマンに何がきっかけで標高の高いところへの生物移動に興味を持つようになったのか、そしてパプアニューギニアの未開地のような困難な場所を調査地に選んだ理由を尋ねた。すると彼は、「ジャレド・ダイアモンドの研究に魅せられたのさ」と、熱帯地方の鳥類の研究者としても知られている環境史の権威の名を挙げた。ニューギニアの鳥類に関するダイアモンドのきわめて重要な研究には、一九六〇年代に行なわれた、山地に生息するさまざまな鳥類種の正確な分布域を示した調査が含まれていた。フリーマンにとってこの標高分布は、鳥類研究の本に載っている単なる補注以上の意味があった。彼はダイアモンドと連絡をとって、何か変化が起きているかどうかを確認するために、同じ山地で同じ鳥類を同じ方法で再調査をしてみたいと伝えた。

数か月後、ダイアモンドの熱心な支援を受けて、フリーマンはニューギニアの中央高地にあるカリムイ山の山腹に赴き、良き共同研究者でもある妻のアレクサンドラ・クラス・フリーマンと一緒に霞網を掛けた。アレクサンドラも鳥類の研究者で（二人の出会いはエクアドルの雲霧林だった）、ちょうど博士論文を仕上げたばかりだったので、夫の研究のなかで、おそらく最も困難だがやりがいのある調査の手助けをしていたのである。二人は地元のフィールド・アシスタントを雇い、氏族間の対立や義理という複雑な利害関係の問題を巧みに切り抜けた。ダイアモンドのキャンプまでサツマイモを運んだことを覚えている村の長老がいることがわかり、同じ登山道を見つけてもらった。途切れがちな飲み水、過酷な労働、そしてときどき直面する、フリーマンの言葉を借りれば「きわめて危険な」状況に対処した（「結婚生活が試される試練だったよ」とフリーマンは苦笑いしながら言った）。しかし、科学の観点からみれば、すべてが順調に進んでいた。

フリーマンによると、「幸いなことに、森はまだ開発されていなかった」。携帯電話の電波塔を設置するために四〇〇〇平方メートルほど切り開かれてはいたが、それ以外は五〇年前と変わらず自然のままに見えたので、狩猟や伐採などの人為的要因で鳥類群集が変わってしまった可能性はないだろうと思われた。唯一の違いは、平均気温がわずかに〇・三九℃上昇したことだった。この程度の上昇で、測定できるほどはっきりした生物学的反応が引き起こされるだろうか？　しかし、最後の鳥を捕獲して識別し、放鳥するまで、二人はその答えを知らなかった。「ダイアモンドの調査結果に囚われずに調査を行なうのがとても大事だったんだ」とフリーマンは言って、先入観でフィールド調査を偏らせたくなかったのだと説明した。最後のデータを入力し終えて、解析を始めたときはかなり緊張したことだろう。そして、幸いなことに、結果は明確だった。

「ほとんどすべてが標高の高いところへ移動していたのさ」とフリーマンは言った。前の調査から五〇年も経たないうちに、カリムイ山の鳥類の分布域は、上限も下限も平均で百数十メートルも上昇していたのだ。「まさかと思ったよ」とフリーマンは考え込むように言った。そして、別の山でダイアモンドが行なった調査のデータセットを用いて解析を繰り返してみると、この傾向はもっとはっきりと現れたのだ。数理モデルの予測どおりに、大部分の鳥は生息に適した環境を求めて山の上方へ移動することによって、気温の上昇に応答していたのである。いずれにしても、気温上昇の影響は予想外に顕著で、熱帯の気候変動について長年問われてきた疑問を解明する一助になった。熱帯の生物種は暑い環境に慣れているので、温帯の種よりも耐性があるはずだと考える研究者もいた。しかし、フリーマンの調査結果はその逆を示唆していた。多様性が豊かで生息密度が高い熱帯林の生物群集は、さまざまに特殊化した種で構成される世界を作り上げている。そうした種は、環境の変化の影響をきわめて受けやすいのだ(3)。鳥は何か特定のきっかけに応答しているのかと尋ねると、「一つの大きなきっかけというよりは、たくさんの小さな要因の積み重ねだろうね」とフリーマンは答えた。鳥たちの食べる昆虫や植物の変化から、競争者や捕食者との関係の変化まで、さまざまにつながる関係のすべてが関わっているのだ。さらに病気の流行も関わっているかもしれない。その好例は、フリーマン自身がカリムイ山で調査中に、命にかかわるほど重篤なマラリアにかかったことだ。昔は低地だけにしかみられなかったのに、マラリアを媒介する蚊が、鳥類と同様に山地を上がってきているのだ(4)。

あらゆる観点で、ベン・フリーマンの博士研究は大成功だった。取り上げた理論の主要な点を明らかにして、一流の科学誌に掲載された論文は高い評価を得た。しかし、優れた研究というものはどれもそうだが、さらに多くの疑問をもたらした。もし生物種が本当に山地の上の方へ移動しているのなら、予測の後半部も真実なのだろうか？　つまり、すでに頂上に生息している種は生息環境が消滅するので、行き場を失って絶滅し、下にいた種がそれに取って代わるが、その種もいずれ生息環境の消失により絶滅の道をたどるという、いわゆる「絶滅のエスカレーター現象」が生じるのだろうか？　カリムイ山では山頂だけに生息している鳥類は一握りにすぎないし、いずれも稀少種なので、このデータだけでは答えを出せない。たとえば、人目を避けるカンムリハナドリは、ジャレド・ダイアモンドでさえ見つけるのに苦労した相手なので、フリーマンたちがこの鳥を見つけられなくても、いなくなったと結論づけることはできないだろう。運悪く見つけられなかっただけかもしれない。絶滅のエスカレーター現象を解明するためには、古いデータセットをさらに見つける必要がある。それは、高い標高に特化した鳥がたくさんいて、しかもそうした鳥がごくありふれた種であるような熱帯の山地で集めたデータでなければならない。それは実に難しい注文だった。科学者のウィッシュリストに載っていて、何年も探し回らなければ手に入らないような代物だったのだ。しかし、ベン・フリーマンはそれを五分ほどで手に入れた。

生物学界では博士研究の締めくくりに、「ディザテーション・ディフェンス」と呼ばれる博士論文審査会が行なわれる。論文の執筆者が、主に好意的な聴衆（教授や仲間の大学院生、友人など、成功を願う人たち）を前に、論文について発表するのだ。審査会ではたいていシャンパンが振る舞われる。フリーマンの審査会は、一番若い出席者が生まれたばかりのフリーマンの息子だったこともあって、記憶に残るものだった（妻のクラス・フリーマンが、部屋の後ろの方でヨガボールに座って上下に弾みながら、赤ん坊をあやしていた）。科学的な絶好の機会が舞い込んできたのは、審査委員との伝統的な祝賀会で、彼の話が終わりにさしかかったときだった。話が次の研究テーマのことに移り、フリーマンが手に入れたいと思う幻の調査記録のことを話すと、指導教官が「昔、ペルーのアマゾン川流域の山地で調査をしたが発表できず、眠ったままになっているデータがある」と言ったのだ。カリムイ山での調査と同様に、その調査も山裾から標高が千数百メートルの山頂まで、鳥のデータを集めていた。そして、カリムイ山と異なって、そのペルーの山には頂上だけに生息している鳥が一六種もいたのだ。しかも、調査が行なわれた一九八五年には、そのうちの一一種は普通種で簡単に見つけることができた。「完璧なデータセットだったよ」とフリーマンは当時のことを振り返って言った。それゆえ、フリーマンは論文審査会を終えたときには、もう次の調査行の手筈を整えるのに余念がなかった。これほど速くポスドク〔博士課程修了後〕の研究の準備に取りかかった例はこれまでになかったのではないか。

ペルーを訪れて当時の調査地を下見したあと、フリーマンはニューギニアのときと同じように調査を進めた（違っていたのは、妻のクラス・フリーマンが新生児と自宅に残ることにしたので不在だったことと、一日中ハリナシバチがたくさん群がってきてミネラル分の豊富な汗を吸っていたことだ）。幸いなことに、ペルーでも調査地の森は伐採やその他の開発の手が入らず、元のままだったので、昔のデータと直接比較することができた。そしてここでも、多くの鳥の分布域が明らかに上昇していた。しかし、ペルーの山頂は雨林ではなく、苔むした低木しか生えていない矮性林だったため、新たなことがわかった。絶滅のエスカレーターがフルスピードで上昇していたのだ。一九八五年には普通にみられた、高い標高に特化した種のうちの半分近くが姿を消していた。また、残っていた種も個体数が激減しており、その生息域も、調査の最終地点である頂上のすぐ下に限られていた。姿を消した種は近くのもっと高い山地にはまだいるかもしれないが、この調査結果が示唆している意味は明らかだ。

フリーマンは「いまだによくわからないんだ」と言うと、両掌を上に向けて困ったというジェスチャーをして、「人里からこんなに遠く離れた原生自然のままの場所が、これほど強い影響を被っているというのがどうしても解せないのさ」と付け加えた。科学者は何でも疑うのが常であり、それは自分で発見した結果であろうと例外ではない。とはいえ、高いところへ分布域が移動する現象は、（私自身がかつて調査したウサンバラ山地の鳥類も含めて）鳥類群集はいうまでもなく、蛾から樹木の実《み》

図6.2　ペルーの矮性林は手つかずの自然のままにみえるが、気温の上昇の影響は免れず、カワリアリモズやキマユカマドドリ、チャビタイハエトリモドキ、キバラマルハシタイランチョウのような高地に特化した鳥はいなくなってしまった。写真：© Ben Freeman

生《しょう》〔種子から発芽したばかりの植物のこと〕まで、さまざまな動植物で確認されている。そもそも山はピラミッドのように上に行けば行くほど狭くなるので、どんな種が移動してこようとも占有できる面積は狭くなり、最終的にはなくなってしまうかもしれない。フリーマンが自分の調査結果に驚いているのは、この変化の速さのせいでもある。わずか数十年の間に、分布域の移動や地域絶滅〔その地域での絶滅〕が数多く起きているのだ。だが、どんな具体的な変化が、種の移動や消滅を引き起こしているのかも、まだわかっていない[5]。「そもそも植物や動物はなぜその生息環境に生息しているんだろうか?」とフリーマンは大げさな口ぶりで私に問いかけた。そして、「チャールズ・ダーウィンが興味を持った基本的な疑問の一つだが、まだよくわかっていないんだ」と付け足した。

ダーウィンの時代以降、ハビタット〔生息環境〕という概念は拡大されて、単に生物種が見つかる場所だけではなく、もっと多くのものを含むようになった。現在では、気候から地形、土壌、水の循環、そこに棲む他の動植物との関係まで、その場所を生息に適したものにするあらゆる環境要因が含まれる。温暖化によって、生息に必要不可欠な環境要因が生息地から失われてしまうこともある。たとえば、気候変動が生み出す象徴的なシナリオが、ホッキョクグマの事例だ。ホッキョクグマは海氷の上を歩き回ってアザラシを狩るが、温暖化で北極海の海氷が融けると、好みの狩場が奪われて窮地に陥ってしまう。サンゴが減少すれば、その影響は同じように直接的で、そこに生息する魚などの生き物の食物や避難所が減ってしまう。しかし、多くの場合、「生息地が温暖化し、突然棲むのに適さない場所になる」という現象は、もっと微妙で捉えがたいいくつもの要因から生じているため、原因を特定するのが難しい。ベン・フリーマンは調査したペルーの山頂で苔むした低木をたくさん見かけたが、この矮性林の、目では捉えがたい何らかの特徴が変化していたに違いない。そのため、そこに生息している鳥類がそれに反応して、姿を消し始めていたのだ。高地に特化した種は、最も危険に晒されている群集である。避難できる場所もなければ、生息地の失われた要素を取り替える術もないのだ。生息場所を問わず、いずれの生物種も生きていくうえで必要不可欠なものが不足し始めている。そして、陸上に住んでいる私たちに見逃されがちな、特に脆弱なグループがいる。私がそれに気づいたのは最近のことで、うちの家族が代々暮らしている島の岩礁海岸に立ち、潮が引いてきたのを見ていたときだった。

父は二つの低い岩の間に挟まっている貝を長靴の先で示して、「これは世界一頭のいいカキだ」と私に言った。そこならば、人に踏まれることもないし、浜に引き上げられるボートやカヤックの船体で擦られることもない。カキに目がない父に採られる心配もなかった。そのカキは何年にもわたって、父を挑発するかのごとく、レンガ職人が根気よくレンガを積み上げていくように、父の目の前で硬い殻をどんどん大きくさせてきたのだ。そのカキが生き延びる英知は年齢のおかげでもある。カキは海水から炭酸カルシウムを直接取り入れてカルサイト（方解石）という頑丈な結晶を生成するが、年老いたカキは若いものよりも貝殻の生成が上手だからだ。一方、幼生は生まれて最初の数週間は、アラゴナイト（霰《あられ》石）で殻を形成する。アラゴナイトは、カルサイトと化学組成は同じだが、安定性に劣る。カキにとってこの違いは大きな意味を持つ。気候変動で海洋が酸性化して、殻の形成と維持が難しくなっているからだ。そこで、できるかぎり丈夫な材料を使える方が有利になる。海洋生態系にとって不運なことだが、アラゴナイトに依存している生き物はカキの幼生だけではない。さまざまなサンゴ、プランクトン、巻貝、二枚貝もそうだ。山頂の鳥類と同じように、こうした生き物たちは生息に必要不可欠なものがなくなり、生息地が生息に適さなくなっても、他に行き場がないのだ。

海洋の酸性化を理解するためには、炭酸化の原理を発見したジョゼフ・プリーストリーが近所の醸造所で行なった実験を思い出せばいい。プリーストリーは発酵しているビールのタンクの上で、水をカップからカップへ何度も移し替えて、タンクの上に漂う空気に豊富に含まれていた炭酸ガスを水の中に取り込んだ。これと同じことを海や湖も行なっているのだ。[6] 海や湖は風に吹かれて水面が波立つたびに、大気中の二酸化炭素を吸収している。したがって、大気中で二酸化炭素の濃度が上昇すれば海水中の濃度も上がり、水と混ざったその一部は炭酸になる。そしてそれが貝殻を形成する生き物に厄介な問題をもたらす原因であり、またクラブソーダのような炭酸水が染み抜きとして使える理由でもある。酸には物質の結合を壊す腐食作用があり、炭酸も例外ではないのだ。シャツについた辛子の染みを落とすのには便利だが、貝殻形成にとっては問題である。貝殻の炭酸カルシウムはたやすく分解してしまうからだ。ちなみに、私と息子は、コップに注いだセルツァー（天然発泡ミネラルウォーター）の中にアヒルの卵を入れ、徐々に卵殻が溶けていくのを観察して、このことを確認した。[7] しかし、甲殻類の方が問題はもっと深刻だ。酸性の水は炭酸イオンを、貝殻の形成に利用できない炭酸水素イオンに変えてしまうからだ。[8] したがって、酸性度が上昇すると、殻が弱くなるだけでなく、殻の修理や交換に使う素材も減少の一途をたどるという実に深刻な事態を招くのだ。

海洋が酸性化している最初の兆候はカキの養殖場でみられた。カキの幼生がまともな殻を形成できないのだ。養殖業者は海水の酸性度の上昇に対抗する術を学び、アラゴナイト期の脆弱なカキの幼生を人工的に育てるという対策を講じた。しかし、野生の甲殻類はいかなる手立ても講じてもらえないので、酸性化はホッキョクグマにとっての海氷と同じくらい、いや、おそらくそれ以上に、生存するうえで不可欠なものを甲殻類から奪い取ってしまう恐れがある。この難局の推移を研究するために、海洋生物学者は研究対象として望ましい生物のウィッシュリストを作成した。彼らが欲していたのは、さまざまな海洋環境に生息していて、個体数が多くて簡単に見つかり、もろいアラゴナイトだけで殻を形成するという生き物だった。そして、この理想的な研究対象は、シーバタフライ（有殻翼足類）という海中を自力で泳ぐ小さな貝の仲間であることがわかった。

ヴィクトリア・ペックは「動物プランクトンのなかでは、カリスマ性があるのよ」と言った。ペックならではの一言だろう。英国南極調査局のメンバーである彼女は、グリーンランド沿岸からウェッデル海までさまざまな海域でプランクトンの個体群を研究してきたからだ。ペックはカナダの北極圏へ調査に出かけるためにケベックシティに駐在しており、私はそこへスカイプで電話をかけて話を聞いていた。ペックの研究の大半は、過去の気候の状態を知るために、海洋底の堆積物を細かく調べて、化石プランクトンの群集を復元する、というものである。そんな彼女にとって、現代の気候指標に専念して研究するのは、良い気分転換になった。それだけではなく、予想外のご褒美もあった。研究対象のシーバタフライは、優美な翼形の足を持ち、顕微鏡の光の下で水晶のように輝く螺旋状の殻を備えている、実に美しい生き物なのだ。

「私は畑違いだったことが結果的に幸いしたの」とペックは言うと、大学院では地質学と古海洋学の学位を取得したのだと説明し、「私は今とはまったく違うものを見ていたのよ」と付け加えた。ペックが研究を始めたのは、シーバタフライの研究が相次いで発表されていた時期だった。当時、実験室で研究していた生物学者から貝殻が腐食するという予測が相次いで報告され、北米の西海岸で海洋の酸性度が急上昇したときに、その現象が確認された。冬期に海氷ができると、水と大気の間のガス交換が妨げられるので、海洋の酸性度のピーク（最大値）は季節によって変わる。そこで、ペックは極地域で調査を行なうことにした。彼女自身も殻に傷や穴のあるシーバタフライを見つけたが、経験からすると、それはごく普通のことだった。

「腹足類の化石には、ほとんど必ず傷跡がみられるのよ」と彼女は言う。海洋の生活は危険と隣り合

図6.3　シーバタフライは、翼足類（Pteropoda）という、浮遊性の貝類の大きなグループの仲間である。学名は、「翼の形をした足」という意味のギリシャ語に由来する。自分よりも小さなプランクトンを食べる一方、それ自身はさまざまな魚に食べられる。写真の *Limacina helicina* は高緯度地方から極地の海洋に分布し、大きさは直径わずか2.5ミリメートルにすぎない。

National Oceanic and Atmospheric Administration

わせなので、殻はさまざまな損傷を受ける。特に、捕食者の攻撃をかわしそこねたときがそうだ。シーバタフライを調べたペックと同僚は、殻に同様の損傷があるのを見つけたが、酸による腐食が生じているのは、すでに切り傷やひっかき傷がついていた箇所だけだということに気づいた。傷がついていない殻には腐食がみられず、どうやら殻皮層と呼ばれる薄い外層で酸性の海水から守られているようだった（巻貝や二枚貝の多くは、殻の形成中にこの被膜を足場のようにして使う。この膜は損傷を受けないかぎりいつまでも残り、ワニスのように自然の猛威から身を守る盾の役目を果たす）。さらに、シーバタフライは酸に侵された殻を積極的に修復している。殻の内側からアラゴナイト層を継ぎ当てのように付け加えていくので、元の四倍の厚さになることもある。それもまた、プランクトンの化石にみられた現象をペックに思い出させたが、彼女の同僚の多くはその回復力の高さに驚いていた。

ペックは「私の評判はあまりよくなかったわ」と言って、きまり悪そうに笑った。ペックの調査結果はそれ以前の結果に異議を唱えるものだったので、シーバタフライの研究者の間で激しい論争が起こったからだ。しかし、実際には対立したことよりも、意見の一致したことの方がはるかに多かった。海洋が酸性化したために、殻を持つ生き物が困っていることを疑う者はいない。修復できるとしてもコストがかかり、修復に使った分だけエネルギーを採食や繁殖などの重要な活動に回せなくなる。また、シーバタフライもカキと同じように、幼生が酸に特に弱いということがわかった。したがって、現在の二酸化炭素の排出量がこのまま続けば、成体になれば頑丈になるという戦略は役に立たなくなるかもしれない。そして、酸の影響を受けるのは殻の形成だけではないことを最後に述べておきたい。水中の環境では、動物は航行から嗅覚、視覚、聴覚まであらゆるものの調節を化学的に行なっている。

現在、魚をはじめとする海生生物が周囲の世界を知覚する方法に変化が生じており、そのせいで配偶相手や食物、住処を見つけたり、捕食者の注意を避けたりするような基本的な活動が困難になっている。多くの研究結果は、こうした変化を海洋の酸性化と関連づけている。酸性化が進みすぎると、感覚の混乱だけをとっても、多くの種の生息地が化学的に住めない場所になるかもしれない。

海洋の酸性化が脅威をもたらすことに変わりはないが、シーバタフライには回復力があるというヴィクトリア・ペックの研究は、気候危機を論じるときに見逃されがちな点を浮き彫りにしてくれる。それは、自然は無防備ではないということだ。状況が変われば、動植物は応答する。もちろん、こうした応答が功を奏さないこともあるが、私たちの周囲で現実に起きている効果的な適応や進化を測定できることもある。次の章からは、さまざまな生物種が備えている道具や対応能力の話をしていくが、まずは移動について詳しく見てみよう。自然界の変化という概念と同じように、生物学者が理解するのに驚くほど苦労した概念だからだ。

第3部 応答

変化の風が吹くと、
壁を築く者もいれば、風車を造る者もいる。
中国のことわざ

他の専門分野と同様に、生物学にも頭字語がたくさん登場する。たとえば、遺伝物質はデオキシリボ核酸というよりもＤＮＡと呼ぶ方が好まれる。気候変動がもたらす課題に対しては、研究者たちはすぐさま「ＭＡＤ」という新しい略語を使うようになった。「移動する（Move）か、適応する（Adapt）か、さもなくば死ぬ（Die）か」の頭文字をとった語である。この略語はジレンマの厳しさを如実に表してはいるが、生物がみせる応答が実に多様で、興味深いということをほのめかしてもいるのだ。一口に移動といってもさまざまな種類があることや、適応や進化さえも予想以上の速さで起こりうること、運の良い少数の種にとっては生活を変える必要がほとんどないことなどがわかっている。こうした事例は私たちの身のまわりでいくつも見ることができる。

第7章　移動する

オールド・キング・コールは愉快なお方、
「世界を動かしてやる」とお告げになった。[1]
チャールズ・マッケイ『オールド・キング・コール』（一八四六年）

ギルバート・ホワイトはツバメに夢中になって、その飛行パターンを記録し、食性を研究したり、巣まで追跡して、卵の数を数えたりした。水浴びする習性や足の形、羽に寄生しているノミについても記述している。ホワイトが一七八九年に著した『セルボーンの博物誌』にはさまざまな生き物が記載されているが、ツバメの記述が一番詳しい。しかし、ホワイトにはツバメに関してとりわけ頭を悩ませた謎が一つあった。それは、古くはアリストテレスやプリニウスのような古代ギリシャやローマの博物学者も興味をそそられた、「冬はどこで過ごすのか」という疑問だった。

一八世紀の中頃には、ツバメや他の多くの鳥は、毎年春になるとヨーロッパにやってきて、晩秋にはいなくなることが一般に知られていた。農民や猟師、学者は、その時期は知っていたものの、この習性の意味や過程はよくわかっていなかった。イギリスの田舎に暮らし、比較的裕福な副牧師だったホワイトには、本格的に研究する時間と経済的なゆとりがあった。ホワイトは渡りに関する現代的な考え方も知ってはいた。だが当時、それはまだ異論のある仮説にすぎず、根強く残っていた古い概念や非現実的な説と競合していた。[2] スウェーデンの分類学者であるカール・リンネが、その学生の一人と一七五七年に共同執筆した『鳥の渡り』という論文で、新旧の説を披露している。[3] そして、ガンやカモの仲間は、大きな群れが飛行方向に尖った先端を向けてVの字に並び、春は北へ、秋は南へ飛んでいくので、渡り鳥なのは明らかだが、ツバメは地元の河川の水の中で冬を越すに違いないと述べている。

九月下旬には、ツバメは湖沼や河川にたくさん集まり、一羽がヨシやガマにとまると、次々と続いて舞い降りていくので、鳥の重みで茎が曲がっていき、最後には茎と一緒に水の中に沈む。そして、一年で最も心地よい季節が始まる五月の九日頃に再び姿を現す。[4]

ギルバート・ホワイトの見解もこのような事実と架空の話のごちゃ混ぜであり、ツバメが（水中か他のどこかで）冬眠するのか、あるいは、水鳥のように南へ旅立つのかという疑問に何度も立ち戻っている。さらに、この疑問について詩まで書いている。「愉快な鳥よ！　教えてくれ。霜がすべてを覆い、嵐が吹き荒れるとき、お前はどこに身を隠しているのか」。[5] ホワイトは出不精だったので、地元のセルボーンの教区から出たことはほとんどなかったが、当時は大英帝国の領土が拡大していた時

図 7.1　氷結した湖の氷の下からツバメ（と１～２匹の魚）を網で捕らえている漁師。19 世紀まで、ツバメは渡りをせずに、毎年秋になると水に潜り、水の中で冬眠すると一般に信じられていた。
Olaus Magnus, *A Description of the Northern Peoples*（Paris, 1555）. Beinecke Rare Book & Manuscript Library, Yale University

代だったので、幅広く手紙をやり取りすることで、ツバメやその他の鳥の渡りの知識が深まった。たとえばホワイトは、スコットランドとダートムーアのクビワツグミの移動や、秋にサセックスダウンズに集まるイシチドリについて問い合わせている。船の索具にとまって休む小鳥の報告をした海軍付き牧師に書簡を送り、さらに詳しい情報を求めたりもしている。そして、自身の弟がジブラルタル連隊に配属されたときには、信頼できる観察者が「渡りの十字路」と噂されるジブラルタルにいることを最大限に活用した。ホワイトは弟に参考文献や科学誌、収集用具を送り、二人は長年に渡って熱心に書簡を交わした。ホワイトはセルボーンで冬眠している個体を少なくても数羽は見つける夢を捨て切れないでいたが、最後には、弟が観察した「無数のツバメ類が季節に応じてジブラルタル海峡を、春は北へ、秋は南へ渡っていく[6]」という結果を受け入れるようになった。さらに弟は、ツバメだけではなく、ハチクイからワシやハゲワシ、ヤツガシラまで「膨大な数の渡り鳥」が海峡を越えてアフリカとヨーロッパを行き来している、と報告してきた。実際に、その数が非常に多かったので、いつもは正確を期するギルバートもあきらめて、渡りが確認された鳥のリストに「などなど[7]」という便利な語を書き添えるほどだった。

ギルバート・ホワイトの渡りに対する見解には、過渡期の考え方が表れている。当時の他の博物学者たちと同様、ホワイトも動物の移動について、「どこへ、どうやって、なぜ行くのか」という視点から新たに理解しようとしていた。ホワイトが自然の原動力を「愛欲と飢え[8]」と要約したことは有名だが、南へ向かう鳥は「常夏を楽しむ[9]」のではないか、そして再び北へ向かう鳥は「灼熱の太陽から逃れて、より気候の穏やかな地方に退避する[10]」のではないかと考えたとき、彼はもう一つの真実に言及していたのだ。こうした考え方は現代に通じるところがある。というのも、生物の移動研究は、現在再び転換期を迎えているからだ。もし、ホワイトが現代の世界を訪ねることができたら、発信器付きの首輪や極小のGPS送信機から、毛や羽、骨に残された化学物質の痕跡を読み取る機器まで、動物を追跡するさまざまな新技術に肝をつぶすに違いない[11]。こうした器具のおかげで、渡りだけでなく、分散や帰巣などの習慣的な行動について明らかになった事柄にも心惹かれるだろう。しかし、現代の科学者と同様にホワイトも、こうした長年続いてきた習性や行動様式が、現在ことごとく予想外の速さで変化し、再編されているという現実に向き合わなくてはならないだろう。急激な変化期には、生物種はたいてい慣れ親しんだ環境を求めるので、驚くほど多くの種がそうした環境を求めて、現在の分布域から出ていくことになるからだ[12]。

「ショッキングなことに、現在、最終氷期以後で最大規模の種の分布変化が起きているんですよ」と、グレタ・ペクルは数十年もそのテーマを研究してきたにもかかわらず（いや、おそらくはそのためだろう）、心底驚いた様子で声を上げ、矢継ぎ早に数値を挙げた。これまでに確認されたり計測されたりした、気候変動による分布域の変化は三万件を超えており、そこにはトンボからキツネやクジラ、プランクトン、それにギルバート・ホワイトをとりこにしたツバメまで、さまざまな生物が含まれる。しかし、これでも氷山の一角にすぎないと考えられている。現在の推定によると、すべての生物種の二五〜八五％が、その分布域を移動させているという。「最低値の二五％としても、地球上の全生物の四分の一に当たるんです」とペクルは指摘した。

グレタ・ペクルはタスマニア大学の常勤教授で、それ以外にも、「世界海洋ホットスポット・ネットワーク」を設立したほか、「分布拡大データベース・マッピングプロジェクト」を立ち上げたり、活発に活動している「スピーシーズ・オン・ムーブ（種の移動）」という名の研究者グループを作ったりと、本人が移動の見本のような人物だった。ノルウェーの賃貸オフィスからスカイプの電話取材に応じてもらえたのは実に幸運だった。ペクルは南アフリカで開催された大きな国際会議の調整役を終えたばかりで、フィンランドでの調査とスウェーデンでの講演の合間にノルウェーに滞在していたのだ。ペクルはタスマニア大学での研究で生物の適応的移動に初めて興味を持ったのだが、現在の活動はいずれも、その本拠地から遠く離れたところで行なわれている。ちなみに、彼女はそのような移動について、「臨機応変に移動《シフト》する対応」という意味で、「シフティネス」という語を好んで使っている。最初はその研究をするつもりではなかったが、現在、気候変動の研究をしている多くの生物学者と同じように、ペクルも現地で目にする状況を無視することができなかったのである。

「私はイカやタコ、コウイカなどの頭足類の生活史を研究していたの」と、ペクルは一九九〇年代半ばにタスマニアの東海岸で行なった博士研究を思い出して言った。海流の影響でその近辺の海水は世界平均の四倍も温暖化していて、未来の海を垣間見ているようだった。それで、ペクルは頭足類の研究を始めたときに、もっと温暖な海域での種の分布状況もちょっと調べてみたのだ。すると、「新しい種がたくさん入り込んでいるのがわかった」のだという。フエダイ、フィドラーレイ〔エイの仲間〕、大型のフジツボ、オーストラリアアスナロガンガゼなどが確認されたが、こうした種は二四〇キロメートル以上も北のオーストラリア沿岸から最近やってきたものだった。その一方で、多くの在来種は温暖化が南下するのに従って、南へと移動し始めていた。こうした状況にペクルは好奇心をかきたてられた。彼女は研究熱心なのと同じくらい、好奇心も旺盛だ。早口だが、包み込むような心地よさでわかりやすく話してくれるので、テレビ電話にもかかわらず、コーヒーを飲みながら気軽におしゃべりでもしているように感じた。ペクルは活気にあふれていて、その活気は人にも伝わりやすい。著述家のマルコム・グラッドウェルは、人と人を結びつける神秘的な才能を備えた人のことを「コネクター」と呼ぶが、研究者の間では、ペクルはまさにコネクターと呼ぶにふさわしい人物だと見なされている。

「最初から、多様な学問分野にまたがる多角的な取り組みにしたいと思ってたの」とペクルは言った。

図 7.2　オーストラリアアスナロガンガゼ（*Centrostephanus rodgersii*）は、気候変動の影響を受けた生物種のなかで、グレタ・ペクルの注意を最初に引いた一つだった。海洋温暖化が南下するに従って、オーストラリア大陸からタスマニアの東海岸へたどり着き、そこの海藻を食べ尽くしたので、地元のコンブの森は殺風景な「ウニ砂漠」の岩礁と化してしまった。写真：© John Turnbull

この言葉から、彼女が同僚の生物学者だけでなく、経済学者、法律家、政治学者、保健衛生の専門家、市民科学者が加わる国際的なネットワークを築いた理由がわかる。

私がインタビューしたのは、ペクルがロシアとフィンランドの国境付近で伝統的な氷穴釣りを行なっている漁民のところで一週間を過ごし、帰ってきたばかりのときだった。ペクルは「何千年も前から、先住民の知恵は受け継がれてきたのよ」と語り、その知見で生物学的データの意味が深まることがあると説明した。そして「あの人たちにとって、分布域を変えて移動してくることは侵略のように思えるのよ。そうした生物種のことはまったく知らないし、それについて歌も芸術もないのだから」と続けた。

このような洞察によって、ペクルは生物種が移動することの意味について大局的に理解し、同時に細かい部分にも精通している。そんな彼女にとって、「移動には効果があるのか？　移動は、気候変更がもたらす問題に対する有効な戦略なのか？」という私の質問は、最も基本的な問いだったかもしれない。

「移動して生き延びられる種にとっては効果があるわ」とペクルは答えると、いったん言葉を切った。言葉を注意深く選んでいるのだなと感じた。これまでに話を聞いた多くの専門家の例に漏れず、ペクルも気候変動を生き抜く闘争の勝者と敗者を特定したがらないようだ（ちなみに、ベン・フリーマンは「勝者と敗者」という言葉が出てくるたびに、指で引用符をつけるジェスチャーをして、皮肉の意味を込めていた）。確かに、分布域の変化がこれほど多くみられると、一般則としては「移動できる生き物は移動する」と言えそうだ。しかも、それをすばやく行なっている。しかし、移動能力は大きな利点のように見えるかもしれないが、成功を約束するものではない。

「もし生態系全体が一斉に移動しているなら、そんなに悪いことじゃないかもしれない」とペクルはようやく言った。しかし、生物種はそれぞれ自分のやり方で応答しているので、移動速度も方向も異なるし、まったく動かないものもいる。それで、すべてが混乱してしまう。ペクルに言わせると、「生態学の規則が無効になる」のだ。移動できる種が好みの気候の場所へたどり着けたとしても、そこに定住するためには大きな試練を乗り越えなければならないのだ。馴染みのない食べ物を何とかして見つけ出したり、新しい捕食者や競争者、病気に適応したりしなければならないかもしれない。しかも、入ってくる者と出ていく者があとを絶たず、常に変動している群集の中で、それをやらなければならないのだ。言い方を変えれば、「近所づきあい」の難問の大規模版だ。ペクルによると、「今のところ、私たちは個々の生物種の移動状況をかなりよく把握できている」が、もっと大きな疑問が残っているのだという。ペクルはその疑問を口にした。「生態系にとっての意味は？　つまり生物種の二〇〜三〇％が一斉に移動しているとき、それは生態系にとってどんな意味を持っているのかしら？」今回の取材中でこのとき初めて、ペクルは少し弱気を見せた。だが、すぐに気を取り直すと、「まだ手を付け始めたばかりだものね」と言って笑った。

一八世紀のギルバート・ホワイトと同じように、グレタ・ペクルのような現代の科学者にとっても、種の移動の研究はダイナミックで発見に満ちあふれている。しかし、ホワイトのような田舎の博物学者が応接間で話題にしていた一八世紀とは比べものにならないくらい、現在は気候変動のせいで、その研究の重要性は増している。現在の相次ぐ分布域の変化は生態系を変えるだけでなく、私たちと生態系の相互作用の仕方までも変えてしまうからだ。農地や森から漁場まで、生物種が急激に出入りしているので、人々は次に何が起こるのかを知りたがっている（ペクルが指摘するように、国立公園や保護区にも影響が及んでいる――「柵で囲めば大丈夫と思ったら、大間違いよ」）。学ぶべきことはまだ山ほどあるが、本書ではこれまでに、温暖化に伴って一貫してみられる二つの移動傾向を紹介した。一つは極地に向かう移動だ。気温が上昇すると生物は、北半球では（ダン・ロビーのペリカンやスタファン・リンドグレンのキクイムシのように）北へ、南半球では（グレタ・ペクルのフエダイやガンガゼのように）南へと移動する。もう一つは、標高の高いところへ向かう移動だ。生物は（ベン・フリーマンの鳥類のように）山地や稜線のような傾斜地を上に向かって移動している。しかし、こうした一般的な移動パターン以外にも、驚くような事例が生じている。[13]そこからわかるのは、生物種が移動する理由はさまざまなので、気温の変化が必ずしも原因とは限らないということだ。そうした動向が一つ、北米東部のいたるところでみられている。しかも、通常は移動しないことで知られている生物群で起こっているのだ。それは、どっしりと大地に根を生やし、その安定性ゆえにほめられたり、崇められることもある生き物だ。

北欧神話に登場する九つの世界には、炎、霧、人間、巨人、さまざまな神々や不死の存在の国々があり、それらすべてがユグドラシルという偉大な名がつけられた巨木の枝や根にきちんと配置されている。もちろん、ユグドラシルはその場から永遠に動かず、九つの世界を整然と分割し続けるというのが前提だ。同様に、仏陀がその下で瞑想していたインドボダイジュから、アイザック・ニュートンの裏庭の重力場へ果実を落としたリンゴの木まで、伝説や物語には動かない樹木が広く登場する。シェイクスピアの『マクベス』には、「バーナムの森がダンシネインの丘に攻めてくる[14]」というありえないことが起こらないかぎり、マクベスが滅びることはないという有名な一節がある。そして運命の日に森が攻め上ってくるのだが、実はそれは「隠れ蓑の枝葉[15]」でカモフラージュした普通の兵士たちだった。J・R・R・トールキンの『指輪物語』に登場するエントは明らかに歩くことができるが、実際には木そのものではなく、本物の樹木の保護と世話をする役目を負っている木に似た生き物だ（樹木は動けないので、こうした保護が必要だったのだろう）。このように樹木は動かないものと一般に考えられているが、樹木も鳥類や魚類と同じように気候変動に応答し、急速に分布域を変化させているのが明らかになってきている。樹木の動きを見つける秘訣は、どこをどのように見ればよいかを知ることだ。

　さわやかなそよ風の吹く秋の日に、私はアイオワ州中部の広大なデモイン川渓谷の尾根から谷へとハイキングした。樹木に覆われたホグバック地形の尾根に沿って、砂岩の断崖をいくつも通り過ぎて下っていった。アイオワ州はトウモロコシ畑が有名だが、樹木もけっこう生えている。アメリカ東部の広葉樹林から中西部の大草原《プレーリー》へ移り変わる移行帯を過ぎたあたりにあるので、平原の中に豊かな森の帯が河川沿いに延びている。陽光が皺《しわ》の刻まれた大木の幹や頭上の枝を照らし、鮮やかに紅葉した梢から光の筋が差し込んで、周囲のものはみな私の注意を上方へと誘っているように思えた。しかし、私は敢えて地面に目をやった。私がここへ来たのは頭上を覆う高木を見るためではなく、育ち始めたばかりの小さな幼樹を見つけるためだったからだ。森の古木は過去のことを話してくれるが、将来のことを語ってくれるのは若木なのだ。

　私はメインのトレイルから脇道へ逸れて下生えの中へ入っていき、幼樹をざっと調べ始めた。広葉樹では、肩の高さくらいのサトウカエデや、紙やすりのようにザラついた葉を持つアカニレがあった。まもなく、シナノキやヒッコリー、アサダ、さまざまなオークの仲間も見つけた。このような多様性豊かな森は、私が見慣れている多湿な太平洋沿岸林とはずいぶん異なって見える。そこの広大な森は、ごくわずかな種類の針葉樹だけで覆われているからだ。しかし、ここに生えている広葉樹の幼木は、大陸の西半分にある森の樹種と異なっているだけではなく、真上を覆っている成木とも異なっているのだ。種子が飛んできて根付いたはずだから、カエデやヒッコリーなどの成木が近くに生えていないわけではない。しかし、この森の成木と若木の数を調査し、両者を比較してみれば、樹種の割合は明らかに違っているはずだ。新しい世代で増えている種がある一方、減っている種もあるだろう。こうした現象は気候学者にはずっと前から知られていた。植物には発芽・成長に適した環境条件があり、現在の成木が発芽した数十年前と、今の環境が明らかに異なっているせいで、こうしたことが起こるのである。このようなデータを十分に蓄積すれば、樹木の大群がどんどん移動するという、まさにマクベスを恐れさせた現象を目にすることができるだろう。

昼食休憩に入るまでに、一六種七五本の若木を数えたが、一見したところ、どれも動いているようには見えない。移動している種とその移動速度を確かめるために、私はパデュー大学のソンリン・フェイ教授の研究論文を持ってきていた。グレタ・ペクルやギルバート・ホワイトとは異なり、フェイ教授が移動に興味を持ったきっかけは野外調査ではなかった。専門分野は、数理モデルやコンピューターシミュレーション、複雑なデータ解析に基づいて自然界のパターンを研究する数理生態学である。Eメールで連絡をとると、「大規模な森林生態学の問題を一〇年以上研究していました」と返事をくれ、理にかなった次の段階として、気候変動の影響を調査していると教えてくれた。ほとんどの研究が予測に重点を置いてきたが、教授の研究チームはすでに起こったことを明らかにしたいと考えていた。「予測される危険のモデルを見せても、自分に関係がある話だと思ってもらえないことが多いからです。そうしたモデルが示すのは未来のシナリオであり、たいてい不確実な要素が多い。私たちがやりたかったのは、長期にわたって蓄積された膨大なデータセットを利用して、気候変動がすでに森林生態系にどんな影響を及ぼしているのかを示すことでした」と彼は説明した。幸運にもそうしたデータセットはすでに存在していて、フェイはそれを米国森林局のサイトから無料で入手することができた。

森林局の森林資源調査・解析計画（FIA）は「樹木の国勢調査」と言われている。このFIAは、私がアイオワ州の森で行なったような樹木調査（幼樹と成木を同定し、計測して数を数える）を、全国に散在する多数の森林調査地で標準化された形で毎年行ない、その結果をまとめているのだ。フェイの研究チームは中西部の州から大西洋岸に及ぶ地域で収集されたデータを一九八〇年まで遡り、すべてダウンロードした（ちなみに、その情報量がどれくらいになるのかを客観的に捉えるために、私はアイオワ州だけのデータをダウンロードしてみた。そのファイルは、七万一〇二五行と一八二列の表に数値がぎっしり並んでいて、私のノートパソコンの表計算ソフトではそのファイルを開くことすらできなかった）。そのような膨大な量のデータを解析したので、フェイの研究チームは、教授の言う「地理的中心」を樹種ごとに見つけることができたのだ。それは樹種ごとの全分布域の中心点のようなもので、北米東部でその種の個体数が最も多い場所である。数式は複雑だが、概念はお馴染みのものだろう。たとえば、野球ファンが試合観戦で飛んできた打球をキャッチしたいと思った場合、席を選ぶときにそれとよく似た計算をするだろう。バッターはライナーやフライを観客席のあちこちに飛ばすが、こうしたボールが落ちる場所には明らかに地理的中心があり、そこがボールをキャッチできる確率が最も高いホットゾーンなのだ。条件が異なれば、こうしたボールの振る舞いも異なるのは想像に難くないだろう。たとえば、強い風が吹いていればボールは一つの方向へ流されるだろうし、左打者ばかりの場合もそうだろう。そうした振る舞いを測定する一番良い方法は、地理的中心をたどることだ。そうすれば、打球全体の振る舞いを捉えることができるので、どこに座ってグローブを構

図7.3　森林資源調査・解析計画（FIA）の開始は早くも1928年に遡り、アメリカの数か所で樹木個体群の測定が始められた。この事業は木材収穫計画の支援策として始まったが、奇しくも気候変動に対する樹木の応答に関する研究に膨大なデータセットを提供することになった。United States Forest Service

えればよいか、ファンに教えてくれるだろう。フェイ教授の研究チームは、樹木が気候変動に応答して移動しているだろうと予測したが、その予測は正しかった。解析を行なった八六種の七五％近くが、一九八〇年から二〇一五年の間に有意に移動していたのだ。意外だったのはこうした樹木の移動先だった。

フェイは「他の研究結果が示しているように、北へ向かうと私たちも予測していました」と説明した。確かに、多くの樹種で地理的中心は北へ向かっていた。しかし、西へ向かっている樹種がもっと多いのがわかり、フェイらはすぐに次の二つの作業に取りかかった。（1）解析結果を見直して、結果が正しいことを確認する（間違いはなかった）、（2）西に移動した原因を徹底的に追及する。すると、原因は降水量と干ばつのパターンにあることがわかった。「水分が重要な役割を果たしているのです」とフェイは述べると、樹木の移動速度と距離が一番大きいのはアイオワ州などの中西部の州であり、そこでは年間降雨量が一五ミリメートル以上も増加しているのだと説明した。この結果はカリフォルニアでの研究結果と一致している[16]。そこでも植物は気温ではなく、雨量の変化に従って、標高の高いところではなく低いところへ移動しているのだ。これは生物種が応答する要因がさまざまで一つではないことや、気候変動は「特定の日に気温がどれほど上がるか」という問題以外にもたくさんの影響を及ぼすことを改めて気づかせてくれる。気温が上昇すると大気中の水分量が増えるので、大気の動きが変わり、雨や雪から干ばつや嵐、暴風まで、さまざまな気象現象が生じる時期や激しさを変える。こうした気象現象はいずれも、ある生物種にとってある場所が生息に適しているかどうかを決める一因となる。フェイが分析した樹種の場合は、移動の原因として大きな影響力を持っていたのは、気温の上昇よりも、利用できる水分の多さだったのである。樹種が移動する理由についてさらに調査を行なう必要性があるが、その一方で、移動する方法を解明することも重要である。

車へ戻る途中で、アオカケスの耳障りな鼻声が下生えの奥の方から聞こえてきたので、足を止めた。まわりを見渡してみると、森のこのあたりでは樹冠のほとんどがオークで覆われているのに気がついた。この組み合わせはいかにもふさわしい。というのも、樹木が長距離を移動するメカニズムを理解するうえで、カケスとオークの相互作用が重要な役割を果たしたからだ。一八九九年にクレメント・リードという地質学と植物学を研究するイギリスの学者が、とうていありえないと困惑するような出来事に気がついた。ブリテン諸島は二万年前の氷期に氷河の浸食作用で岩盤がむき出しになったにもかかわらず、現在は樹木が生い茂っている。リードには、森林がそんなに速く回復できるとはどうしても考えられなかった。「オークがスコットランドの現在の北限に至るためには、……一〇〇〇キロメートル近くは移動しなければならなかったはずだ。外部の手助けがなかったら、一〇〇万年くらいはかかるだろう[17]」とリードは述べている。リードは、ドングリが嵐で親木から落ちるか、リスに持ち去られた場合に移動する短い距離を念頭に置いて、年数を算出した。最終氷期の間でもオークなどの広葉樹が生きながらえていたヨーロッパ南部から、ドングリがそうした短い距離を刻んで移動してきたとしたら、膨大な時間がかかったことだろう。「動物の毛や鳥の羽に付着して運んでもらうには大きすぎる種子や、食べられれば消化されてしまう柔らかい種子[18]」を持つ樹種にも同じ問題が当てはまった。ブナやニレのようなありふれた樹木もこの類に入る。じきに分散速度が予想外に速い樹木の例がさらに見つかり、植物学者はこの現象を「リードのパラドックス[19]」と名付けた。リード自身も、オークの成木から遠く離れた開けた野原で、ミヤマガラスの群れがドングリを食べているところを見て、「長距離の種子散布には鳥類が関与している」という以外に説明がつかないと考えた。しかし、この仮説に観察が追いついて、この問題に終止符が打たれたのは、それから一世紀近くも経ったのちのことだった。

一九八〇年代に野外調査の技術が進歩して、鳥類学者はドングリに対するアオカケスの情熱を数値で示すことができるようになった。わずか五〇羽の群れが、ピンオーク〔アメリカガシワ〕の木立から一シーズンに一五万個以上のドングリを持ち去り、冬の間に取り出して食べるために落ち葉の下に隠したり、土の中に埋めたりしていた。アオカケスがドングリを親木から四キロメートルも離れた場所まで頻繁に運んで貯蔵することを明らかにした研究もある。ちなみに、その貯蔵場所は発芽に申し分

図 7.4　アオカケスは遠く離れた新しいなわばりにドングリを運び、あとで取り出すために埋めておく。この習性が気候変動に起因するオークの急速な分布移動に寄与している。いうまでもなく、埋めたドングリのうち忘れられるものがいくつかあるので、それがあとで芽を出すのだ。写真：© Melissa McCarthy

のない環境だった。さらに、カケスは私たちが八百屋でよく熟れたメロンを選ぶように、嘴でドングリの重さを測り、叩いて質を推し量って、健康で生存力の強いものだけを選んでいた。こうした研究結果によって、最終氷期後に北米の各地へオークの森を進出させる原動力の役割をアオカケスが果たしていたことが明らかになった。また、化石と花粉記録によって、オークの移動速度は一〇年で三・五キロメートルだったことがわかった。リスにとっては難題だろうが、空を飛べるカケスには朝飯前だろう。イギリスでもこのモデルが当てはまり、そこで同様の役割を担った鳥はミヤマガラスとカケスだった。このモデルを使えば、種子散布を鳥に依存する他の植物種が急速に分布域を拡大させていることもたやすく説明することができた。植物学者は、植物の移動がゆっくりとした分散ではなく、長距離を跳躍しては隙間が埋め戻されるというダイナミックな移動過程と見なすようになった。嵐のような思いがけない出来事によって、風で散布される種子がさらに遠くまで飛ばされることもあるので、事態はさらに複雑になる。こうした研究は過去の出来事を説明するために行なわれたものだが、その成果は現代の気候変動の時代にも大きな力を発揮しており、ソンリン・フェイの研究結果の重要性を一段と高めている。樹木は後退する氷河のあとを追って移動していたときよりも、現在の方がずっと速く移動しているらしいのだ。

私がアイオワ州で見たレッドオークやホワイトオークは一〇年で一七キロメートル以上も移動している。この移動速度は最終氷期後の推定速度の三倍近い。さらに、アメリカアサダはもっと速く、一〇年で三四キロメートル移動している。しかし、これでも地理的中心が一〇年で六四キロメートル西へ突き進んでいるアメリカサイカチの足元にも及ばない。フェイの研究チームがさらにデータを解析したところ、幼木が最も速く応答していることがわかった。発芽と定着の時期の幼木は特に脆弱なので、これは理にかなっている。データによると、生息環境が良くなっている場所へは若木がどんどん進出していき、環境が悪化している場所では減少している。成木はこれほど敏感ではないが、生存率と持続率では同じような傾向を示していた。しかし、フェイの研究結果を大局的に把握するためには、もっと機動性に優れているのが直感的にわかる生物群、つまり、鳥類に関する似たような研究結果を見るのが一番良いだろう。全米オーデュボン協会が毎年行なっている「クリスマス・バードカウント」のデータを解析した鳥類学者の研究結果では、北米の鳥類も気候変動に応答して越冬期の分布域を移動させているが、一〇年でわずか一キロメートルという比較的ゆったりとした速度だった[20]。

樹木が鳥類よりも速く分布域を変化させることがあるということは、自然界の動きはいかに重要であっても、目につくとは限らないことを改めて教えてくれる。気候変動に対する対処法は、個体が飛んだり、走ったり、泳いだりして新しい場所へ移動することだけではない。まだ湿り気が残っている場所で発芽率を上げたり、冬の気温がまだ穏やかな場所で生存率を少し高めたりするような、微妙で捉えがたいやり方もあるのだ。また、移動は単独で生じるものでもないし、移動が動植物の唯一の対処法でもない。「〝移動か適応か〟と、両立しえないもののように言われるけど、相容れないものではないのよ。生物は移動と適応を同時に行なっているのだから」とグレタ・ペクルは言っていた。次の章で詳しく取り上げるように、生物の移動先や移動する理由、あるいはそもそも生息場所を変える必要があるかどうかは、適応によって決まることがあるのだ。

第8章　適応する

自然の裁決は「適応か死か」だ。適応した者は自然に愛されて可愛がられるが、適応できなかった者は見捨てられる。(1)

トマス・ニクソン・カーバー『一般的に私利私欲と呼ばれる自己中心的な評価の原理』（一九一五年）

大きなクマが突撃してきたら、小さなクマは逃げる。わざわざ分析するまでもない自然界の法則だ。何といっても、グリズリーとも呼ばれる北米のヒグマは、成獣になると体重が五〇〇キログラムを超え、時速四八キロメートル以上のスピードで走ることができるのだ。大きなオスは、一番良い餌場から小さな競争相手をいつも追い払う。遡上するサケがひしめく河口の三角州で私が目撃したのは、まさにそうしたお馴染みの光景だった。しかし、続いて起こったことは晴天の霹靂《へきれき》だった。大きなクマに追われた小さなクマが急に向きを変えて、まっすぐ私たちの方向へ突進してきたのだ。

私はこのとき、米国森林局のレンジャーとして、近くのジュノーから水上飛行機で到着した観光客の小さな団体に付き添っていた。アラスカのパッククリーク・クマ観察区域でこうした観光客を見守ることも、私の仕事の一部だった。その日のお客たちは近寄ってくる二頭のクマに大喜びして、私たちと興奮したクマの間にはただの干潟しかないのに、笑顔で写真を撮っていた（もちろん、これほど警戒心のない人たちばかりではなく、森の中に逃げ込まないようにと注意しなければならないときもある）。ここでは観光客に対するクマの反応を長期にわたり調査しているので、その調査の一環として、データを収集することも私の役目だった。このときの出会いは「偶発的な交流」として記録することになる。つまり、クマ同士の典型的な攻撃行動が、人間の観察者にまで波及する事例だ。以前にも同じようなことが起きたのを見たことがある。優位のオスは人間を警戒して、すぐそばまで近づこうとはしない。それを知った一部の若いクマが、自己防衛のために観光客の観察エリアの方へ逃げ込むようになったのだ。案の定、その日も大きなクマはじきに追跡をやめて、河口の方へ戻っていった。一方、若いクマは少し息を切らしてはいたが、無傷のまま、無事に私たちの前をゆっくり歩き去っていった。この若いクマは、新しい状況を最大限に利用するために自分の習性を順応させるという行動をとったのだ。これは生物学的には適応行動と呼ばれる、新奇で効果的な戦略だ。このときには、興味深い行動として記録に補足しただけだった。だが、まもなく気候変動によって、もっと重要な行動の変化が引き起こされるようになる。そのときは、クマにとってサケの遡上する川の重要性が揺らぐとは、夢にも思っていなかった。

私たちが店で買ったり、レストランで注文したりするサーモンのフィレは、遊泳に使われる発達した筋肉で、背骨と肋骨との間の、鰓蓋のすぐ後ろから尾に至る部位である。わが家のような魚好きの家庭では、腹に近い部分に人気がある。そこは他の部位の五倍もの脂肪分が含まれているからだ。クマもこのことは知っていて、腹の肉や脳みそ、イクラのような栄養価の高い部分だけを選りすぐって食べることが多い。クマがサケの尾を前脚で地面に押さえつけて、脂肪分の多い皮を歯で巧みに剥ぎ取るのを見たこともある。人にとって脂ののった肉を食べるのは好みの問題だが、クマにとっては栄養の摂取の一言に尽きる。なぜなら早急に体重を増やさなければならないからだ。

ヒグマは雑食性で、驚くほど多様な採食戦略に適応している。沿岸地域に生息する個体は魚を捕食する以外に、イネ科の草本やスゲ、果実を食べるし、二枚貝を掘り出したりもする。一方、内陸に生息する個体は蛾の幼虫からローズヒップ〔バラの果実〕まで何でも食べる。飼育下のクマにバイキング方式で餌を与えると、いつも炭水化物か脂肪が豊富な食材を取り混ぜて選び、得られるエネルギーのうち一七％前後をタンパク質で摂る。この割合で食べると、体重を最大限に増やせるのだ。越冬用の穴にこもり、筋肉や体脂肪に蓄えた栄養分に頼って半年を過ごす動物にとって、体重を増やすことは重要な課題なのである。一日中サケを食べていればカロリーはたくさんとれるが、脂肪分が最も豊富な部位だけを食べたとしても、タンパク質の割合が七〇～八〇％になってしまい、タンパク質過多になる。(2)専門的な文献ではそうした状態は「準最適」と表記されるが、私が話を聞いたある研究者は、そうした状態のクマは「ひどい下痢などのあれやこれや」に苦しむのだと、実にわかりやすく説明してくれた。それでも、手に入るサケの数が多いので、栄養面の短所は見過ごされてしまい、魚食はクマの基本的な食性だと長いこと考えられてきた。専門家の間でも、クマがサケを好むことは自明のことだと考えられている。しかし最近、先に紹介したパッククリークから一一二五キロメートルほど西にあるコディアク島で、気候変動をきっかけにこの思い込みが検証されることになり、ある野外生物学者のチームが幸運にもその現場に居合わせることになった。

「まさに目の前で起きたんだ。川にいたクマたちがみんな、さっさと引き上げてしまったのさ」と、二〇一四年の夏のことについて電話で問い合わせた私に、ウィル・ディーシーは説明した。その頃、ディーシーの博士研究も独自の適応的変化を遂げていた。学生時代にディーシーは、野生生物を対象に、本人曰く「典型的なこと」、つまり、ナナフシやリクガメのような動物の短期的な研究をいくつか行なっていたのだが、コディアク島のクマに特別な興味を持つようになった。しかし、気候変動の影響を学位論文のテーマにするつもりはなかった（大学院生の間で「月並みなテーマ」だと言われていたからさ、とディーシーは打ち明けた）。そのかわりにディーシーは、クマがどのようにしてサケを獲る期間を引き延ばしているかを記録することにした。サケ科のさまざまな魚は種ごとに遡上する時期があり、クマはそれに合わせて河川から河川へ移動して、長期間サケを獲れるように行動している。万事が計画どおりに運んでいた。麻酔銃を使用して、四〇頭近くの野生のクマにGPS付き首輪を装着した。重要な四か所の河川にタイムラプス〔微速度撮影〕カメラを設置して、サケの数をモニタリングした。しかし、ちょうど遡上するサケの数が最大になり始めたとき、研究対象のクマたちが突然サケ漁をやめて、河川から姿を消してしまったのだ。

「運の良いことに、装置はすべて設置済みだったので、何もかも記録することができたんだ」とディーシーは振り返る。遡上してきたサケの数はすでに計測していたので、クマが川を離れたのはサケが不足しているからではないことはわかっていた。クマには発信器付きの首輪を装着しておいたので、ただクマのあとを追跡し、行動を観察しさえすればよかった。すると、サケのいる川から姿を消したクマたちは、例外なく丘へ上っていった。お目当てはベリー（漿果）だった。とはいえ、クマがベリーを食べるのはとりたてて変わったことではない。ブルーベリーやクロウベリーなどの小さな果実には炭水化物が豊富に含まれているので、これまでも秋の重要なカロリー源だった。しかし、二〇一四年とその翌年も、温暖な天候のせいで、あるベリーの実りが早まった。どうやらクマは大好物のサケも含め、何にもましてそのベリーを好んでいるらしい。

「エルダーベリー（ニワトコ）の実は変わっているんだ」とディーシーが言ったとき、最初、匂いのことを言っているのかと思った。喜劇一座のモンティ・パイソンが「ニワトコ臭い」という珍奇な悪口を作り出したせいで、エルダーベリーの匂いが一躍有名になったからだ。確かにエルダーベリーはかすかに黴《かび》臭い嫌な匂いがする。また、生で食べると吐き気を催すともいわれている。しかし、アラスカ沿岸のレッドエルダーベリー〔セイヨウアカミニワトコ〕には栄養面に変わったところがあり、それゆえにクマにとって申し分のない食べ物なのだ。たいていベリーにはタンパク質はほとんど含まれていないが、レッドエルダーベリーの実には一三％近く含まれている。採食実験でクマが好んだ一七％にきわめて近い割合だ。さらに、レッドエルダーベリーのカロリーの残りは、炭水化物として摂取される。つまり、レッドエルダーベリーは他のどんな食べ物よりもすばやく、クマを太らせることができるのだ。このほぼ完璧な食物は、これまで生物学者から見過ごされてきた。沿岸のクマは遡上するサケの数が減り始める秋にベリー類や果実を食べるようになるが、エルダーベリーはそうしたベリー類と一緒くたにされていたからだ。ディーシーの研究チームが思いがけない発見をしたのは、気候変動で状況が変わったからにすぎない。春の訪れが早まり、夏が暑くなったことで、エルダーベリーのフェノロジー〔生物季節学的現象〕に変化が生じ、開花と結実が二週間以上も早まっていた。その結果、サケの遡上シーズンの真っ只中に熟すベリーがどんどん増えていき、クマたちは「これまでどおりにサケ漁を続けて大好きな果実をあきらめるか、時流に合わせて行動を変えるか」という選択を迫られたのである。

「クマの選択は正しいと思う」とディーシーは言う。もっと遅い時期になっても十分に食物を見つけられるならば、サケをあきらめてエルダーベリーに切り替えてもまったく問題はないからだ。実際、コディアク島のヒグマは体が大きいことで有名だが、食物を切り替えることで、さらに大きくなるかもしれないとディーシーは推測している。「もっと大事な点は、他の種がどんな影響を受けるかということだ」と彼は述べ、気候変動生物学の中心テーマの一つである、「一つの関係に小さな変化が生じたとき、それが他の関係へどのようなカスケード効果を及ぼすか」という問題を強調した。クマが捕食するサケの量が減ると、川岸や周囲の森へ運ばれるサケの死体も減るので、さまざまなスカベンジャー〔清掃動物と呼ばれる死骸を食べる生物〕の食べ物が減り、海から陸上の生態系に至る重要なエネルギーの流れが制限される（サケの死体が腐ると、窒素やリンなどの栄養素で土壌が肥え、植物の成長が促される。その栄養素は草食動物からその捕食者、さらにその先へと食物網全体を流れていく。サケが遡上する川のそばに生息している小鳥やクモでさえも、その体内にサケに由来するかなりの量の栄養素を保持しているのだ）。ディーシーはコディアク島の河川沿いの植生と生物多様性は五〇年か一〇〇年後には著しく変わっているだろうと予想しているが、その変化をもたらす主な要因はクマの嗜好（と適応力）だろう。

図 8.1　これまでは、クマはサケをこの写真のように無駄なくきれいに食べていた。しかし、アラスカのコディアク島では、それが変わり始めている。季節外れに早く実ったエルダーベリーを食べるために、クマたちがサケの遡上する川を放棄してしまったのだ。
写真：© Thor Hanson

会話の最後にウィル・ディーシーは、「クマのように幅広い食物を食べるジェネラリストの雑食性動物と、他の動物の間には一線を画しておきたい」と付け加えた。そして、ヒグマは食性の幅が広く、移動力も高いので、生息環境の変化に対してとりわけすばやく応答できるのだと説明した。サケからベリーへ切り替えるには丘を上ればよいだけなので、果実が実ればいつでも行けるし、ベリーの実りが悪ければ川に戻ってまたサケを捕食すれば済む話である。しかし、移動性の少ない種や限られた食物しか食べない特化した種にはそのような選択肢がないので、急速な温暖化の対応に苦労する可能性がはるかに高いだろう。「気候変動は雑食性やジェネラリストの種に有利だ」とディーシーは強調した。これは、気候変動の時代のもう一つの根本的な教訓、「柔軟性が大事」と同じことを意味している。生物学では、柔軟性は非常に有用な概念なので、さまざまな用語で説明されるが、皮肉なことに、そこで最初に出てくる言葉を聞くと、たいてい化石燃料から作られる製品が思い浮かぶのである。

ポリエステルやテフロンが発明され、アクリル樹脂の窓ガラスやナイロンストッキングがまだ目新しい高価な製品だった一九四一年に、「プラスチックマン」がクオリティ・コミック社のマンガに初めて登場した。出版社はこうした新素材（変形可能な合成樹脂《プラスチック》）の人気にあやかろうとして、初期の表紙には「よく伸びる、よく曲がる、そうです、プラスチックマンです！」という芝居がかった宣伝文句が踊っていた。赤い衣装に身を包み、悪を懲らしめるヒーローの「自在に姿を変えることのできる能力」は、その名のとおり便利で耐久性が高く、そのおかげで彼は印刷物や映画に何百回も登場しただけでなく、スーパーヒーローの最高の名誉であるジャスティス・リーグという精鋭チームの一員に選ばれる栄誉にも浴した（ちなみに、緑色の服に身を包み、母なる自然から授けられた魔力と防護力を駆使するウージー・ウィンクスという初期の相棒の方は不発に終わった）。プラスチックマンの成功に驚く生物学者はいないだろう。自然界における柔軟性の利点はつとに知られているからだ。専門家は少なくとも一八五〇年代から、動植物の超能力とも言えるある能力を、「可塑性《プラスティシティ》」という用語で表していた。それは、環境の変化に応答して、習性や体さえも伸ばしたり曲げたりして変えられるという能力である。

広い意味では、可塑性とはリアルタイムで適応することをいう。つまり、個体が一生の間に行なうことができるさまざまな調節のことだ（ちなみに、適応は遺伝子の変化が世代を越えて受け継がれることによって、進化の過程でも起こる。これについては次の章で取り上げよう）。たとえば、クマが食物を変えた場合、その行動の変化は可塑性の一つである。また、可塑的な変化には、身体的なものもある。気候の変化に慣れるという身近な経験から、それが直感的にわかるはずだ。私は冷涼で雨の多い太平洋岸北西部で育ったので、大学に通うために南カリフォルニアへ行ったときに、たいそう驚いたのを覚えている。夏も終わりに近づいた頃なのに熱波に見舞われていて、気温は三八℃を超えていたのだ。「そっちに住んでいると、血が薄まっちまうぞ」と父に言われたが、もちろんそんなことはなく、カリフォルニアの住人の血が他の地域の人たちより水っぽいわけではない。しかし、私の体が新しい環境に目に見えて適応していくだろうという父の予想は当たっていた。心拍と酸素消費量がわずかながら減少し、汗に含まれる塩分濃度が低くなり、皮膚へ向かう血流が増加した。これらはいずれも暑い気候に対する体の順応作用である。数週間のうちに、こうした無意識の身体的適応と毎日

Tシャツと短パンで過ごすという行動的適応が組み合わさって、カリフォルニアの太陽の下での生活がまったく苦にならなくなった(3)。

もちろん、気候に対する順応は一時的なもので元へ戻せるが、可塑性は、特に生活史の早い時期には、不可逆的な変更をもたらすこともある。一番よく知られた事例は成長可能性だろう。私たち人間も含めた多くの生物では、成長したときの体の大きさは、発生の初期段階に受け取った合図によってある程度決まっている(4)。たとえば、栄養不足のような環境によるストレスのせいで将来の成長が制限されてしまい、あとで状況が良くなっても、それが解消されないことがあるのだ。とはいえ、こうした反応は適応的だと考えられている。大きな体を維持するには十分な食物やその他の資源が必要だが、環境が厳しい（そうでなくても、先行きの予測がつかない）と、それを確保できないかもしれない。その可能性があることを成長途中の体に知らせる早期警報システムのような働きをするからである(5)。人間の身長と生活環境の間に密接な関連があることは、これで説明がつくと歴史家や生物学者は考えている。発展途上国の人たちは最近の数百年で身長が高くなっているが、それは遺伝子の変化のせいではなく、可塑性によるものなのだ。母や子の栄養状態が良くなった（つまり、環境が変化した）おかげで、本来備わっていながら抑制されていた成長力に拍車がかかったのである。

絶え間なく変化する地球上で動植物がうまくやっていくために、可塑性が役立つことは間違いない。しかし、可塑性は種を問わずどの動植物にもみられるわけでは決してない。生き物のなかには、生理面でも行動面でも臨機応変に応答できる、豊富な可塑性がすでに遺伝子に組み込まれているものもいる。たとえば、セイヨウタンポポの種子は、生息環境によってまったく異なる姿に成長する場合がある。

る。芝生では芝刈り機に刈られるのを避けるために地面で花をつけるが、開けた草原では一メートル近くも背が伸びる。乾燥した砂利道の縁で育つと、その葉には苦い乳液がたくさん含まれて、形も鋸の歯のようにギザギザになるが、そこから一〜二メートルとは離れていないのに、水やりの行き届いた芝生だと、グリーンサラダに入れられるほど柔らかい葉になる。また、セイヨウタンポポはどの月にも花をつけることができ、一年から一〇年生きて、昆虫などに送粉してもらう必要のない種子を大量に生産する。このような特性は雑草嫌いな園芸家の頭痛の種だが、気候変動という状況のもとでは、この可塑性は保険のようなもので、予測できない将来に対する備えになる。一方、近縁種のカリフォルニアタンポポは可塑性に乏しい。初夏だけにしか咲かないうえに、ハナバチによる他家受粉が必要だし、亜高山帯の湿性草原の縁だけに生えている。この二種は見た目には区別がつかないほどよく似ているが、可塑性の違いのせいで、セイヨウタンポポは適応力が高く、どこにでも見られるのに対して、カリフォルニアタンポポの方は温暖化が急速に進んでいるサンバーナディノ山脈の数か所の不安定な場所だけに分布が限られ、絶滅に瀕している。(6)

可塑性にはかなりの利点があるはずだが、その効果は肉眼ではわかりにくい。葉の縁に鋸のようなギザギザが多くなったところで、その姿は依然としてタンポポに見えるし、エルダーベリーを食べているクマもクマであることに変わりはない。現在、自然界では気候変動に対して、他にも数えきれないほどの調節が行なわれているが、いずれも同じことが言える。つまり、巻き込まれた生物種は自らに変更を加えるのだが、それぞれの群集の中で認められていた役割を果たし続けるのだ。しかし、なかには驚くほど極端な可塑性を示す事例もあり、環境が変わったときに一部の生物が見せる対応能力

図 8.2　セイヨウタンポポ（*Taraxacum officinale*）は近所のどこでも生えていて身近な存在だが、実はその可塑性を示す証拠も、同じくらい身近にみられる。わが家の近くに生えている成熟した（花か蕾をつけている）個体の普通サイズの葉を探したところ、ほんの数分で、形や大きさ、色にこれだけの多様性のある葉が見つかった。この違いは、セイヨウタンポポに本来備わっている適応力を示しており、そのおかげでこのタンポポは、私道や小道から開けた草原や日陰の芝生まで、さまざまな生息環境に適応できる。
写真：© Thor Hanson

の高さを教えてくれる。たとえば、二〇〇九年と二〇一〇年に海水温が著しく上昇したのち[7]、それまでメキシコのカリフォルニア湾の漁場にいたアメリカオオアカイカが忽然と姿を消してしまった、と誰もが思った。しかし、調査をしてみると、イカはいなくなったどころか、以前よりも増えていることがわかった。そのイカは熱ストレスに対して、移動することではなく、生活史戦略を根本的に変えるという方法を採ったのだ。食物を変え、従来の半分の時間で成熟して繁殖し、寿命も半分になった。その結果、新しい成体の大きさが以前の何分の一かにまで小さくなり、従来使われていた擬似餌に食いつくことができなくなっていたのだ。漁師はたまに釣れた個体も、幼体か別の種のイカだと思って捨ててしまっていた。

極端な可塑性によって身体の大きさが変化する事例を見つけるには、アメリカオオアカイカのような成長の速い種が一番わかりやすい。一年で一世代か二世代が成熟すれば、体の大きさや形の違いがじきにはっきりとわかるようになる。しかし、可塑性によって行動が変化することもあり、その場合はよく知られている種でもまったく異なってみえることがある。二〇一六年の中頃、西太平洋でサンゴ礁の大規模な白化現象が起きたために、サンゴ礁に生息する攻撃的で派手な魚が旧来の性格を一夜にして変化させた。ヒグマの行動研究で紹介したウィル・ディーシーと同じように、海洋生物学者の研究チームがちょうど良いときにちょうど良いところに居合わせて、その出来事を目の当たりにした。

サリー・キースはチョウチョウウオをたくさん観察してきた。競争に興味を持つ海洋生物学者にとって、チョウチョウウオは理想的な研究対象である。攻撃的でなわばり行動をするうえに、派手なので色彩豊かな熱帯のサンゴ礁でもよく目立つからだ。チョウチョウウオ科の多くの種はサンゴを食べ、自分の小さななわばりを侵入者から精力的に守っている。一分と経たないうちに闘争と追跡行動が始まるので、データ収集の効率化が図れる。手にクリップボードを持って、水中で魚を見つめながら何百時間も過ごさなければならない調査では、データ収集の効率化はなおざりにできない問題なのだ。二〇一六年にキースの研究チームは、インドネシアから西はフィリピン、北は日本までの十数か所のサンゴ礁で調査を行なっていた。これほどの広域を調査対象にしたのは、種の境界付近で競争が増加するのではないかという仮説を検証するためだった。異なる種の分布域が重なるところで競争がより多く起きていれば、その相互作用を手がかりにして、ある種の分布域がどこで終わり、別の種の分布域がどこから始まるのか、そしてその理由はなぜかを特定できるかもしれない。興味深い問題だが、結局、その解明はお預けになった。調査の途中で、海洋の熱波が生じて水温が急上昇し、事態が予想外の展開をみせたからだ。

造礁サンゴは自然界で最も有名な「相利共生」の例かもしれない。ちなみに、相利共生とは二種の独立した生物が相互に関わり合いながら、両方とも利益を得られる関係のことである。ポリプと呼ばれるサンゴの個体は、クラゲの遠縁に当たる小さな動物である(ちなみに、私たちがサンゴと考えているものは、このポリプがたくさん集まって作り上げたものだ)。サンゴポリプにもクラゲと同じように触手があり、プランクトンや小魚を捕食するものもいる。しかし、ポリプがとる栄養の大部分は、サンゴの中に生息しているさらに小さな単細胞生物から得られている。それが褐虫藻《かっちゅうそう》だ(共生生物、共生性渦鞭毛藻類ともいう)。この緑色や褐色の小さなプランクトンも、植物と同じように光合成を行なって糖類を生成する。そしてそのエネルギーを宿主と分け合い、その見返りに日当たりの良い安全な住処を提供してもらっている。

このように太陽光に大きく依存しているため、造礁サンゴが最もよく発達する場所は、浅瀬やラグーン、環礁、海岸近辺である。しかし、水温も水深と同じくらいに重要なことがわかった。暑くなりすぎると、サンゴとその褐虫藻は蒸し暑い部屋の中で言い争いをしているルームメイトのようになり、しまいには相棒の藻類が出ていってしまう。白化として知られる現象だ。色鮮やかな褐虫藻に出ていかれたサンゴは、幽霊のように白くなってしまう。白化しても、少しの間ならば生きていられるし、その間に水温が下がれば、再び褐虫藻を取り込むこともある。しかし、熱波がなかなか収束しないと、サンゴは病気にかかったり、飢餓に陥ったりするのだ。気候変動のせいで、このような恐ろしい出来事がますます増えている。その結果、サンゴ礁の生態系全体が損なわれてしまい、サンゴ礁に生息する魚などの生物が大量死したり、多様性が激減したという研究が数多く報告されてきた。しかし、キースの研究チームは他の研究者に先駆けて、生物種が新しい生息環境に迅速に適応するのを目撃し、測定することになった。とはいえ、野外調査はきわめて退屈なものになったという。

「白化が起きたあとは、魚の観察がはるかに退屈になりました！」とキースはEメールに書いてきた（ちなみに、ランカスター大学の講師であるサリー・キースは、このとき厳密には産休中だったが、調査や論文の発表、ブログの投稿、Eメールのやり取りなどはそれまでどおりに精力的に行なっていたようだ）。「従来ならば五分間の観察時間に個体間の攻撃行動が二〜三回は観察されたのに、白化後はほとんど何も起こらなくなったのです」とEメールにさらに書かれてあった。

幸いにも、調査チームは退屈にもめげずに、三八種のチョウチョウウオについて二三四八件にも上るこうした攻撃行動の観察データを収集した。この観察データはいずれも同じ方向を指し示していた。つまり、サンゴの白化に伴い、チョウチョウウオが穏やかになったというのである。白化後は、個体間の攻撃行動の回数が平均して三分の二に減ったのだ。サンゴの白化は、攻撃的だったチョウチョウウオをわずか数週間で平和主義者に変えたのである。この調査結果は、資源が乏しいときの競争についての典型的な予測に合致している、とキースは考えている。理論的には（そしてどうやら現実にも）ライバル同士は食物探しが本当に難しくなったとき、競争を控えるべきなのだ。競争に勝ったとしても、払ったコストの方が得られる利益よりも大きいからだ。白化したサンゴは栄養分が乏しいし、死んでしまったサンゴは食べても無駄である。したがって、こうしたカロリーに乏しい環境では、チョウチョウウオもエネルギーを節約するためにおとなしくなるのだ[8]。チョウチョウウオは再び水温が下がって、大好きなサンゴが生息しやすくなるのを願って、それまで糊口をしのげるように行動の大転換を図ったのである。

では、可塑性に利点があるのは明らかなのに、可塑性を進化させなかった種がいるのはなぜなのだろうか？　現代と反対の、気候が安定している状況を考えてみるとわかる。比較的に穏やかな時代は場所によっては何千年以上も続くことがあり、そうした時期には、進化圧は特殊化に有利に働くことが多い。こうした穏やかな時代には、競争の結果、時が経つにつれて効率性に優れた種が現れる。特定の資源を独占したり活用したり、他の種よりもわずかだが決定的な利点を得られる生活様式を身につけたりするのだ。しかし、たいていはその代償として、柔軟性が失われる。特定の楽器の名人にな

図8.3　この写真のようなチョウチョウウオ属（*Chaetodon*）のチョウチョウウオは攻撃的ななわばり行動をするのだが、気候変動の影響でサンゴが白化したあとは、行動が劇的に変わった。食物資源が乏しくなったので、おとなしくなり、闘争するよりも採食や分散のような生存にとって重要な行動へ力を注ぐことにしたのである。写真：© Elias Levy

りたいと思ったら、オーケストラですべての楽器を演奏し続けることができないのと同じことだ。その結果、特殊化（環境が安定しているときには有利）と可塑性（環境が変動するときには有利）との間に、進化のうえで綱引きが生じるわけだ。[9] サンゴ食のチョウチョウウオはこの綱引きを具現している。硬いサンゴを消化するという困難な問題を克服したことで可能性が広がり、状況が良い間は個体数の増加に寄与したが、海洋が温暖化した現在はその食性の狭さがあだになっている。攻撃的に振る舞っていたチョウチョウウオがあっという間におとなしくなった変わり身の速さは刮目《かつもく》に値するが、キースの研究チームはこの行動の変化をその場しのぎの対策と考えている。白化したサンゴが回復しなければ、チョウチョウウオが長期的に繁栄を続けるためには、さらに可塑性を発揮させざるを得ないかもしれない。つまり、食性を変える必要が出てくるのだ。

生息環境が急変すると、生物種は新しい状況に懸命に対処し、かつてはうまくいっていた適応を調整しようとするので、いたるところで似たような苦しい選択に迫られる。特に、可塑性が足りない場合に、こうした状況から興味深い問題が浮かび上がってくる。もし動植物が生まれつき、気候変動に対処する能力を欠いていたとしたら、何か新しいものを生み出すことはできるのだろうか？　現在生じている問題に対応できるように、短期間で新しい形質を進化させられるのだろうか？　二〇人を超える一流の専門家が膨大な数の研究結果を検討して、その結果を二〇一四年に『*Evolutionary Applications*』という科学誌の特集号で発表している。その結論によると、今日までに報告されている気候変動に対する生物の応答は、ほとんどが可塑性（つまり、生物種がすでに持っていた潜在的な形質や行動の発現）に帰着するようだ。しかし生物学者は、進化が現在でも進行中であるという確かな証拠を確認し、それを測定し始めている。そうした事例は少ないものの、徐々に増えつつある。最も説得力があるのは、ハリケーンとトカゲと落ち葉を吹き飛ばすリーフブロアーの相互作用だろう。

第9章　進化する

現状維持を望んだところで、すべては変わってしまうだろう[1]。
ジュゼッペ・トマージ・ディ・ランペドゥーサ『山猫』（一九五八年）

コリン・ドナヒューは順調な人生を歩んでいたと言ってよいだろう。イェール大学とハーバード大学で研究したのち、誰もがうらやむパリのフランス国立自然史博物館でポスドク研究員の地位を得たからだ。大好きなトカゲを研究対象にしただけでなく、調査地はカリブ海に浮かぶタークス・カイコス諸島という人気の観光地だった。二〇一七年の秋にドナヒューは調査チームとともに、その諸島の中心にある二つの小島に赴いた。その島では、侵略的外来種のネズミの駆除が行なわれているところだった。ネズミはいろいろと悪さをしていたが、そのひとつがアノール科に属する固有種のトカゲの捕食である（アノール科は、イグアナやカメレオンに近縁の、新世界の小型トカゲのグループだ）。ドナヒューらは、この小さな爬虫類を捕獲し、計測してから解放した。そして、ネズミの駆除が終了した翌年に再び島を訪れ、トカゲの個体群の動向を見極める予定だった（ちなみに、トカゲにとっては誠にありがたいことに、似たようなネズミの駆除はカリブ海の他の島でも行なわれていた）。しかし、ドナヒューが調査を終えた四日後に、猛烈なハリケーンが調査地を直撃したために、入念に練り上げた計画が水泡に帰してしまったのだ。

その話を聞こうと思って電話をかけたところ、ドナヒューは「実際は、ハリケーンは二つ来たんだ」と答えた。まずハリケーン・イルマが来て、カリブ海東部は豪雨と高潮、秒速八〇メートル近い最大級の暴風に見舞われた。その二週間後に、今度はマリアというイルマと同じくらい強いハリケーンがやってきた。この二つのハリケーンでドナヒューのトカゲの生息地のような平坦な島では、木は吹き倒され、建物は倒壊して、自然も人間社会も壊滅的な被害を受けた。ネズミの駆除事業が無期限の延期になったのはいうまでもないが、この頓挫でドナヒューはある機会を手に入れた。トカゲとネズミ駆除の影響に関する調査は棚上げになったが、ハリケーンの影響を研究するのには打ってつけの立場になったのだ。生き延びたトカゲはいるだろうか？　もし生き延びたトカゲがいて、その個体群と以前に計測した個体群とに異なる点があるとすれば、現在進行中の自然選択を記録できるかもしれない。

「ほとんど賭けみたいなものだったよ」とドナヒューは率直に言った。しかし、理論的には、相次ぐハリケーンの襲来は強力な進化の試練をもたらしたはずだ。そこでドナヒューは次のように考えた。トカゲが暴風を乗り切るのに役立った特定の形質があったか？　そんな形質がなかったならば、生き延びたのは単に運が良かっただけなので、個体群の調査を行なうのは時間の無駄だろう。しかし、役立つ形質があったのなら、そうした形質を特定して、それがハリケーン後の個体群に広がるのを確認できるかもしれない。「まったく予測はつかなかったよ。でも、そんなデータを手に入れるチャンスが二度とないことはわかっていた」とドナヒューは言った。そこで、彼は急いで調査費を工面すると、再びカリブの島へ赴いた。それから、六週間前に終えたばかりの調査とまったく同じことを繰り返したので、デジャヴュのようだった。

「時間がなかったので、一日中、トカゲを捕まえては計測していたよ」とドナヒューは当時を思い出して言った。熱帯の島で誰もがうらやむような過ごし方をしてきたかのような口ぶりから、ドナヒューがその調査旅行を楽しんでいたのは明らかだった。会話からは、ドナヒューの科学に対するあふれんばかりの情熱が感じられた。普通の人なら、その日の仕事を切り上げたら、プールサイドのバーでくつろぐだろうと思われるのに、ドナヒューはその後もずっと仕事や考えごとをし続けるタイプのようだ。すぐに島に戻ってトカゲを再調査するのが重要だと気づいたのは、そのためかもしれない。ましてや、リーフブロアーを持って行くことを思いついたのもそのために違いない。

「税関の検査官は面食らっていたよ」とドナヒューは言うと、科学者が大きな庭師の道具を持って旅行するわけを説明しようとしたときのことを思い出して、大笑いした。「トカゲがハリケーンレベルの強風に対してどのように行動するのかを知る必要があったんだ。十中八九、急いで逃げ出したり、木の根元にうずくまったりするだろうと思っていた」。本物のハリケーンのかわりにトカゲを観察するのは無理な話なので、ドナヒューはホテルの部屋でハリケーンのかわりにリーフブロアーを使った。捕獲したトカゲを棒につかまらせて、リーフブロアーで吹きつける風を徐々に強くしていくことで、さまざまな状況下でトカゲの反応を観察することができた。普通の強風ではトカゲは棒の風下側へ回り込んでしがみついた。風速が増すにつれて後肢が滑るようになり、ブロアーの風がハリケーン並みの強さになると前肢だけでしがみついたので、体は風と平行になり、旗のように風にはためいた。この実験のビデオはユーチューブで公開され、大勢のネット民が興味深い科学的発見の世界を垣間見ることができた。ドナヒューは、このトカゲが風に吹かれる様子を観察して、ハリケーン後のデータにみられた注目すべきパターンを明確に説明できることに気づいた。

ドナヒューらが調査旅行の最後の晩にデータ解析を始めたところ、何かが起きていることがすぐにわかった。高木や低木にしがみついて二つの嵐を切り抜けることができたトカゲは、指球のある足裏部が有意に大きく、前肢が長かった。それはまさに、リーフブロアー実験で明らかになった強い握力を生み出す形質だ。一方、後肢は短くなっていた。それによって、風が非常に強いときに体を後ろになびかせて、抗力を減らしやすくするようだ。のちにドナヒューの研究チームはさまざまな統計検定を行ない、その結果が信頼できることを確認した。調査地のトカゲの個体群はわずか六週間の間に、役立つ形質を備えた個体が有利になるという自然選択によって、明らかに変化を遂げていたのである。つまり、適者生存である。

ドナヒューはハリケーンが原因になって進化が促されると知って驚いたが、本当に驚いたのはその次に発見したことだった。それが発見できたのは、ドナヒューが好奇心旺盛で、いくら注目に値する発見でも、一つだけで満足するような人間ではなかったからだ。優れた科学の例に漏れず、ドナヒューの研究も、疑問が疑問を生み、発見が新たな発見につながるので、完了することなくずっと続いて

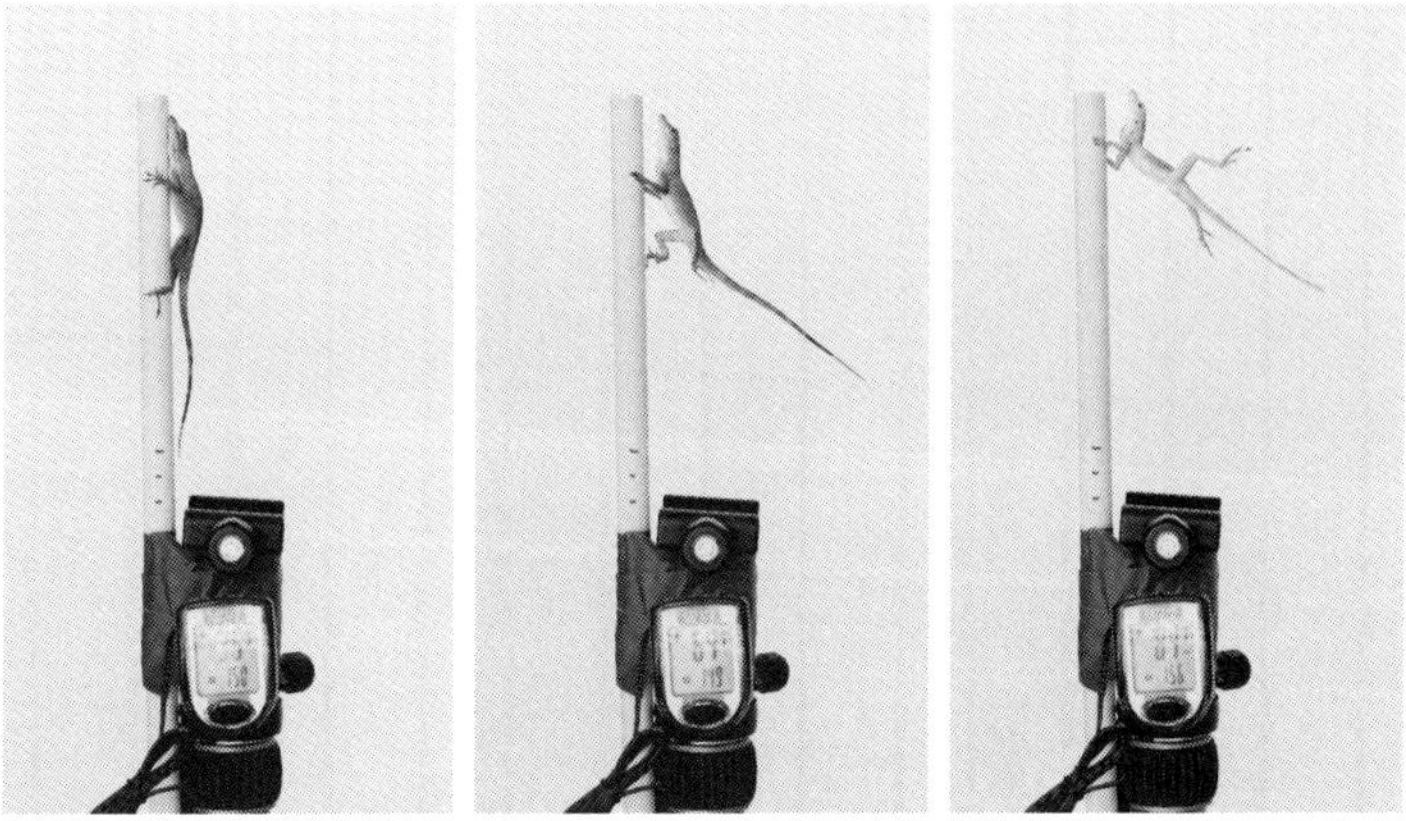

図9.1
（左）リーフブロアーが吹きつける風が、普通の強風（秒速15.6メートル）のとき、タークス・カイコス諸島のアノールトカゲ（*Anolis scriptus*）は、棒の風下側に回ってしがみついた。

（中）風速が秒速28.6メートルになると、後肢が滑るようになった。

（右）風速がハリケーンレベル（秒速37.5メートル）になると、後肢が棒から離れて、体の後ろで旗のようにたなびいた。

ハリケーンを生き延びた個体の方が、前肢が強く、その指球部も大きく、後肢が短かった。この姿勢を見ると、その理由がわかるだろう。前肢と後肢の特徴は、それぞれ握力の増加と抗力の低減に役に立つからだ（ちなみに、実験中に棒から吹き飛ばされた個体は、柔らかい安全ネットの上に落ち、のちに無傷で野生に返された）。

写真：© Colin Donihue

いる。まず、ドナヒューが知りたかったのは変化が遺伝するかどうかということだった。握力の形質が遺伝しないものなら、大した話ではない。そこでドナヒューは、その翌年と、さらに半年後の二度にわたって再び調査地に赴き、トカゲを捕獲して計測し、放すという一連の作業を行なった。ドナヒューはほとんどのトカゲとファーストネームで呼び合うほど親しくなったに違いない。この二度の調査で、若いトカゲが前肢の指球部が大きいなどのハリケーンに役立つ形質を、間違いなく親から受け継いでいることが明らかになった。すると、今度はさらに次の疑問が湧いてきた。今回の出来事はたまたま生じた一時的な現象だったのか、それとも頻発するハリケーンによって、長期にわたる進化が引き起こされたのだろうか？

「その点についてはずっと研究を続けているんだ」とドナヒューは言うものの、すぐに答えが出せる簡単な問題ではなかった。自然選択は形質に「ゆらぎ」をもたらすことがよくある。形質がいわば機能的平均値の上下にわずかに揺れ動くのだ。たとえば、足の指球部が大きいことは風が強いときには役立つとしても、普段は意味がないどころか、邪魔にさえなるだろう。もしそうならば、またハリケーンの発生もさほど頻繁でないのであれば、進化圧によって、数世代のうちに足の指球部の大きさは「普通」に戻るだろう。ドナヒューは、ハリケーンが持続的な変化を引き起こすことができるかどうか、つまり、何世代にもわたって一貫して形質を一方向へ推し進め、恒久的な結果をもたらすことができるかどうかを明らかにしたいのだ。しかし、この疑問を解くためには、三つの要因についてもっと多く調べることが必要だった。それはトカゲとハリケーンと時間である。

解決策にたどり着くために、ドナヒューは別のスケールから考え始めた結果、科学の別の分野に足を踏み入れることになった。気象学者の協力を得て、カリブ海一帯のハリケーンの歴史地図を作成し、ハリケーンが発生した場所と頻度を定量化したのである。同じ地域に生息しているさまざまなアノールトカゲの種や個体群とその地図を比較してみると、一つの顕著なパターンが見えてきた。ハリケーンの頻度が高い地域では、トカゲの足の指球部が大きいのだ。握力に対する選択圧には確かに方向性が認められた。それは長期にわたって働き、頻繁に強風に晒される地域で、トカゲの足の形質を決定づけているようだ。ということは、ドナヒューがタークス・カイコス諸島で行なった調査の結果は、もっと大きな現象の一部分を示すものであり、またドナヒューの研究は気候変動生物学の最先端でもある。「確かにそれが一番重要な点だね」とドナヒューも賛同した。ドナヒューは気候に応答して進行しているリアルタイムの進化を確認することで、気候変動は種の行動だけでなく、種の形質も変えていることを明らかにした最初の人物の一人になった。

コリン・ドナヒューはハリケーンと進化を対象にして長期研究をする計画があると話してくれた。ハリケーン・イルマとマリアのあとに観察した他の応答もぜひとも研究したいと思っているそうだ。たとえば、被害を受けた高木や低木は不思議なほど速く再生している。自然選択は強風に適応した植物にも有利に働くのか？　昆虫や鳥類、哺乳類はどうなのか？　ドナヒューの研究に触発されてクモの調査を始めた研究者が、ハリケーンが原因で自然選択が生じたという証拠を見つけている。ハリケーン後に、クモの個体群に攻撃的な遺伝形質が急速に広まっていたのだ（どうやら友好的なクモよりも意地の悪いやつの方が逆境に強いらしい）[2]。若い研究者はこうした問題に取り組んでいると、安定した良い仕事に就くことができる。というのも、ハリケーンが起きるのは地球温暖化のせいだと主張する気象学者はいないだろうが、最大級の暴風の発生頻度が増えているという点については、気候学者の意見は一致しているからだ。同じことが異常気象全般について言える。あるシステム（系）に加わるエネルギー（たとえば、熱）の量が増えると、その結果の激しさが増すのだ。強火で米飯を炊いてみれば、自分の台所でこのことを実感できるだろう[3]。

進化の過程を知るうえで、気象の極端な変化は珍しくリアルタイムの洞察をもたらしてくれる。異常気象は個別に起こり、影響力が大きいので、研究者がちょうど良いタイミングで出くわせば、数週間、いや数日のうちに個体群への影響を測定することが可能なのだ。しかし、気候変動はもっと長い期間にわたる応答も引き起こすので、こうした影響のなかにはすぐには現れず、ここに来てようやく明らかになったものもある。たとえば、フィンランドに生息するモリフクロウの体色には、灰色と赤褐色のタイプがある。以前は自然選択が灰色型に有利に働いていた。深い雪に覆われている長い冬の間は、灰色は隠蔽色になるからだ。しかし、温暖化に伴って積雪が減り始めたために、灰色の隠蔽効果が徐々に低下して、過去五〇年間に褐色型の頻度が二〇〇％近くも増えた。スコットランドでは、キマダラジャノメというチョウも計測できるほど進化している。分布域の先端部にいる個体は翅を動かす筋肉がより発達していて、温暖化に伴って新たに生息に適するようになった北方まで長距離飛行ができるのだ。こうした事例研究は人目を引くが、生物学者はこうした研究はまだ不完全だと考えている。進化の立証基準を満たすためには、野生下で観察された変化が、それを引き起こした遺伝子の変化と合致していなくてはならない。これを成し遂げるのは生易しいことではないが、DNA分析の技術が進歩したおかげで、成功する可能性が高まっている。プリンストン大学のピーター・グラント

図 9.2　フィンランドでは暖冬で積雪が減少したために、モリフクロウの羽衣の色が著しく変化した。灰色型が減少し、かつては稀だった褐色型がますます個体数を増やしている。
Natural History of Central European Birds（1899）

とローズマリー・グラントの研究チームは、ダーウィンによって有名になったガラパゴスフィンチを長期にわたって研究している。彼らは最近、ガラパゴスフィンチの適応や選択、さらには種分化のパターンと、嘴の形態を司る遺伝子とを関連づけることに成功した（ちなみに、グラント夫妻の研究は特に気候変動に焦点を当てたものではなかった。しかし、印象深いことに、四〇年に及ぶ観察の中で最も劇的な自然選択は、二つの異常気象に関連して生じていた。一つはめったにない長雨、もう一つは二年間にわたる干ばつである）。

気候変動が原因で生じる自然選択の証拠が蓄積されるにつれて、あまり注目を浴びていなかった進化の要因についても平行して研究が行なわれるようになった。「適者生存」だけが種が進化する理由ではないからだ。ダーウィンが性選択と呼んだ配偶者選好も、進化に一役買っている。この概念の要《かなめ》は魅力である。つまり、個体は識別できる特定の特徴に基づいて、配偶相手を選ぶという考え方だ。その選好が確立されると、求婚者の間で競争が起こるので、こうした好まれる形質の進化に拍車がかかり、急速な進化を遂げるだけでなく、暴走することさえある。最も有名な例は鳥類の繁殖羽だろう。クジャクやニワトリからカモまで、さまざまな鳥類種のオスは繁殖期になると、凝った衣装を身につけるのだ。鳴禽類では、最近の渡りの変化によって、気候パターンが性選択の重要性を増大させていることが明らかになった。ヨーロッパ全土で、羽衣が最も派手な種のオスが、温暖化で早まった春の季節を一早く利用し、繁殖地に早く到着して陣取り合戦を繰り広げるようになった。その結果、繁殖のための競争と誇示行動の期間が長くなったのである。しかし、シロエリヒタキが指標になるとしたら、羽は必ずしも派手になっているとは限らない。性選択は双方向的なものであり、一方通行ではな

図9.3　額の白斑が大きなシロエリヒタキのオスは、かつては多くのメスを惹きつけて繁殖の機会に恵まれたが、時代は変わり、今では白斑はどんどん小さくなっている。写真：© Anton Mostovenko

いのだ。たとえば、バルト海のある島に生息しているシロエリヒタキは、気候変動によって派手になるどころか、逆に地味になってきた。

シロエリヒタキのオスは頭と嘴と目が黒い一方で、額に白い斑紋があり、鮮やかなコントラストをなしている。このひときわ目立つ短い羽は、前から見ると紙の王冠のように見えなくもない。メスはこの特徴に特別に注意を払うので、研究者はその結果を注意深く観察してきた。スウェーデンのゴットランド島で一九八〇年に始められた綿密な観察の結果、額の白斑が大きくて目立つオスの方が繁殖の機会に恵まれ、残せた子孫の数も多いことが明らかになった。つまり、メスはそうしたオスを好んでいたのだ[4]。しかし、最近になって、この傾向が逆転した。その理由はまだわかっていないが、春の気温が上昇したことで、額の白斑が突然メスに受けなくなったのだ。あるいは、オスにとって白斑を維持するコストが大きくなりすぎたのかもしれない（たとえば、額の白斑が大きいと、ライバルとの争いも増えるし、高い気温の中で闘争すれば、消費するエネルギーも多くなる）。いずれにしても、今では額の目立つオスは残せる子孫の数が減少しているので、世代を経るたびに額の白斑は小さくなっている。これは驚くべき逆戻りの進化だが、多くの生物学者はもっと大きな傾向の一部と考えている。性選択の原動力は魅力だが、煎じ詰めれば、単純な経済の問題なのだ。ぜいたくな装飾にエネルギーを費やすのが割に合うのは、利益（子孫の数の増加）がコストを上回るときだけだ。しかも、競争が激しいとその利幅もきわめて少なくなる。気候変動によるストレスでそのバランスが崩れると、かつては恩恵をもたらした形質がいとも簡単にお荷物になってしまい、生存率や繁殖率の低下を招く恐れがある。そこまでひどくならないにしても、無駄な投資になってしまうのだ。その好例がイトヨという魚だ。イトヨのオスは青い目と鮮やかな赤い腹を持ち、すばやいジグザグ泳ぎと組み合わせてメスの気を惹くが、沿岸海域の多くの繁殖地では水温が上がって藻類が繁茂するようになったために、水中の見通しが悪くなり、このような誇示行動をする意味がなくなってきた[5]。オスの色彩もジグザグ泳ぎもじきに消滅するだろうと予測されている。そもそも、自分の姿を見ることができない相手の前で、ドレスアップしてダンスをしても意味がないだろう。

性選択で明確な変化が生じたことを明らかにするためには、（四〇年に及ぶヒタキの観察データのように）大量のデータが必要になる。他の面では有害な形質を配偶相手が好み続ける場合には特に、性選択の結果は相反するような自然選択の効果と絡まり合っていることが多い。しかし、進化の推進力にはもう一つ、さらに測定が難しいと思われるものがある。それは「ランダム（無作為）な偶然性」だ。特に小さな個体群では、偶然の出来事も進化に影響を与えるからだ。この原理を説明するには、色とりどりのマーブルチョコの入ったボウルを使えば、一番わかりやすい（し、美味しい）だろう。ボウルから両手にいっぱいチョコをすくってみれば、手の中にはだいたいどの色も入っていることだろう。このようにして無作為に色とりどりのチョコを大量に取り出すことは、大きな繁殖個体群が遺伝的多様性を次の世代に伝えるやり方と似ている。しかし、ボウルから取り出したチョコがほんの一握りだった場合、その色の組み合わせは、ボウルの中に残っている多くのチョコとは違っている可能性が高くなるだろう。取り出されなかった色や、取り出されてもきわめて少ない色があるせいで、ある色が多数を占めることになり、色の比率が大きく偏るかもしれない。しかし、この偏りは適応や適応度によって生じたのではなく、くじを引いたのと同様な偶然の結果なのだ。このような偶然の成り行きは生物学では遺伝的浮動と呼ばれ、遺伝のくじ引きのようなもので、どのような個体群でもある程度は生じている現象だ。しかし、個体群が小さくなって孤立すると、この遺伝的浮動の影響力が増すのだ(6)。これは生息地が縮小している種や、新しい地域へ小さな集団で分散した種がまさに直面するシナリオである。生き残った個体群は長い間、遺伝的多様性の減少という苦難を背負って生きていくことになる（チョコレートのたとえを続けるなら、ほんの一握りのチョコの子孫が、失われた色をすぐに再び生み出すことはないだろう）。

気候変動による遺伝的浮動が起きていることは科学者にも知られている。数学的にみて避けられないことなのだ。しかし、動植物の個体群に影響を及ぼし、分断したり、減少させている他のあらゆる要因から、遺伝的浮動の影響を分離した人はまだいないし、それには時間がかかるだろう。一方で、すぐに結果を生み出す、別の種類の進化が増えつつある。最もよく知られた事例研究の一つでは、その結果をまさに手に取ることができる。ただし、どこに釣り糸を垂れるべきか、何を餌にするべきかを知っていればの話だが。

私たちはオールを軋《きし》ませながら静かにボートを漕いで、湖の一角のトラウトベイと呼ばれる入江に入った。そこは森に囲まれた湖岸の小さな入り江にすぎないのだが、派手な仕掛けのついたスプーンやスピナーといった擬似餌《ルアー》を湖底近くまで投げ込むと、たいてい確実に魚が食いつくのだ。これまでに、サケくらい大きいカットスロート・トラウト（ノドキリマス）が釣れたという記録や、一日で一〇〇匹以上の魚が釣れたという記録がある。だが、その朝はそれとはほど遠く、私たちのツキのなさは、アメリカ先住民の古い伝説さながらだった。その伝説によると、ワタリガラスが水の精への怒りを爆発させて、湖に稲妻を投げ込んだので、何世代にもわたって魚がいなくなってしまったという。私が聞いた話では、そもそもワタリガラスがなぜそれほど怒ったのか、その理由については一言も触れられていなかった。もしかしたら、ワタリガラスが釣りをして、運悪く一匹も釣れなかったのが理由ではないか、と私は思い始めた。

ちょうどそのとき、息子のノアの釣り竿がたわんで、魚がかかったことがわかったので、一瞬にして不満は吹き飛んだ。しかし、リールを巻いて引き寄せ始めても、引きは一向に強まらない。魚が水面に姿を現したとき、その理由がわかった。それは擬似餌そのものと大して変わらないほど小さなバスの幼魚だったのだ。私たちは笑って、その小さな魚を放し、それがすばやく水の中へ姿を消すのを見ていた。その魚は私たちが狙っていた種ではなかったし、そもそもここは、私たちが釣りをしたいと思っていた場所ではないのだ。

人生には時として、天の巡り合わせのごとく、仕事と娯楽が合致することがある。たとえば、私は羽の本を書いたとき、その調査中にたくさんバードウォッチングできて楽しかったし、種子の本を書いたときには、コーヒーやチョコレートのような種子からできた大好物の嗜好品について調べることができた。そして、気候変動で生じた進化のなかでも世界屈指の事例が、トラウト釣りで知られる世界有数の川で見られると知ったときには、まさに天恵だと思った。息子のノアも私も釣りが大好きなので、モンタナ州のフラットヘッド川へワーキングバケーションに出かける準備をすぐに始めたのだが、この計画は別の生物が起こした出来事のせいでおじゃんになってしまった。二〇二〇年の春に新型コロナウイルス感染症が大流行して、遠出の釣りは御法度になったのである。地元の湖で釣れる魚のなかに、進化についての話題になるようなトラウト〔マス〕はいないだろう。それでも訪問する予定だったモンタナの研究者に話を聞くことはできた。その人物はかの地で起きている進化の謎の核心に迫る研究をしている。彼は自分の研究について語りたくて仕方ない様子で、その熱意が遠く離れた私たちの隔たりを埋めてくれた。

「子供の頃からずっと、釣りが三度の飯より好きでね」とライアン・コヴァックは電話口でのっけから言うと、人生の大きな選択に迫られたとき、釣りの魅力が決め手になったことが一度ならずあったと話した。大学に行くために地元を離れたのかと尋ねると、「基本的にモンタナにいることを選んできた。何と言っても、釣りをするにはモンタナが一番だからね」。最初の主要な研究テーマは？「イエローストーン国立公園でマスの遺伝研究をしたんだ。そこも良い釣り場だったから」。大学院は？「アラスカでカラフトマスの研究をした。そして今はモンタナに戻り、州の魚類野生生物公園局で遺伝学者として働いている」。局のホームページのプロフィールには、こんな皮肉に満ちた人物評が載っている。「多くの自然保護活動がもたらした好ましい成果を台無しにしかねないほど、飽くことなくありとあらゆる魚を釣ろうとする。……そうせずにはいられない人物だ[7]」

モンタナ州の釣りキチはコヴァックだけではない。それがきっかけとなり、コヴァックは画期的な気候変動の研究をすることになったのだ。「フラットヘッド川ではおびただしい数のニジマスが放流されているんだ」とコヴァックは、養殖したニジマスを公共の河川に放流するという一般的な慣行に言及した。魚類野生生物公園局は、合法的に魚を釣れる機会を増やすために、アメリカ西部のいたるところでこうした放流を行なっている（ちなみに、ノアと私が島の近所の湖で流し釣りをしていたときに狙っていたのが、放流されたニジマスだ）。残念なことに、毎年このように大量に放流された孵化場育ちのニジマスが、湖沼や河川の在来種の個体群に取って代わっている。直接的な競争によることもあるが、コヴァックが専門としている「交雑」という、見落とされがちな進化の過程が一役買っているためでもある。

近縁な二種が交雑するとき、大量の遺伝物質が種を越えて一気に移動する場合がある。植物ではその結果、新しい進化的系統が生まれることが多いので、雑種は新種の主な供給源だと考えられている[8]。一方、動物では交雑個体はたいてい不妊になる。たとえば、ウマとロバを掛け合わせるとラバができるが、ラバ自体は繁殖できないので、話はそこで終わる。しかし、フラットヘッド川をはじめとする西部の河川で、ニジマスと在来のウェストスロープ・カットスロート・トラウトが出会った場合は、そうはならない。その子孫は互いに繁殖可能なばかりでなく、親種と戻し交配することもでき、一方からもう一方へ遺伝子が着実に浸透する経路を作る。この過程は「遺伝子移入《イントログレッション》」と呼ばれ、その影響は重大かつ長期にわたる可能性がある。たとえば、ネアンデルタール人とヒトとの交雑は四万五〇〇〇年以上前に終わっているのに、皮膚や毛髪の色といった現代人のさまざまな遺伝子には、いまだにネアンデルタール人のDNAが現れている。それは、この遺伝子移入による現象だ。モンタナのカットスロート・トラウトにとって、この例にはもっと不吉な教訓も含まれている。遺伝子の一部を現代人の中に残したとはいえ、ネアンデルタール人自体はとうの昔に絶滅してしまっているからだ。

「ベルトコンベアみたいなものだな」とコヴァックは言い、ニジマスとその遺伝子がモンタナの在来種のカットスロートを駆逐しつつあることを説明した。気候変動によって気温が上昇するのに伴い、暖水域に分布しているニジマスが、かつてはカットスロートの拠点となっていた山間部の支流に着実に遡上しているのだ。「ニジマスはカットスロートの最後に残された楽園にまで侵入している」とコヴァックは続け、この二種が出会うところでは必ず交雑が起きていると説明した。その結果生まれた雑種の「カットボウ」は、さらに冷水域のカットスロートの避難所にまでニジマスのDNAを持ち込んでいる。避難所に入り込んだカットボウは、わずかに残っている純血種のカットスロートと交配してしまうのだ。「遺伝子移入は温度限界を超えて起こる」とコヴァックは述べる。つまり、ニジマス自体には行き着けない冷水域でも、交雑を介して、ニジマスの遺伝子がカットスロートの遺伝子を駆逐してしまう恐れがあるのだ。

図 9.4　モンタナ州のフラットヘッド川に生息しているウェストスロープ・カットスロート・トラウト（*Oncorhynchus clarkii lewisi*）が持っているニジマスの DNA の量は、増加の一途をたどっている。気候変動の影響による水温上昇に伴い、ニジマスが生息域を拡大したため、カットスロートとニジマスの交雑が始まった。この交雑によって、個体数がより多いニジマスの遺伝子が大量にカットスロートに流入し始めている。
写真：© Jonathan Armstrong

なぜニジマスの遺伝子がカットスロートを駆逐していて、その逆ではないのかと尋ねたところ、コヴァックは数の問題だと答えた。彼によると、「ニジマスは河川の最も生産性の高い場所に放流されて」おり、その数はフラットヘッド川だけで二〇〇〇万匹にも上る。さらに、ニジマスは成熟するといろいろな場所をうろつく傾向が強くなるために、繁殖適齢期のニジマスが絶えずあちこちに侵入し、個体数が少なく定住生活をしているカットスロートに自分の遺伝子を押しつけるのである。「皮肉なことに、もしニジマスがいなければ、カットスロート・トラウトは気候変動の恩恵を受けているかもしれないんだ」とコヴァックは言うと、彼が指導した大学院生の一人による未発表データを引き合いに出した。それによると、山岳地帯の温暖化した川ではカットスロートの繁殖率が上がっているというのだ。だが実際のところ、フラットヘッド川やその他の西部の河川に、純血のカットスロートの個体群が生息し続けることはないだろうとコヴァックは考えている。ただカットスロートのDNAのわずかな断片が、外見も行動もニジマスそっくりの魚の体内に残されるだけになる。

ライアン・コヴァックには自分の研究結果がほろ苦いものに感じられただろう。生物学的には興味をそそられる結果だが、一つの種が最終的には消滅してしまうことも示しているからだ。そうなれば、彼はその魚を釣ることも研究することもできなくなり、きっと寂しくなることだろう。しかし、交雑は進化に必ずしも悪影響を与えるとは限らないとコヴァックはすぐに指摘した。植物の雑種は少なくとも最初のうちは親種よりも適応度が高いことが多い(9)。また魚類でも、同系交配していた個体群が、新しい遺伝子の移入によって恩恵を受けた事例がある。個体数が減少している種は、絶滅したら消えてしまうその種に特有の遺伝物質を、交雑によって保存できる場合もある(ホモ・サピエンスに受け継がれているネアンデルタール人の形質のように)。交雑の影響はケースバイケースで一概には論じられないが、気候変動によって多くの種が分布域を変え、これまでとは異なる出会い方をするようになった現在、一つはっきりしていることがある。それは、雑種の数が増加の一途をたどっていることだ。

私たちは釣り旅行を断念してアイスクリームで気を紛らわすことになったのだが、その少し前に、ノアと一緒に岸辺からボートを漕ぎ出して、釣り糸を湖底に垂らした。マスが釣れなくても、ヒメマスというベニザケの陸封型〔淡水と海水を回遊する魚類のうち、陸水にとどまって棲むようになったもの〕が釣れるかもしれないからだ。この魚は、湖の水温が最も低い最深部だけに生息する。夏の気温が高くなるにつれ、その生息地はどんどん小さくなる運命にあるようだ。だが、私たちの釣り場が十分深くて水温が低く保たれていれば、ここのヒメマスはみながうらやむ立場に居続けられるかもしれない。陸上でも水中でも、さまざまな予想外の事態が起きるので、なかには通常に近い生活を続けながら気候変動を切り抜けられる種もいるだろう。しかし、この戦略がうまくいくかどうかは、不動産業界が最も重視する条件、つまり「立地」にかかっている。

第10章 避難する

変化と改善は別ものだ。

ドイツのことわざ

ニューイングランド地方の大学院生にとって、森に出かける秋の日はサイダードーナツなしには始まらない。地元のレシピでは、ドーナツ生地に新鮮なアップルサイダー〔無添加のリンゴジュース〕をたっぷり練り込み、ドーナツが揚がったらシナモンと砂糖をたっぷり振りかける。夜更けまでずっと勉強や研究をしていて頭がぼんやりしていても、この美味しい秋のおやつに濃いコーヒーを添えて味わえばリフレッシュできる。私は仲間の院生たちと一緒にヴァーモント大学から四〇キロメートルほど南にあるブリストルの街へ出かけて、出来立てのサイダードーナツを手に入れてきた。近くの丘に向かう私たちのワゴン車の中では、会話に花が咲いていた。この日は金曜日で、小規模なフィールド・ナチュラリスト〔野外自然〕講座をとっている私たち修士課程の大学院生はみな、他の用事を棚上げにして、実体験を得られる野外講座へ向かうのだった。この講座では各分野の専門家が代わる代わる登場して、高層湿原や低層湿原を巡り、石切り場や露頭を調べ、湖岸から山頂まであらゆる場所を案内してくれた。このフィールドトリップが重視していたのは、岩盤や土壌、気象パターンから郷土史に至るまで、あらゆるものがある地点の動植物にどんな影響を与えているかを観察し、自然界の隠れたつながりを知ることだった。私たちは毎週、新しいことを学んだが、なかでも一番環境（と気候）に対する私の考えを変えたのは、ブリストル・クリフの麓で出会った謎だった。

その日の案内役はアリシア・ダニエルという、この講座の修了生だった。ちなみに、アリシアはその後、ヴァーモント州最大の都市であるバーリントンの公認ナチュラリストという、誰もがうらやむ役職に就いた。ダニエルはそのあたりの地形や生態を熟知していたが、車が狭い裏道を上っていく間、目的地については何も語らずに黙っていた。私たちが車を停めたところは、ごつごつした岩棚が張り出した絶壁を抱える尾根の下で、崖面の下にある急坂の途中だった。私たちはダニエルに導かれて、サトウカエデが優占する典型的な広葉樹林を通って斜面を登っていった。ちなみに、サトウカエデはヴァーモント州の木に指定されている。まもなく地面が目に見えてゴツゴツしてきて、植生は次第にまばらになっていき、木々の間から真の目的地が見えてきた。そこは、断崖の麓にある、岩や巨礫《きょれき》が積み重なった荒地で、地元では「ヘルズ・ハーフ・エーカー〔地獄の半エーカー〕」と呼ばれていた。しかし、実際には半エーカー〔〇・二ヘクタール〕どころか、四〇エーカー〔一六ヘクタール〕近くもあり、断崖の上部から落下した岩屑《がんせつ》が堆積して、広大な斜面になっている。ちなみに、こうした地形のことを崖錐《がいすい》という。岩屑の大きさは足首を捻挫しそうな丸石から、家よりも大きな巨大な一枚岩にまで及び、私のフィールドノートに記録されたメモによると、それらの岩石は、「チェシャー・クォーツァイト」という珪岩でできているそうだ。しかし、私たちがブリストル・クリフに来たのは、地質を(少なくとも地質そのものを)調べるためではなかった。真に注目すべき謎は、その砕けやすい岩石がやってのけたこと――気まぐれな侵食作用で生み出された構造によって可能になったこと――にあったのだ。

一〇月にしては暖かい日で、丘を登ると、みんな汗ばんでしまった。そこで、崖錐の下に着いたときの私の第一印象は、日陰で涼しく、清々しいという感覚だった。それから樹木に気がついた。いつの間にか、私たちは広葉樹ではなく、アカトウヒ、クロトウヒ、バルサムモミなどの針葉樹に囲まれていたのだ。足元に目をやると、林床の植生も同じように一変していて、冷涼な気候に強いイソツツジやヤチツツジのような低木が繁茂していた。さらに、ハナゴケやミズゴケが群生している箇所さえあった。少し歩いただけで、何百キロメートルも北にあるカナダの寒帯林か、近くのグリーン山脈を六〇〇メートルも登って霜の降りるような寒いところへ来たかのように思えた。崖錐からわずか数メートル戻ると、逆の現象が起き、たちまち広葉樹林が現れる。この不可思議でダイナミックな景観をみんなに堪能させると、ダニエルは私たちを針葉樹林の中へ呼び戻し、そこで見られたものについて話を始めた。

地面や苔の生えた岩の上に座ると、妙に冷え冷えする空気の中ですぐに体が冷えたので、私たちは上着を着たり、リュックサックからセーターや帽子を取り出し始めたりした。その日のテーマは気温だった。あとで知ったのだが、ダニエルはブリストル・クリフを訪れると、いつも学生たちを同じ場所に座らせていた。実際にその場所に身を置くことによって、講義の理解が深まるように工夫していたのだ。彼女が教師として優秀なのは、このように細かいことにも気配りが行き届いているからだ。しかし当時の私たちには、何が起きているのかを理解するために、もう少しヒントが必要だった。確かに、針葉樹は局地的に温度の低い窪地に生えていた。だが、どうにも奇妙なことに、明らかに暖かい崖錐がそのすぐそばにある。太陽が照りつける駐車場と同じように、日が上るにつれて崖錐は熱を放射する。そのため、上空に上昇気流が生じ、それに乗ってヒメコンドルやタカが旋回していた。崖錐全体が西向きだったので、真昼の最も強い日の光を浴びており、そのために周囲はどちらかというと、ヴァーモントにしては暖かかった。カエデに混じって、南部の森林に典型的にみられるオークやヒッコリーなどが元気に生えていた。しかし、崖錐の斜面のすぐ下にある、針葉樹が生えた小さな一角には、はるか北方の生息地を彷彿させるものがあった。最後に、ダニエルは崖錐の岩石ではなく、その隙間に私たちの注意を向けさせた。丸石や巨礫が互いにもたれかかっているので、その隙間の小さな穴や裂け目が複雑に張り巡らされた巨大な網の目のようになっていた。近づいてみると、こうした暗い隙間から冷たい風が出てくるのを感じることができた。そして、誰かが特に深い穴の中に手を入れてみると、氷の塊が見つかった。

私は最近、初めて会ったときから二〇年ぶりに、ダニエルのヴァーモントの自宅に電話して話を聞いた。すると彼女は「要するに、空気が冷却されているのよ」と言って、冷たい高密度の空気が崖錐の内部を降下し、下部で外に漏れ出して、微気候を形成する仕組みを改めて説明してくれた。晴れた日には岩の表面は熱くなるかもしれないが、その熱は日差しが届かない穴の奥まで伝わらない。そし

図 10.1　ニューイングランドの崖錐では、岩石の間に冷たい空気が捉えられて、広葉樹が優占する地域の中で、針葉樹や寒帯林の種が存続できる環境を生み出している。
画：© Libby Davidson

て、夜になって岩や周囲の地表が冷えると、新たに穴の中に寒気が流れ込む。ブリストル・クリフでは、この冷却効果は氷によって高まっていた。冬の間に一番深い割れ目いっぱいに氷が溜まり、ほぼ一年中残っているからだ。さらに、崖錐の下の岩盤も冷却効果を高めていた。その岩棚に沿って、樹木の生育に適した場所まで下降気流が送り込まれるからである。その結果、ダニエルが「スイミングプールくらいの大きさ」と推定するミニチュアの寒冷生息地ができあがるのだ。この一角の外側はまったく寒くないのに、その内側には明らかに場違いな植物が生えているのである。しかも、驚くべきことに、この植生は周囲とは時代も異なっているのだ。

はるか昔まで時計の針を巻き戻せば、ヴァーモントに限らずニューイングランドのどの地域でも、崖錐などなくても寒冷な空気に満ちていたはずだ。一万八〇〇〇年前は、北極から南は現代のニューヨーク市あたりまでの全域が大陸の氷床にすっかり覆われていた[1]。氷床が後退すると、最初にツンドラの植物が定着し、その後に寒帯林が続いて、二五〇〇年以上にわたり地上を覆った。しかし、気候の温暖化が進むにつれて、こうした針葉樹は徐々に北方へ移動していき、広葉樹に取って代わられた。つまり、針葉樹のほとんどが移動したのだ。しかし、気温が高くならない場所——たとえば山の斜面や、崖錐の奇妙な一角——では、針葉樹は別の行動をとった。つまり、そこに避難したのである。ブリストル・クリフの崖下に生えている一握りのトウヒやモミのような北方の樹種が、気温の上昇に伴い周囲の森が変化していったなかで、わずかばかりの冷風を最大限に利用して、そこに何世代にもわたり何千年も生き残ってきた可能性は十分あるし、おそらくそうだろう。そうでなければ、この小さな北方林を生み出した種子や胞子はすべて、何百キロメートルも彼方から移動し、生息に適したあの半エーカーほどの場所にたまたまたどり着いたということになるが、こうした長距離分散を何度も繰り返したという仮説は信憑性に欠ける。いずれにせよ、ここから「原因と結果」についての教訓が得られる。どんなに変則的でも、風変わりであろうとも、動植物は生息地がもたらす環境の変化に応答するのだ。気候変動への適応という観点からすると、ブリストル・クリフのような場所は、ごく少数の幸運な住民に対して「これまでと同じように生きられる」という魅力的な選択肢を与えてくれるのである。

私たちの話題が最終氷期以降の崖錐の歴史になると、ダニエルは「あそこに生えているものはいつも変則的なのよ」と考え込むように言った。現在、広葉樹林の中に針葉樹が残っているように、かつて周囲に針葉樹が侵入してきたときも、ツンドラに生息する種は長いことブリストル・クリフに残っていただろう。その場所が温暖化の影響を受けないわけではない。ただ、冷風が防波堤の役目を果たして、生物学で「気候変動の速度」と呼ばれるものを遅らせているのだ。ブリストル・クリフの崖錐は極端な例だが、似たような現象は、通常よりも冷涼な条件が残っている場所ならどこでもみられる。たとえば、日陰の深い谷や、直射日光があまり当たらない北向き（南半球では南向き）の斜面などだ。淡水系では冷たい泉や雪融け水が、また海洋では寒流や深海水の湧昇《ゆうしょう》が、同様の役目を果たすことがある。こうした例外的な状況が続けば、そこに生息している生物種は、生息に適さない環境に囲まれていても、小さな孤立した個体群として生き延びることができる。こうした場所で生き延びられるのは時間の問題なのかもしれないが、その時間が十分に長く、また、気候変動の傾向が安定したり逆転したりすれば、こうした場所が気候変動の影響を遅らせるだけでなく、動植物が生き延びる助けになることを歴史は示している。

科学では、ある着想や概念に強い関心が持たれているときには、まずそれを表す新しい用語が考案される。そこで、ブリストル・クリフの崖錐のような場所を特に表す用語として、「レフュージア（避難所）」という語が造られた。レフュージアは他の場所が生息に適さなくなったときに、生物種が避難することができる場所のことだ。この用語が初めて使われたのは一九〇二年のことで、スイスの山間にある数か所の深い湖を指していた。こうした湖は水が冷たかったので、北方の魚類や甲殻類が最終氷期以来ずっと生息していられたからだ。したがって、最初から生物学者はこの概念を、生物が気候変動――温暖化だけでなく、寒冷化や乾燥化、あるいはその他の著しい変化も含めて――を生き延びることと結びつけていたのだ。ブリストル・クリフで研修を終えたあと、ほどなくして私たちヴァーモント大学の大学院生は、さらに北のカナダのケベック州で、逆の現象を目にした。寒帯の針葉樹林に囲まれた一角に、カエデやオークの孤立林があったのだ。その木立は南向きの崖が太陽熱を捉えて近くの樹木に反射しているところに生えていた。それは、数千年前の温暖な時期に短期間だけ、現在よりも北方に分布域を広げていた広葉樹の遺存個体群だと考えられている。最終氷期以降にヨーロッパや北米の各地にできたさまざまなレフュージアの事例については詳しく研究されているし、熱帯でも重要だったことが認識されている(2)。たとえば、アフリカのコンゴ盆地では、更新世（二六〇万年前から一万年前）を通じて乾燥した時期が断続的に訪れ、広大な熱帯雨林がサバンナの草原で何度も分断されて、パッチワーク状の残存林（つまり、レフュージア）になった。このように残存した避難所に身を寄せた森林性の生物種は、のちに状況が好転すると、分布域を再び広げた。とはいえ、分布域が広がる速度は一様ではなく、隔離されたことでその形態が多少変わったものもあり、巻貝から霊長類に至るまで、まだ現在でもそのときの名残がみられる種がいくつもある。[3] 有名な例では、ゴリラは森林が再生したあとも、コンゴ盆地の中心部を占めていた元の分布域を完全には回復できず、二つの別種の個体群となって、盆地の東縁とそこから一〇〇〇キロメートル西部の二箇所に生息している。

レフュージアに興味を持った研究者は、二〇世紀のほとんどを費やして、氷河時代などの環境の大変動を生物種がどのように生き延びたのか、時を遡って研究してきた。しかし、近年に気候変動が急速に進んだせいで、このテーマは突然に緊急性を帯び、研究の焦点が一変して未来に向けられることになった。地形や水温、気象の気まぐれで、現代の気候変動の速度が遅くなる場所はあるだろうか？そして、どんな種がそこに居合わせて避難場所を見つけられるだろうか？ 今から一〇〇年後に、ブリストル・クリフの崖下にどんな植物が生えているだろうかと尋ねると、アリシア・ダニエルは即答はできず、しばらく考えていた。想像するに、彼女の頭の中には長年にわたって地元の樹種を書きためて使い込んできた回転式カードファイルがあり、それを繰っているのだろう。

「みんなが一番心配している樹種はサトウカエデね」とダニエルはようやく口にすると、天候がますます不順になってきていて、その影響がすでに春の樹液流に現れているのだと話した。天候不順はカエデの健康に影響を及ぼすだけでなく、ニューイングランドの人にとってサイダードーナツよりはるかに重要な秋の甘味であるメープルシロップの生産も脅かすのだ。気候の温暖化が進めば、「最大のメープルシロップ産地[4]」は何百キロメートルも北へ移動するだろうと業界の研究者は予測している。

先見の明のあるヴァーモントの生産者は危険を分散するために、地元の森の中でも一番寒冷な場所に生えている木から樹液を採り始めている。二〇一七年に開催されたヴァーモントメープル会議で示された管理指針では、そうした場所に言及するとき、「レフュージア」というお馴染みの用語を使っていた。地域全体がもっと温暖な気候に適した植物相に変わっていくと、ある日、数本のサトウカエデの木がブリストル・クリフの崖錐に避難場所を見つけ出して、針葉樹に取って代わり、オーク林の中で生き延びるかもしれない。それはあながち突飛な話でもないのだ。地元産のメープルシロップの味を懐かしがる進取的な近所の人が、そうしたカエデの幹に樹液採取用のバケツをぶら下げるかもしれない。

ブリストル・クリフのカエデの予測と同様に、現代の気候変動に関連したレフュージアの研究には、科学的な知見に基づいた推量がかなり含まれている。調査結果ではなく予測に基づいているため、そうした研究には「評価《アセスメント》」「将来の脆弱性」「概念的枠組み」のような用語が多用されている。生物学者が目指しているのは、生物多様性を維持できる避難場所を特定し、最終的に保護することだ。そして、さまざまな予測モデルを用いて、すでに有望な場所が数多く特定されている。たとえば、アメリカ西部の冷たい渓流では、温暖化が緩やかに進むので、在来のマスやカエルはそこに避難して、何十年も住処にすることができるだろうと考えられている。一方、オーストラリア東部の高地では、浅層地下水のある日陰の場所が、増加の一途をたどる干ばつや野火の危険からさまざまな動植物を守る避難所になると期待されている。スウェーデンで行なわれた野心的な研究では、主要な分布域よりも南方に寒帯林の樹種が存続している地点が九九か所特定され、そうした場所で一年間にわたって一日に八回、気候変数が測定された。その結果、どんなに小さな場所であろうと、気温や日照時間がわずかに違うだけで、気候変動の影響を和らげることがわかった（そうした場所を表すさらに新しい用語が、「マイクロレフュージア〔微避難所〕」だ）。しかし、まだまだ不確定要素が多く、ほとんどの研究では答えと同じくらい多くの疑問を積み残している。レフュージアの大きさはどれくらい必要なのか？孤立した個体群はどのくらいの期間、生存可能なのか？平均的な気温を維持するのと、極端な気温を減らすのとでは、どちらが重要なのか？湿度はどのくらい重要なのか？送粉や捕食のような重要な相互作用はどうなのか？レフュージアでは十分な数の生物種を十分に長い期間、存続させることはできないだろうとその効果を疑う研究者もいる（「そんなものは役に立たない」と海洋生物学者のグレタ・ペクルは冷ややかに言った）。しかし、状況の変化が実に速いので、現在は予測するだけでなく、さらに多くのことができるようになってきた。アメリカ西部の山岳地帯に生息する少なくとも一種の動物については、避難は効果的で命を救う応答であるということが証明されている。

アメリカナキウサギは、グレープフルーツくらいの大きさで、丸々としたウサギに似た灰褐色の動物である。おおむね森林限界よりも標高の高い山腹に棲み、ロッキー山脈から西は太平洋岸まで分布している。繁殖の速度が遅く、分散したがらないので、温暖化によって絶滅する危険性が高いと長いこと考えられてきた。高山帯に生息する他の生物と同様に、分布域をより標高の高いところへ移し始めると、すぐに行き場がなくなるからだ。しかし、最近の研究によって、希望が持てるようになった。[5]ブリストル・クリフのような場所と同じ原理で、ナキウサギが恩恵を受けていることがわかったからだ。ナキウサギの生息地はほぼ崖錐とその周辺に限られ、岩の隙間で営巣して、近くの草原からイネ科の草本や野草の花を集めてくるときだけ、巣穴から一メートル程度離れるにすぎない（ちなみに、かじりとった植物は、あとで食べるために巣穴に運んで、きちんと積み重ねて備蓄する。この小さな山は、科学論文でも「ヘイスタック〔干し草の山〕」という微笑ましい名で呼ばれている）。崖錐には冷たい空気が溜まりやすいので、カリフォルニアのシエラネバダ山脈のようなナキウサギの生息地は、夏の平均気温が周囲よりも三・八℃も低い[6]。ブリストル・クリフと同じように、崖錐の下部に生えている植物に冷風が入り込むので、ナキウサギが好む高山の草原植物の生える一角がたいてい維持されている。このような効果を念頭に置いて、米国森林局の生態学者であるコンスタンス・ミラーのチームは、ナキウサギが生息していそうな場所を幅広く再調査し始めた。高山帯だけでなく、これまでは探してみようと思いもしなかった温暖な地域にある崖錐も含めて調査したのである。

「最初に気づいたことは、コンタクトレンズが必要だということだったわ」とミラーは言うと、屈託なく笑った。「糞が小さすぎて見えなかったのよ！」ナキウサギはほぼずっと岩の隙間に隠れて過ごしているので、生息しているのを知る一番良い方法は独特な丸い形をした小さな糞を見つけることなのだ。ミラーがコンタクトレンズをつけると、糞探しは驚くほど簡単に進んだ。「個体群がたくさん見つかり始めたのよ」と彼女は言うと、そうした個体群はたいてい、さほど標高の高くないマツ林やヨモギなどに囲まれた崖錐で見つかったと説明した。ナキウサギにとっては、涼しい岩山の麓に少し草原がある環境さえあればよいようだった。ミラーのチームにとって重要だったのは、気候変動から避難するためのレフュージアという概念が、いきなり理論から現実に一変したことだった。ナキウサ

図 10.2 山地に生息するアメリカナキウサギ（*Ochotona princeps*）に対する温暖化の影響は、崖錐の中やその周辺に生息する習性によって、（少なくとも当面は）緩和されている。崖錐には寒冷な空気が集まり、生息環境の変化を遅くしているからだ。写真：© Bryant Olsen

ギはすでにレフュージアの恩恵にあずかっており、それもあらゆる点からみて、どうやらずっと以前からのようだった。

「ナキウサギは寒冷地に適応しているのよ。歴史的にみると、現在のような温暖な時代ではなく、氷期に栄えていたのでね。かつては低地にも生息していたのよ！」ミラーは考えたことを矢継ぎ早に口に出してくるので、私はメモを取る手が追いつかずに痙攣しそうだった。彼女は時間の許すかぎり、この電話での会話に多くの情報を詰め込みたいと思っているようだった。これまでに数々の研究を成し遂げてきたのも、こうした気質によるところが大きいのだろう。四〇年にわたってナキウサギからイガゴヨウ（ブリスルコーンパイン）までさまざまな動植物の研究を行なってきたミラーは、最近『ニューヨーカー』誌で紹介されていたとおりの、尊敬すべき山岳生物学者である。早口だが聞き上手でもあり、私が昔ブリストル・クリフに行った話をすると、正確な場所を知りたがった。彼女が調べに行くための「調査対象地のリスト」に載せるためだそうだ。そこでトウヒやモミが辛うじて生き延びていることを聞いて、ピンと来たのだろう。ナキウサギも、モミやトウヒと同じことをしてきた。最終氷期以来ずっと、温暖化が確実に進む中で、崖錐をレフュージアとして利用してきたのだ。更新世のように氷期と間氷期が代わる代わる訪れた気候の大変動期にも、繰り返しそうしてきたに違いない。現代の気候変動は加速しているかもしれないが、そのパターンは昔と同じだ。

ナキウサギがレフュージアに避難できたのは幸運かもしれないが、だからといって心配事が何もないわけではない。熱ストレスや残雪の消失のような気候に関連した変化の影響をきわめて受けやすいので、この数十年の間に数十か所の個体群が消滅してしまった。「分布域は縮小するでしょうね。間違いなく」とミラーは認めると、このまま気温が上昇し続ければ、最適な崖錐の生息地でさえもいずれは「暖かくなって消える」かもしれないと言った。そこで彼女は言葉を途切らせたが、レフュージアの限界とその可能性の両方をうまく言い表すコメントを付け加えた。「時間稼ぎと言えばそれまでなんだけど、かなり稼いでいるんじゃないかしら」と述べたのだ。

地形と気候の関係については、小規模ならばどこででも体験することができる。たとえば、うちの庭は日中よく陽が当たるとはいえ、浅い窪地にあるので、日が暮れると冷気が溜まりやすい。だから、トマトは温室の中でなければうまく育って実った試しがない。しかし、道の少し先にある小さな丘は南向き斜面で暖かいので、そこの住人はトマトなど暖かいところを好む作物をうまく育てている。うちから数キロメートル離れた町にも同じ原則が当てはまる。最近、ある晴れた二月の午後に私はデータを採ってみた。メインストリートが東西に走っており、冬の日差しは低い位置から差し込むので、一二月の中旬から三月までは南側の歩道は建物の影になる。驚くほどのことではないが、日が当たって壁や窓からの反射を受けている北側の歩道よりも、南側の歩道は三℃低かった。植生もそれに応答していた。日当たりの良い北側の歩道では、ツインベリーの低木がすでに葉を出し、ヒイラギメギが花を咲かせていただけでなく、クロッカスやアイリスのような早春の草花が満開になっていた。しかし、通りの向こう側はすべてが葉を落としたままで、まだ冬の眠りから覚めていなかった（ちなみに、私が出会った歩行者の六五％が、通りの日当たりの良い側を選んで歩いていたことも付け足しておきたい。冬に暖かい微気候を好むのは植物だけではないのだ）。このような相違は、きわめて均質な環境を別にすれば、気候の影響が均一ではないということと、そうした不均一性が身のまわりのいたるところでみられるということを、日常生活の中で気づかせてくれる。とはいえ、そうした不均一な環境がレフュージアと見なされるのは、周囲との違いが非常に大きくてまったく異なる環境（状況）になっていたり、その気候が長く続くために、そこの環境が周囲と異なる方向へ進むような場合に限られる。崖錐や他の地形の気まぐれで、そうしたことが起こることがある。だが、海の中ではもっと単純な方法で、それが起きているかもしれない。ある一連の環境条件が完全にそのままの形で、別の環境条件の中に文字どおり運び込まれることがあるからだ。とある地域の沿岸ではまさにこのことが起きている。深海の高密度の冷水が湧昇と呼ばれる上昇流となって、海面に湧き上がっている場所だ。崖錐と同様に、湧昇にもすでに避難を開始している生物が、少なくとも数種いる。

ポルトガルの海洋生物学者であるカーラ・ローレンソが湧昇について知ったのは、偶然の出来事だった。博士課程の研究中に、西サハラからジブラルタル海峡を挟んでイベリア半島までの潮だまりと岩礁海岸を調査していたときに、興味深いパターンに気がついたのだ。彼女の説明によると、湧昇は風のパターンと湾岸地形の相互作用で生じるのだという。一定の方向から強い風が吹くと、表層水が一か所から絶えず押し出され、そこに生じた隙間を埋めるために深層水が上がってくるのだ。地元の漁師はこうした場所のことをよく知っている。こうした場所は深海からもたらされた栄養分が豊富なので、さまざまな生物が集まってきて食物網が過密状態になり、特に生産性が高いからだ。一方、ローレンソがそうした冷たい栄養豊富な湧昇に注目したのは、研究するとは思ってもみなかった生物種がいたからだった。

「まったく思いがけない結果になりました」とEメールで返事をくれたローレンソは、もともとはムラサキイガイのような無脊椎動物の遺伝と分布を主に研究していたと述べた。しかし、まもなく同じ潮間帯の岩場にたいていみられる褐藻類に、何かが起きていることが明らかになったのだ。それは、北方の岩礁海岸に優占しているヒバマタ属の海藻だった。ヒバマタの仲間は引き潮のときには、枝分かれした平たい葉状体を岩の上にだらりと寝かせているが、上げ潮のときには、備わっている小さな浮袋で葉状体を水中に一〇センチ以上浮き上がらせて、優雅に揺れている（ちなみに、この小さな浮袋をつまんでつぶすとパチンと音を出すので、私が子供の頃は地元に生えていたヒバマタを「ポップウィード」〔弾ける海藻〕と呼んで、よく面白がってつぶしていた）。ローレンソが研究したヒバマタは冷水を好む種だったので、アフリカ北西部の沿岸（そこは海のホットスポットだ）が温暖化するにつれて、徐々に分布域を北へ移動させている。しかし、周囲よりも最高水温が五℃も低い湧昇海域が五

図10.3　このヒバマタの一種（*Fucus guiryi*）はアフリカ北西部の沿岸にある冷水域のレフュージアで繁栄し続けており、潮間帯の多様な群集に構造物と隠れ場と栄養を与えている。写真：© Carla Laurenço

か所あり、そこではヒバマタの個体群は生き延びているだけではなく、個体数が増えているのがわかったのだ。その個体群は遺伝的多様性も高く、ヒバマタがこのような場所をレフュージアとして利用したのは初めてではないかのように、過去に孤立したことを示すパターンがみられた。

Eメールでやり取りをしたあとで、私はローレンソの論文のコピーを持って地元の島の南東端に行き、読み返してみた。そこの岩礁には、地元のヒバマタ類が琥珀色の絨毯を敷き詰めたように生えているのだ。今のところ、地元のヒバマタ類は温暖化から逃げ出す気配はないので、ローレンソの経験とそのまま比較することはできなかった。しかし、ローレンソがアフリカの沿岸で湧昇のレフュージアを偶然見つけて、平穏に生息している健全なヒバマタの個体群に突然出会ったときの気持ちをもっとよく理解したかった。

潮が引き始めていたので、岬の先の深い海峡では潮流が渦を巻き、次々と寄せてくる波の列が畝《うね》のように盛り上がって、水面に影を落としていた。私は滑りやすい岩場を横切って、一番近いヒバマタの群落のところへ行き、淡褐色の浮袋が目に入ると、思わず指でつぶしてみた。すると、パチンと音を立てて浮袋が弾けた。昔とまったく変わっていない。ヒバマタはその絡み合った葉状体の中に他のさまざまな生き物を住まわせている基盤種だとローレンソは言っていた。茶色い葉状体をかき分けると、確かに、その下の岩にはカサガイ、タマキビガイ、ムラサキイガイ、鮮やかなフジ色のサンゴモが集団で住み着いていた。近くではクロキョウジョシギの群れが、褐色の茂みに足首まで浸かって甲殻類を採食していた。じきにウタスズメのつがいも加わった。潮間帯の食事に誘われて森からやってきたのだ。何もかもがきわめて正常のように見え、子供の頃の思い出の岩礁海岸と少しも変わらなかった。これこそが、「レフュージア（避難所）」――急激な変化に直面しても、変わらない場所があるという概念――の魅力なのだ。しかし、このローレンソの研究はとりわけ啓発的である。寒冷水域の生物はヒバマタ以外に数種は見つかったが、見当たらない種が数十種もあったからだ。湧昇は潮間帯の生態系を丸ごと保護しているのではなく、もともと生息していた生き物の一部を維持しているだけのようだ。ヒバマタに適した環境は、必ずしもまわりのすべての生き物を満足させたわけではないのだ。このことは、レフュージアは本質的に不安定であり、そこに避難した生物はたまたま保護されているだけなのだということを改めて気づかせてくれる。気候変動に対する応答のなかで、避難は解決策というよりは偶然の成り行きといえるかもしれない。

もちろん、気候変動の結果には運が一枚嚙んでいることがあるので、本書でもそちらを見てみることにしよう。生物学者は、現在起きている急激な変化に動植物がどのように応答しているのかを研究しているのかもしれない。しかし、その研究は必ず、将来に関する疑問に行き着くのだ。どのようにすれば、現在（と過去）について学んだことから、次にどんなことが起こるかを知ることができるのだろうか？

第4部 結果

七転び八起き
日本のことわざ

作家として長期にわたるプロジェクトに取り組んでいると、特定の疑問を何度も聞かれることがある。たとえば、羽の本を執筆していたときは、「どうしてそんなことができるの？」とよく聞かれたし、ハナバチの本のときは、何回くらい刺されたかとよく聞かれた。今回の本は気候変動がテーマなので、「これから何が起こるのか？」という将来に関する質問が来るだろうと予想している。もちろん、確実なことは誰にもわからないが、これまでに見てきた多くの生物が直面している問題や、それに対する応答を考えれば、その手がかりが得られるだろう。しかし、そうした観察できる変化を測定するのは出発点にすぎないと考える研究者もいる。本章では、予測の可能性と落とし穴について考えてみる。数理モデルはどのように作られるのか、予期せぬ事態が起きる可能性はどれくらいあるのか、すでに起きたことの中にその兆候がどのように潜んでいるか……こうした問題をこれから見ていくことにしよう。

第11章　限界を超える

一体なぜみんなは、あらかじめ天気を知りたがるのだろう？　あらかじめ知っていたって、天気の悪いときは悪いに決まっている。(1)（丸谷才一訳）

ジェローム・K・ジェローム『ボートの三人男』（一八八九年）

私は水の音――川の流れる轟音《ごうおん》と、トタン屋根に叩きつける雨音――で目を覚ました。次第に意識がはっきりしてきて、窓から差し込む夜明けの薄明が目に入り、鳥のさえずる声が徐々に大きく聞こえるようになり、それに靴下の匂いにも気づいた。熱帯での研究について述べるとき、匂いに言及することはめったにないが、暑い中での野外調査で汗まみれになり、洗濯施設が整っていないので、汗臭い匂いが発生するのは避けられないのだ。ドミトリーのような風通しの悪い部屋で見知らぬ大勢の人と一緒に寝ているうえに、ベッドの支柱や釘のようなあらゆる出っ張りには、濡れた衣服や道具がぶら下がっているので、こうした匂いは特に強烈になる。私はコスタリカのラセルヴァ生物学ステーションの常連になっていたので、格上の宿泊施設に泊まる資格があったかもしれない。そうした施設のなかには、専用の風呂やエアコンにベランダまでついた上等なものもあった。次々に訪れる研究者や学生に混じって、わずかだが観光客すらやってくるほど魅力のある施設だ。しかし、私は予約をするたびに、敷地内で一番古い孤立した建物である「リバーステーション」の寝台を頼んだ。当然の敬意を払うためというか、さらに言えば迷信じみてはいるが、ある偉大な科学理論が形作られた同じ屋根の下にいたかったからだ。ちなみに、生物が気候変動から被《こうむ》る影響についての予測はほとんどすべて、この理論が土台となって発展したのだ。

私はそっと身支度をすると、誰も目を覚まさないうちに部屋を出た。ラセルヴァのようなフィールドステーション〔野外調査用の宿泊施設〕では、朝食に現れる時間で研究者の専門分野をたいてい推測できる。たとえば、鳥類学者は鳥と一緒に起きるので朝が早いが、現在のルームメイトは毎晩遅く帰ってきて、朝は一〇時を過ぎるまで寝ているので、夜行性の生き物を研究しているのは明らかだった。私の調査対象は樹木だったので、時間に縛られずにいつでも調査できた。しかし、私が特に早起きしたのは別の目的があったからだ。レスリー・ホールドリッジという熱帯森林学者について抱いていた、自分の直感を調べてみたかったのだ。彼は一九五〇年代の初めに、私的な研究所としてリバーステーションを建造した。ホールドリッジはその周辺に所有していた地所をフィンカ・ラセルヴァ（ジャングル農場）と呼び、そこでカカオやピーチパームのような果樹の実験を行なった。熱帯雨林を切り開いて農作する従来型の農業のかわりに、在来種の間にこうした果樹を植えたのだ。しかし、ホールドリッジの先見の明のある着想はそれにとどまらない。彼はリバーステーションで、のちに「ホールドリッジ・ライフゾーン（生物分布帯）・システム」として知られるようになるアイデアの最終案も生

図 11.1 レスリー・ホールドリッジにとって、コスタリカのラセルヴァ生物学ステーションにみられる高温湿潤な熱帯雨林は、気候が植物に及ぼす影響を体現したものだった。
写真：© Thor Hanson

み出した。それは、単純な気候変数を組み合わせて、地球上のあらゆる場所の植生と生息環境の状況を予測する手法である。

外に出ると、私は膝まであるゴム長靴を履いて周囲を見回した。リバーステーションは軍隊の兵舎とフランク・ロイド・ライトの建造物を足して二で割ったように見えた。羽目板を張った二階の一部が、張り出した屋根のようになって一階の通路を覆っていた。建物はサラピキ川の断崖の上に建っているが、四方八方から壁のように鬱蒼《うっそう》と生い茂った樹木に取り囲まれているので、川そのものは見えず、水音だけが聞こえる。その点では閉所恐怖症になりそうなこの場所で、地球規模の理論が生み出されたのは不思議に思えた。ラセルヴァのような低地の熱帯雨林では、景観よりも生物の方がはるかに多様性が豊かで、ホールドリッジ自身も、容赦なく生い茂る植物は圧倒的だと評していた。しかし、そのような深い密林の中でも、気候と生息環境に関する彼の仮説を検証する方法があったのだ。私は食堂にちょっと立ち寄ったあと、敷地の南西の縁を横切るトレイルへ向かった。私の予想が正しければ、まったく異なるライフゾーンを巡ってきて、昼食までに戻れるだろう。

そのトレイルは実験室や教室の脇を抜けて、一六平方キロメートルに及ぶラセルヴァの原生林と二次林の奥へ通じていた。ホールドリッジのいた頃には同様の森林が何キロメートルも周囲に広がっていたが、現在ではラセルヴァに残るのみである。沿岸平野に残る最大級の樹林ではあるが、三方を牧草地やバナナ農園、広いパイナップル畑に囲まれている。しかし、もう一方は低地ではなくセントラル山脈の麓に接している。この山脈は高い火山が連なり、黒い壁のように平地からいきなりそびえ立っている。幸いなことに、隣の土地も国立公園の一部として保護されているので、標高が海面レベルに近いラセルヴァから、二九〇〇メートルを超えるバルバ火山の山頂までハイキングができる。ホールドリッジがこのルートを歩いたことがあるかどうかは定かではないが、何が見られるのかはわかっていたはずだ。ホールドリッジは気候に対する植物群集の応答に基づいて、ライフゾーン〔生物分布帯〕を考え出した。そして、科学者たちが一世紀以上も前から知っていたとおり、熱帯の大きな山ほど植物と気候の関係がはっきりとわかる場所はめったにない。

閃《ひらめ》きは単独で得られることはめったになく、ホールドリッジの画期的な発見も例外ではない。一九世紀にエクアドルのチンボラソ山を探検して、その山腹に生育している植物の分布図を作成したドイツ人博物学者がいた。それはアレクサンダー・フォン・フンボルトで、ホールドリッジの発見はその研究を踏まえたものである。(2) 一見すると、フンボルトの分布図は、山を登るにつれて生息環境や種が変化するという自明なものにみえる。しかし、細かな文字を読めば、フンボルトがもっと根本的なことを理解していたことがわかる。標高は二次的なものであり、それぞれの種の生息場所を規定しているのは気候なのだ。したがって、気温や水分などの条件が同じ場所には、標高に関係なく、同じような植物がみられるはずだ。たとえば樹木は、生育期に平均気温が六℃以下になる場所では育たない。それに該当するのは、チンボラソ山では標高三五五〇メートル、スイスのアルプス山脈では標高二二〇〇メートル、カナダ北部やシベリアでは海抜一メートルほどの場所だ。このように標高がまったく異なる各地であっても、気温と水分の閾値を超えると、森林はツンドラに取って代わられる。

　レスリー・ホールドリッジがライフゾーンの概念に注目して見出したテーマは、フンボルトの時代から驚くほど変わっていなかった。気候と生息環境との関係を分類しようとする試みは他にもなされていたが、そうした研究はホールドリッジが「フンボルトの基本的な洞察」と見なしたものから逸れていった。フンボルトと同じような熱帯の環境で、同じような気候変数を用いて研究を始めたホールドリッジは、気温と降水量と蒸発散量という三つの単純な測定値に基づくモデルを編み出した。植物が活発に生育している期間を反映した「生物気温」という指標を初めて使ったのはホールドリッジである。降水量については、標準的な雨と雪の測定値を使い、蒸発散量は最初の二つを組み合わせたもので、植物が利用できる水分を生物学的な指標として捉えたものである（ここで説明を加えておくと、ホールドリッジが植物に注目したのは林学者だったからではない。陸上の生態系を規定するのは、たいていそこに暮らす動物ではなく、そこの構造を形成する植物だからだ。たとえば、森のことを「鳥

図11.2　アレクサンダー・フォン・フンボルトが作成したエクアドルのチンボラソ山の有名な植生の分布図は、気候と標高と生息環境との普遍的な関係を示している。詳細に見ると、山腹の下から上に向かって、植生帯とそれに対応する植物の種名が記されている。
Essay on the Geography of Plants（1807）. Zentralbibliothek Zurich/Public Domain

とリスがいる場所（木も生えている）」と呼ぶよりも、「森」と呼ぶ方がふさわしいだろう）。

ホールドリッジは自分のシステムを示すために、最も際立つ三〇個のライフゾーンを三角形の枠の中に配置した。その三角形の頂点には氷原とツンドラが、底辺には暑い熱帯が配置されていて、右側には湿潤な森林が配置され、そこからサバンナやスクラブ（藪状の低木林）を経て、左側に乾燥した砂漠が配置されている。マス目と点線がぎっしり詰まっているホールドリッジの三角形は、フンボルトが描いたチンボラソ山の植生図ほど芸術的ではないが、根本的な諸関係を的確に表している。今でも教科書では、気候が生息環境に及ぼす影響を説明する際に、ホールドリッジの三角形が使われている。しかし、ホールドリッジにとっては、その三角形は頭の中にある概念を大雑把に表したものにすぎなかった。彼はライフゾーンと下位のサブゾーン・システムをピラミッドのような三次元的な立体と考えていたのだ。何百ものライフゾーンと下位のサブゾーンを設け、それぞれがわずかに異なる気候特性で規定された概念的な構成要素となり、四角錐を作り上げるのだ。こうした捉え方はホールドリッジの最も先見性があって時代を超える貢献と言えるかもしれない。コンピューターの性能が向上したおかげで、現在はこのような複雑な抽象的概念が普通に扱えるようになったからだ。コンピューターは現代の生物学の基本的なツールなのである。

ラセルヴァから山麓の丘陵地へ続く急なトレイルを上るにつれて、レスリー・ホールドリッジが気温と水分についてあれほど長いこと考えていた理由がわかるようになった。まるで頭に蒸しタオルを被せられて歩いているようだった。雨はようやく弱まったが、雲間から強い日差しが差し込んできて、かえって暑くなった。ぬかるみで足を滑らし、すべすべの木の根でつまずき、一歩一歩登るのに苦労した。目的地まではとても行けそうにないことはじきにわかったが、それでも周囲の植生の変化を確かめることはできた。低地には、私が研究していたアルメンドロの巨木がたくさん生えていたが、上るにつれてそれが一本も見られなくなり、やがて林冠をなす木の丈が短くなってきた。林床にはシダが増えて、大きなヤシは少なくなった。植物はまだ鬱蒼と茂っていたものの、ところどころにギャップ〔林間の隙間〕が開けて、ラセルヴァやその向こうまで見晴らしがきくようになった。ホールドリッジの三角形で言えば、私は底辺の右端にある湿潤な熱帯雨林から、ホールドリッジが「低山への移行帯」と呼んだゾーンへ向かって上っているのだ。もっと時間（またはヘリコプター）があれば、雲霧林と高山帯の苔に覆われたオーク林まで行くことができたかもしれない。そこがバルバ火山である。コスタリカの高山の山頂部の多くは、パラモと呼ばれるツンドラのような草原地帯になっている。コスタリカの最北西部は季節的に雨陰〔水分を含んだ空気が山を越える際に、風上側で雨が降り、山を越えた風下側が乾燥する現象〕が発生するので、アカシアやサボテンが生える乾燥したスクラブになっている。最近行なわれたある調査の結果によると、コスタリカには二三ものライフゾーンが存在していた。これは、米国本土でみられるライフゾーンの三分の二近くが、デンマークほどの面積の中に詰まっていることに相当する。

レスリー・ホールドリッジにとって、気候と生息環境の多様性が凝縮されたコスタリカは、自分の打ち立てた仮説を検証するのに打ってつけで、おそらく抗いがたい魅力のある場所だっただろう。ホールドリッジは一九四七年にライフゾーンの概念を初めて紹介した。彼の発表した三ページの概要は、「詳細と事例は現在準備中の論文で示す予定である」という文で締めくくられている。[3] しかし、コス

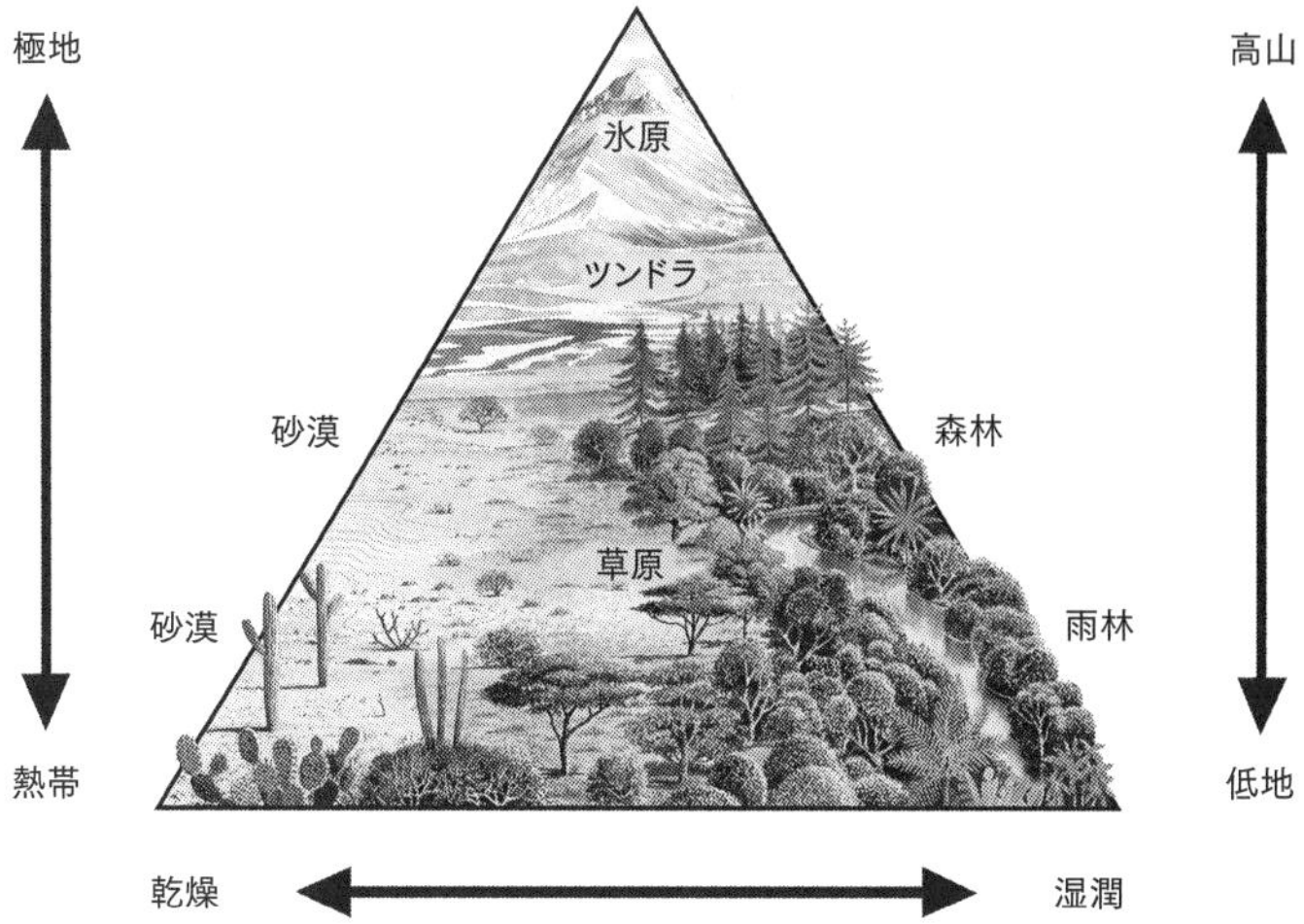

図11.3　レスリー・ホールドリッジが示したオリジナルのライフゾーンの図は、文字と数値と線だけだった。だが、この翻案されたイラストは本質を捉え、気温と水分が相互に作用し合って、地球全体の生息環境を規定していることを示している。
画：© Chris Shields

タリカの数多くのライフゾーンをはじめ、さまざまな場所で仮説を丹念に検証していったため、その準備が整うまでに二〇年近くもかかってしまった。[4] そして、二〇〇ページに及ぶ著作が出版されたときには、もはや時機を逸していた。というのも、すでに研究者たちは先に発表した三ページの論文を何年にもわたって引用したり、ライフゾーンの概念を鳥類やカエルの分布からペルーの地理までさまざまなことに適用したりしていたからだ。つまり、レスリー・ホールドリッジの理論は科学界にしっかり根付いて常識のようになっており、さまざまな分野で採用されたり（改変も含めて）利用され続けたのだ。結果として生み出されたモデルがホールドリッジの原構想から大きく外れていたとしても、生息環境を抽象的な多次元空間と見なし、特定の気候変数によって規定し、操作することができるというホールドリッジの考え方は共通していた。この概念を表すために、「エンベロープ（限界範囲）」という用語がじきに使われるようになった。ちなみにこれは、航空機のエンベロープ（安全運行範囲）から借用された語である。パイロットは対気速度と荷重や揚力の影響のバランスをとって、安全な飛行空間の範囲を算出する。航空機を飛ばす際と同じように、生息環境の気候変数をそのエンベロープから逸脱させすぎると、その生態系全体が崩壊しかねないという意味が含まれている用語だ。

レスリー・ホールドリッジが初めてライフゾーンの概念を考え出したとき、二酸化炭素の排出によって大気が変化しているという考えは、本人の言葉を使えば「憶測」[5] にすぎなかった。ホールドリッジは植物群集は比較的安定していると考えていたので、自分のシステムは将来を予測するのではなく、現状を説明するものだと思っていた。しかし、一九八〇年代までには、地球温暖化に危機意識を持った研究者たちは、将来を予測するための基本的な方法としてライフゾーンを利用するようになった。

新しい気候モデルで、より精度の高い将来の気温や雨量が予測されるたびに、そうした予測値をホールドリッジのシステムに簡単に代入することができた。気温を現在より高く設定すれば、その結果、ライフゾーンは三角形の下の方へと移動する。湿潤性を低くすれば、すべてが左側へ移動する。気候に関する初期のある著名な論文では、森林や低木林が乾燥した草原や砂漠へ急速に移行するという予測とともに、ホールドリッジの三角形をページいっぱいに掲載して、読者にも同じことをやってみるよう勧めていた[6]。研究分野が発展するにつれて、気候と生物学的な予測はさらに洗練されていった。今では、研究者は何十もの変数を使って気候を分析し、群集や生息環境だけでなく、そこに生息する個々の種にとって、一番重要なのはどの微妙な違いなのかという点に的を絞って研究している。平均気温の方が極端な気温よりも重要なのか？ ある特定の季節の方が関連があるのか？ 嵐や洪水、干ばつ、気候以外の土壌や地形などの要因はどうだろうか？ その結果、気が遠くなりそうなほど多くの数理モデルの案がずらりと並ぶことになった（同じくらい多様な頭字語の名称がついている）。ほんの少し例を挙げると、GLM（一般化線形モデル）、GAM（一般化加法モデル）、PRISM（独立勾配に関する変数標高回帰モデル）、CEM（気候エンベロープモデル）などなどだ。課題は、自然界で簡単に観察できる、気候がもたらすパターンを、数式で表すことだ。ホールドリッジはそのことに並々ならぬ情熱を傾けたので、気候変動を直接研究したわけではないにもかかわらず、林学者でまた気候学者でもあると伝記作者に評されている。

ラセルヴァからちょっと山道を登っただけで、気温が下がったのに気づいたとは言えないし、ハイキングの終わりに靴下の匂いが多少はましになったとも思わない。だが、あんなわずかな標高差でも、植物はその変化に明らかに応答していた。そこで、半世紀にわたる生物学モデリングの作成から何か得られたことがあるとすれば、わずかな違いが重要だということだろう。このような微妙な違いを理解するために必要な、高度なコンピューターシミュレーションやデータマイニングなどの手法は、(生物学者にとっても)手ごわくて困難に思えるかもしれないが、その結果はそうとは限らない。これまでで最も野心的な研究の一つをすべてオンラインで検索することができるし、北米に住んでいる人ならば、まさに自分の家の裏庭で実際に検証することができる。

厳密な生物学では、他の優れた科学分野と同様に、感傷を排して客観的で明晰な思考をすることが必要だ。とはいえ、実際には誰にでも自分の好みの生物種がいる。私はずっと昔からアメリカキクイタダキが気に入っている。小妖精ほどの小さな鳴禽類で、空の雲と森のような灰色と緑色の体は、私が暮らす湿潤な森を体現しているかのようだ。たまに炎のように赤い冠羽を逆立てると、どんより曇った日に差し込む陽光のように見える。私は子供の頃からこの鳥のことは見知っている。とてもたくさんいて、庭に水をまいていると、ホースから滴《したた》った水を飲みに足元までやってきた。大学院のときに、数週間ほどキクイタダキの越冬群行動を研究したことがあった。見つけるのがとても簡単なので、短期の研究にはおあつらえ向きだったからだ。つい最近になって、うちのまわりの森ですばしこく飛び回るキクイタダキの姿をめったに見かけなくなったことに気がついた。どうやら、私のお気に入りの鳥が減っているようだ。

科学雑誌では「当て推量」や「直感」のような言葉が用いられることはめったにない。研究者は必ず確固たるデータを用いてその仮説を裏付けたり、反証したりするからだ。アメリカキクイタダキの正確な個体数がわからなければ、うちの周辺で本当に減っているのか、それとも別の個人的な理由によるのか、たとえば年のせいで目や耳が悪くなり、小さな鳥を見つけにくくなったり、甲高い鳴き声が聞こえにくくなったりしたせいなのかはわからない。そこで、手っ取り早い解決策として、世界屈指の鳥類の情報量を誇る、全米オーデュボン協会のクリスマス・バードカウントの記録を検索してみた。クリスマス・バードカウントは、休日の娯楽としてもっぱら狩猟が行なわれていた時代に、それに代わる、自然に優しい娯楽として一九〇〇年に始められた活動である。毎年、ボランティアがそれぞれの調査地で鳥の数をカウントするのだが、その調査地点は年を追うごとに増えて、当初の二五か所から、現在では南北アメリカ大陸とそれ以外の地域も含めると二五〇〇か所以上になっている。私が住んでいる島では一九八五年からこの行事に参加し始め、毎年冬の決められた日に森や海岸を歩きながら、出会った鳥をすべて報告している。アメリカキクイタダキは、当然のように毎年記録されているのだが、そのデータをグラフに表してみると、個体数が示す方向に疑う余地はなかった。この五年間に地元で観察された個体数が、一九八五年から二〇〇〇年までの平均数と比べると、六五％以上も減っているのだ。さらに、もっと減少の激しい年もあった。二〇一七年の調査日は天気も良く、数十人ものバードウォッチャーが参加していたのにもかかわらず、探索していた時間ごとに区切ってみると、一時間当たりの目撃数は一羽に満たなかったのだ。

気のせいではないことがわかったので、原因を考えてみることにした。気候変動による生息域の変化がこれほど数多く起きているので、キクイタダキのような寒冷地に適応した種が北上している可能性はある。しかし、この仮説を検証するためには、一か所のクリスマスカウントデータ数年分では足りないので、もっと多くのデータが必要になる。幸運なことに、オーデュボン協会ではクリスマス以外にも鳥のカウントを行なっていて、気候変動でアメリカキクイタダキがどこへ移動しているのか、郵便番号レベルまで正確に示す詳細な生息環境モデルを最近完成させていた。しかも、キクイタダキだけではなく、北米に生息している他の六〇三種についても同じことをやってのけていたのだ。

「できるだけ多くの種について、気候変動の影響を知りたかったんだ」とチャッド・ウィルジーは私に語った。オーデュボン協会の主席研究者であるウィルジーは、クリスマス・バードカウントの先に目を向け、eBirdというオンライン・プラットフォームに参加している大学の研究者や政府機関、大勢のバードウォッチャーの協力を得て、一億四〇〇〇万件を超える各地域の鳥の観察データを収集して解析する大型プロジェクトを統括している。ウィルジーのプロジェクトチームが、解析を行なうためにデータ解析会社と提携しているのもうなずける。クラウドコンピューティングの処理能力を持ってしても、計画の第一段階を終わらせるだけで、何か月もかかったからだ。その第一段階とは、鳥が現在どこに生息しているか、そしてもっと重要と思われる、なぜそこにいるのかという点を確定することだった。こうした膨大な観察データを地図上に詳細に示せたことで、最初の問題は乗り越えられたが、次の問題を解決するためには、人工知能（ＡＩ）の使用という、鳥類学ではまだ新しいアプローチが必要だった。

「機械学習は大容量のデータからパターンを抽出する強力なツールだ」とウィルジーは電話越しに言うと、そのやり方はスムージーやミルクセーキを作るくらい簡単だと説明した。「観察データを入れ

図 11.4　モミの木でくつろぐアメリカキクイタダキ。数理モデルを用いた研究は、このような光景がこれからも普通に見られる場所（あるいは、それが見られるかどうか）を予測するのに役に立つ。Depositphotos

て、モデルの検証をすると、最適なモデルが出てくるのさ」。ウィルジーは難解なテーマについて実に気軽に語ったが、それは長年の経験に裏打ちされていた。彼は鳥類の研究で、ＡＩに基づくテクノロジーを一〇年以上も利用してきたのである。かつてのレスリー・ホールドリッジと同じように、ウィルジーもコスタリカの生息環境のモデル作成を始めた。「鳥と自然保護に対する情熱はあそこで生まれたんだ」と語り、鳥と人間が同じ環境の中で共存できるようにすることを常に念頭に置いていると言っていた。「数理モデルがどのように実際の管理に役立つかに興味がある」のだそうだ。実際にウィルジーの研究は、軍事基地や天然ガス採掘の開発地を含めたさまざまな状況で、生息環境をどう管理するかを決定するうえで役立っている。ウィルジーは、抽象的な事柄を説明することに慣れている人らしい、自信に満ちた口調で話した。

私は話を結論へ飛ばして、キクイタダキや他の鳥がどこへ移動して行きそうなのかを聞きたくなったのだが、そこまでのプロセスの要点を理解したかったので、「モデルを検証する」という中間段階について説明をしてくれるように頼んだ。ウィルジーのチームが膨大な鳥のデータを入力し、ボタンを押したあと、何が起きるのか？　コンピューターは実際には何をしているのか？

いっとき話が途切れ、電話の向こうでキーボードを打つ音や別の電話の鳴る音が聞こえた（チャッド・ウィルジーは、専門とするコンピューターモデルと同じように、一度にたくさんのことをこなせる頭脳の持ち主なのだろうとふと思った）。「モデルを、学習につながる反復可能なプロセスだと考えてほしい」とウィルジーはようやく口にした。「これは実のところ、私が使っているアルゴリズムの定義なんだ。私が一番よく知っていてお気に入りなのは、『ランダム・フォレスト』というアルゴリズムだ」と言うと、彼は説明を続けた。ランダム・フォレストのアルゴリズムは、データの小さなサブセットを取り出し、それぞれを説明する単純なモデル（それを「決定木《ディシジョン・ツリー》」と呼ぶ）を構築する。こうした決定木は、気候変数を利用して、いずれの鳥類種についてもその鳥が観察された生息場所を説明する。春の平均気温はx度以上だったか？　もし、そうならば、年降水量はyより少なかったか？　といった具合だ。さまざまなデータのサブセットとさまざまな問いの組み合わせを用いて、このプロセスを何千回も繰り返すことで、アルゴリズムは可能性のある多数のモデルの「森（フォレスト）」を作り出す。そのなかには、他のモデルよりも明らかにデータを的確に説明できるモデルがあり、そうしたうまくいったモデルを使えば、その鳥にとって何が一番重要な変数かを明らかにすることができる。「それを試しているんだよ」とウィルジーは言った。「このツールを使って、ノイズから重要なシグナルを分離させるのさ」

オーデュボン協会の分析で選び出されたモデルは、十数個に上る気候と生息環境の変数の相対的重要性を比較して、すべての種について夏と冬の生息域の必要条件を特定した。[7] たとえば、雨量よりも気温の変化に反応する種もいれば、霜の降りない日数や地形の起伏、湿地の有無に反応する種もいる。こうした「最適」モデルが構築され、それぞれの種について入念に点検すれば、予測は「地図に落とす」という単純な作業になる。たとえば、キクイタダキが特定の気温と湿度の範囲内にある森林環境だけに生息しているとすれば、地球が温暖化したとき、そうした環境があるだろうと思われる場所を特定するだけのことだ。標準的な気候変動予測によって、さまざまな将来の気候のシナリオに応じた答えが得られ、オーデュボン協会はその結果を公表した。しかも、査読付き論文や報告書といった通常の形で結果を発表するだけでなく、協会はわざわざ時間をかけて派手でインタラクティブなウェブサイトも立ち上げたのだ。[8] そのサイトで示されたフルカラーの地図は、コンピューターモデルが気候変動生物学にもたらす最も重要な洞察、つまり、生物種が生息に適した場所を求めて移動する行き先について、ヒントを与えてくれる。しかし、ウィルジーのチームには、さらに重要な問題がもう一つあった。鳥たちがそこへ行き着ける見込みはどれほどあるかという点である。

「モデルの示した結果が、脆弱な種の予測をぴたりと当てているので驚いたよ」とウィルジーは言うと、今後、最も厳しい状況に直面する種を特定するのに、二層目の解析が役に立ったと説明してくれた。喪失した生息環境と新たに得られた生息環境の地図に、適応能力の指標（若鳥が巣からどれほど遠くまで分散できるかなど）を組み合わせたところ、種ごとのリスク評価《アセスメント》に相当するものが得られたのである。まさにウィルジーがいつも目指していた、すぐに管理に使えるツールだ。「結果はできるだけ役に立ち、わかりやすいものにしたかったんだ」とウィルジーは言って、それが管理者や研究者だけのものではないことを強調し、「一般の人々が重要な利用者になると、常に念頭に置いていたんだ」と付け足した。それを聞いた私は、チャッドにお礼を述べて電話を切ると、すぐさまアメリカキクイタダキの将来についてウェブサイトで検索を始めた。

まず目にとまったのは、地図の配色だった。キクイタダキの分布域の南部に暗い赤色でべったり塗られた場所は、そこに生息できなくなることを示していた。温暖化の進み方を最も楽観的に見積もった場合でさえ、私の住んでいる島は赤色になっていた（しかも、その赤色のドットは、まるでうちの家の真上に載っているように見えた）。しかし、地図に載っているさまざまな図や予測をクリックしていくと、改善された生息環境を示す緑色の部分や、新たに進出できる生息域を示す薄い青色の部分もあることがわかった。予想したとおり、こうした場所は北方に限られており、うちの裏庭の観察が指標になるとしたら、キクイタダキたちはすでに大急ぎで北へ向かっている。少なくとも、キクイタダキには移動できる場所があるので、ウィルジーのチームは気候変動から受ける影響は中程度というランクに入れていた。私はキクイタダキの置かれた状況を知って、移動して生き延びられるのならば上出来だ、と海洋生物学者のグレタ・ペクルが言っていたのを思い出した。そして、お気に入りの鳥についてさほど心配しなくてよいのだと思いながら、コンピューターを閉じた。キクイタダキがいなくなったら寂しい思いをするかもしれないが、嘆き悲しむほどではない。どこか別のところへ移動しているだけだからだ。このような区別をするのは非常に重要なのだ。悪戦苦闘している種を援助するための資源《リソース》は限りがある。科学研究や保護用の資源だけでなく、感情という資源にも限りがあるのだ。世界がこれほど急速に変わっている現在、生物学モデリングは実用面だけでなく、個人にとっても有益だ。何を心配すべきかを決断するのに役立つからだ。

私がチャッド・ウィルジーに話を聞いたのは、偶然にもウィルジーのチームがモデル構築プロジェクトの追跡調査についての論文を発表した日だった。その論文はモデルの予測の精度を検証したものだった。プロの鳥類学者のチームが全国のボランティアの協力を得て、特定の鳥を特定の環境で調査した。すると、調査の対象にしたゴジュウカラ類とルリツグミ類は、確かにモデルが予測した場所に多数生息していた。最適と特定された生息地には個体数が著しく多い一方、周縁の地域では個体数が少なかった。しかし、なかでもめぼしい結果は移入に関するもので、新しく生息適地と特定された場所（分布図に青色で示された有望な地域）に生息域を拡大した鳥類が七例もあった。ウィルジーはモデルの妥当性が確認されたことはうれしいと認めたうえで、モデルの予測をあまり鵜呑みにしないように注意を促した。(9)「常に不確実な要素があるからね」と彼は言うと、相関関係と因果関係の違いに言及した。モデルは役に立つ重要なパターンを特定するが、その原因を明らかにするとは限らない。たとえば、キクイタダキはモデルの予測どおり、好みの寒冷な気温を求めて北方へ移動しているかもしれないが、その正確な理由は誰にもわからない。この鳥が温暖な気候を好まないのはなぜかを知るには、さらに多くの研究を行なう必要があるだろう。

オーデュボン協会の研究と同様に、生物学における他のほとんどの気候変動に関するモデルは、種の分布に焦点を当て、将来、動植物が生息しそうな（あるいはしなさそうな）場所を特定してきた。

しかし、本書の前半で見てきたように、気候変動がもたらす問題は気温の上昇だけではないし、それに対する動植物の応答も移動だけではない。重要だと思われるがモデリングに向いていない、潜在的な変数はたくさんある。たとえば、予想外の可塑性や急速な進化、さらに捕食や送粉、寄生といった重要な関係における変化がそれである。現実の世界は複雑なので、どんなモデルでもあらゆる要因を漏らさずに組み込むことはできない。その代替策として、生物種を温暖な場所、つまりその種が現在の生息地でまもなく直面することになる状況と似た環境に移植して、そこでどのようにやっていくか観察し始めた生物学者もいる。たとえば、高山植物と送粉者を標高の低い場所に移したり、サンゴを異なる水温のサンゴ礁へ移したりしているのだ。しかし、こうした実験にも限界がある。生物群集とそれを支えている複雑な相互作用をすべて動かすのは不可能だからだ。こうした問題を乗り越えるために、ミネソタ州北部の高層湿原で研究を行なっている生物学者が、手の込んだ独創的な解決法を思いついた。調査地の気候を変えているのである。

「全生態系温暖化実験と呼んでいるよ」と、ランディ・コルカが言ったとたんに、その顔がフリーズした。私もコルカも田舎に暮らしているので、インターネットのつながり具合が悪い。スカイプが途切れたのが一度だけで済んだのは幸いだった。数分あちこちクリックして待つうちに、コルカの自宅内オフィスの映像が戻ってきた。コロナウイルスによるロックダウンが続くうちに、ウェブカメラに写り込む背景は、ちょっとした自己主張になっている。彼の背景の壁に、大物のマスキーパイク〔オオカワカマス〕が飾ってあるのに私は気がついた。コルカは「うちの地下室の隅っこに、もう三か月も閉じこもっているんだ」とこぼした。閉じこもったせいで研究に支障が出たことと、釣りに行けないことのどちらの方を彼はより悔やんでいるのだろうか、と私は一瞬考えた。一方、私の方では、外出禁止令が出たせいで、旅行をキャンセルしなければならなくなった。本来ならば、コルカを訪ねて、SPRUCEと呼ばれる野外研究施設を見学させてもらう予定だったのだが。SPRUCEとは、「変動する環境下でのトウヒと泥炭地の応答（Spruce and Peatland Responses Under Changing Environments）」の略語である。長い名称だが、コルカが言うとおり、世界最大の気候操作実験でもある。

「とてもユニークなんだ」とコルカは自信ありげに言った。そして送ってくれた画像を見て、私も確かにそうだと思った。その施設は科学というより、SFに登場しそうに見える。森に覆われた平坦な高層湿原に、二階建ての家よりも高い八角形の建造物が一〇棟立ち並び、それぞれのテラリウムはガラス板がはまった鋼鉄の格子でできていて、日光を反射して輝いていた。その上部は開いていて、内部には立木や低木が生えた数百平方メートルに及ぶ生息環境が収められている。中の気温は操作できて、未来の大気と同じになるように二酸化炭素が常時送り込まれている。それに加えて、数百万ドルの予算と一〇〇人を超える協力研究者を擁するSPRUCEプロジェクトは、その資源を生かしてさらに踏み込んだ設備を導入した。地面自体を温められるように、独創的なパイプシステムを開発して地中に設置したのである。米国森林局の土壌学者であるコルカは、このプロジェクトのこの部分を担当し、陣頭指揮に当たっていた。これはめったに見られない設備だ。実験に現実味を加え、気候変動生物学者に見逃されがちな、目立たない領域にスポットライトを当てる設備なのである。

図 11.5　SPRUCE 施設の遊歩道にいるランディ・コルカ。上部の開いた巨大なテラリウムが、将来のさまざまな気候の地温、気温、二酸化炭素濃度を模している。
写真：© Layne Kennedy

「すでに湿原の高さに変化が現れているよ」とコルカは言うと、温度の上昇によって地下の活動が活発になり、分解と再生の循環を調節する微生物やその他の土壌生物にとって条件が良くなったと説明した。その結果、分解速度が速まったので、泥炭層が減り始め、高層湿原の高さが明らかに低下しているのだ。気候学者にとっては、この結果だけでもこの事業を行なった価値があった。高層湿原の分解速度は、地球温暖化の速度を決定づける要だからだ。「炭素が主役だからさ」とコルカは言うと、多湿で酸性の環境では植物の遺骸が分解されずに何千年にもわたって堆積し、泥炭を形成すると説明した。SPRUCEの施設の高層湿原では、こうした堆積物の厚みは三メートルを超える。それらは、一万一〇〇〇年前から堆積してできたものだ。「泥炭地は地球の陸地面積の三%を占めるにすぎないのに、土壌に蓄えられた全炭素量の三〇

%を含んでいるんだ」と彼は続けた。つまり、泥炭地は大気から炭素を取り除いて、地下に長期間貯蔵するという、炭素の「吸収装置」の役割を果たしているのだ。しかし、今後に温暖化が進み、早く分解されるようになると、こうした堆積物は腐り始め、貯蔵されていた炭素はすべて放出されるかもしれない。「泥炭地は手のひらを返したように、炭素の吸収源《シンク》から炭素の排出源《ソース》に変わるかもしれない」とコルカは語った。

いつ、どこで、どの程度の温度で転換点に達するのか、また、太古の泥炭に影響を与えられるほど奥深くまで熱が浸透するのかなど、多くの疑問が残っている。しかし、コルカのような研究者はSPRUCEによって、アルゴリズムやモデルの先に進む機会を得て、現実の高層湿原に生息している微生物と実際の温度を使って、その予測を検証しているのだ。そのうえ、そこに生息している他の生き物の反応を見ることもできるのである。「すごい変化が起きているんだ」とコルカは言うと、温度の上昇によって、成長期が長くなったり、SPRUCEの敷地の乾燥化が進んだりしたので、木本植物の分布域の拡大やミズゴケの減少といった予測された現象がいくつも起きていると説明した。新しい種も入ってきて、変化した環境をうまく利用しているし、多くの植物で成長が少なくとも一時的には早まっているので、二酸化炭素を追加した効果も出ている。[10] しかし、話を聞いていて気になったのは、「もともとの仮説にはなかった」とコルカが語る観察結果や発見のことだった。

「一番暖かい実験棟の樹木は、その気温を嫌がっている」と言って、彼はこのプロジェクトの名前のもととなったブラックスプルース（クロトウヒ）を挙げ、それが予想外に減少し始めたと説明した。気温を上げたことで、確かにトウヒの成長期は長くなったが、二月下旬や三月に「偽りの春」が起きることが多くなった。そのように春先に異常に暖かい日があると、トウヒはだまされて早めに芽吹いてしまうのだが、そうした新芽はその後の寒の戻りでやられてしまう。「トウヒには何度もだまされて芽吹くだけの余裕はない」とコルカは言った。それが頻繁に起きると、トウヒは衰えて、やがてはいわば疲労困憊状態に陥って枯死する。そんなことが起こるのを予測した者は誰もいなかったし、なぜ他の樹種が同じ運命をたどらないのか、その理由もまだ謎のままだ。実際、最も暑い実験棟で確実に繁栄している低木もある。その種は急速に分布域を拡大して、樹高が高く、果実も大きくなり、果汁も多くなっているのだ。「ブルーベリーが好きな人なら、未来はバラ色だよ」とコルカは皮肉った。

SPRUCEプロジェクトでは、地衣類やスゲからクモまでさまざまな生き物の研究が進められているので、予測されていた結果以外にも、予期せぬ結果が続々と出てくるのは間違いないだろう。コルカの研究チームはすでに新しい実験計画や新しい仮説の検証に取り組んでいるので、発足当初に提示されていた一〇年間というプロジェクトの期限を延ばしたいと思っている。科学とはそういうものだ。何かを発見するたびに、たとえそれが予期せぬ結果であっても（むしろその方が特に）、新たな疑問につながるのだ。気候変動生物学の研究では、予想外の事態に出くわすのは、日常茶飯事である。次章で見るように、一見単純にみえる関係や予測でも、予想外の方向へ逸れることがあるからだ。

第12章　予期せぬ出来事

経験からすると、過去の観察がいかに完全だったとしても、観察したり計測できることすべてを予測できるとは限らない。[1]

ウィリアム・マクリー卿『宇宙論――概説』（一九六三年）

カオス理論で最も有名な生き物はチョウだが、もともとはカモメだった。エドワード・ローレンツという気象学者が一九六三年に予測可能性の限界について講演したときに、カモメの羽ばたきのような小さな大気の変化でも、計り知れないほど大きな波及効果を及ぼすと述べて、カモメの比喩を使ったのだ。その後、ローレンツが同僚の助言に従って、カモメを色鮮やかな昆虫であるチョウに言い替えたので、「バタフライ効果」という語が誕生したのである。[2]ローレンツは複雑な系を予測する難しさについて述べたつもりだったのだが、この語は「小さな変化が思いもよらない結果をもたらす可能性がある」ことを示唆するために持ち出されるようにもなった。いずれにしても、気候変動生物学にとっては役に立つたとえになったわけである。

カオス理論は、一言で言えば無秩序の中にある秩序、つまりランダム（でたらめ）の裏に潜んでいるパターンを探し出そうとする理論である。この理論が天気の研究から生まれたことは、気候の研究者にとっては不思議ではない。ある本によれば、ローレンツの研究は、そのキャリアを通してほぼずっと、気象学が手こずっている最大の難題にまつわるものだったという。その難題とは、「なぜ正確な長期天気予報を出すのはこれほど難しいのか？」というものだ。生物学者は気候変動の結果を予測しようとするとき、同じような問題に直面する。確かに、誰もがうなずく予測もいくつかある。たとえば、多くの種が移動すること、適応する種もあれば消失する種もあること、新しい群集が形成されること、順応性のあるジェネラリスト（万能型の種）はスペシャリスト（特化した種）よりも有利になること――こうした予測については意見の一致をみている。しかし、生態系は天気と同じように複雑で、比喩だけでなく実際にも羽ばたく翼で満ちあふれており、バタフライ効果が起こる可能性はきわめて高い。それゆえ、生物学のオッズメーカーは少なくとも一つだけ、自信を持って予測できるだろう。それは「想定外のことが起こるのを予期せよ」という予測だ。

ジェイン・オースティンは「予期せぬ贈り物《サプライズ》はばからしい。うれしさより迷惑の方が大きい」と述べている。[3] 少なくとも後半については同意する科学者もいるだろう。入念に練った実験や野外研究が思いがけない出来事で突然めちゃくちゃになるのを見ると、落胆する（そして費用もかかる）。しかし、不都合なことは必ずしも非生産的なわけではない。科学の世界では予期せぬことが画期的な発見や仮説につながることも多いのだ。本書でもすでに、食性を変えたヒグマや分布域を拡大したペリカンから一夜にして進化したトカゲまで、そうした事例をいくつも見てきた。しかし、こうした事例が生じるのは、主として気候変動が予想外の速度で進行していることが原因だ。生物学者は従来どおりのことを想定して野外調査に出かけるので、見たこともない状況に遭遇してびっくり仰天する。しかし、それとはまったく別問題なのが、気候変動モデルそのものがうまくいかない場合だ。見逃していた細部のせいで、慎重に構築した予測が覆ってしまい、現実の結果がまったく別方向に向かってしまうことになる。このような予想外の出来事が起きる頻度はますます高くなっており、気候変動の現実が予測に追いつく場合は常に、その理論の真価が問われることになる。温暖化が進む北極圏に生息しているありふれた海鳥の事例のように、単純で鉄壁に見える予測でさえ、外れることがある。

ロシアの北極圏国立公園内にあるフランツ・ヨシフ諸島は、北極からわずか九〇〇キロメートルのところに位置し、ユーラシア大陸としては、最北端の陸地にあたる。一年の大半は海氷に囲まれているので、ホッキョクグマやセイウチ、アゴヒゲアザラシなどの氷に依存する生物に、採食の機会を十分に与えてくれる。そのなかで最小の生き物は、丸々として生きたぬいぐるみのように可愛らしい白黒の海鳥、ヒメウミスズメである。この鳥は極北に生息する海鳥のなかで最も個体数が多く、一九世紀の探検家のフレデリック・ビーチー船長はその数の多さについて次のような印象的な記述を残している。「この鳥は非常に数が多く、湾の優に半分、距離にして三マイル〔約四・八キロメートル〕近くも切れ目なく連なって飛んでいるのをよく見かける。密集しているので、一発で三〇羽も撃ち落とせる。鳥が連なってできたこの生きた柱の断面の寸法は、平均すると縦・横それぞれ六ヤード〔約五・四メートル〕ほどだろう。したがって、一立方ヤードの中に一六羽の鳥がいるとすると、一度に四〇〇万羽弱の鳥が飛んでいたに違いない[4]」

ビーチーが記載した群れは、崖のコロニー〔集団営巣地〕から海氷の縁に沿って好みの採食場へ向かう群れだった。他のウミスズメ類と同様に、ヒメウミスズメも潜水する鳥で、獲物を追って、水中を短い翼で「飛ぶ」ように泳ぐ。しかし、大型のウミスズメ類が主に魚を捕食するのに対して、ヒメウミスズメは動物プランクトンを主食にしている。そうした微小な甲殻類が大量に発生する場所は、氷原から融け出した水が北極海の冷たい塩水と混じり合うところだ。ヒメウミスズメはこのように氷原の縁に依存しているので、気候変動の影響を特に受けやすい。ビーチーの時代には、フランツ・ヨシフ諸島のような場所の海岸からそうした氷原の縁までの距離が、数キロ以上離れていることはめったになかったので、ビーチーが目撃したような大群は採食場にすぐに到着できただろう。しかし、現在は氷原の縁は年を追うごとに北へ移動し、陸から遠ざかっているので、繁殖期には自分自身の採食とヒナの給餌がますます難しくなっているだろう。夏に残る北極海の海氷は二〇五〇年には消滅すると予測されているので、ヒメウミスズメの個体群については「減少の一途をたどり、やがて消え去る」という単純な予測が成り立つ。しかし、そのモデルを検証するために現地に赴いた鳥類学者が目にした未来像は、まったく異なっていた。

「フランツ・ヨシフ諸島の現地調査は驚くことばかりで、すごい冒険でした」とダヴィッド・グレミエはEメールで返事をくれた。グレミエは現在はフランスの国立科学研究センター（CNRS）所属の上級研究員で、ラ・ロシェル大学のシゼ生物学研究センターの所長でもある。彼は二〇一三年にフランツ・ヨシフ諸島へ遠征した大調査団に参加していたのだ。それは、西側とロシアによる大規模な合同調査で、地質から海藻や海洋ウイルスまでさまざまな分野の研究者が何十人も参加した。グレミエの調査チームはティハヤ湾にあるソヴィエト時代の放棄された観測所で一か月近く過ごした。グレミエはこの施設を「一九五〇年代のソヴィエトの巨大な野外博物館のようで、木造のバラックはどれも放置され、長い間、氷で覆われていた」と述べている。そこからは、数万羽のヒメウミスズメがいる繁殖コロニーまで楽に行くことができた。グレミエのチームはすでにグリーンランドとノルウェーでこの鳥を研究してきたので、確立された手法に従って調査を行なった。「いつもやっているように、ヒメウミスズメを巣のそばで捕獲して、三グラムの電子追跡装置を取りつけました」とグレミエは述べた。意外なことがわかってきたのは、ヒメウミスズメを再捕獲して小型追跡機を回収し、データをダウンロードし始めたときだった。

「ヒメウミスズメの行動に関しては、確固とした仮説と予測を立てていました」とグレミエは述べ、以前の研究では、鳥たちは氷原の縁に行き着くまでに、たいてい一〇〇キロメートル以上飛んでいたと述べた。「私たちは、コロニーと採食地間の飛行時間を少なくとも一時間と予測していました」と彼は続け、「私の研究人生で最高にワクワクした瞬間だった」というその瞬間を振り返った。ロシア人の同僚に囲まれて、テーブルにノートパソコンを載せ、最初の追跡データを開いてヒメウミスズメの正確な飛行時間を確認したら、なんど四分足らずだったのだ。ヒメウミスズメは氷原の縁まで長距離を飛んでいくのではなく、身近なところに代替の食物供給源を見つけたようだ。しかし、その食物は何で、場所はどこだろうか？　その後、おそらくウォッカを一口、二口飲みながら、推測や議論が盛り上がっただろうことは想像に難くない。しばらくすると、全員の考えがまとまってまったく新しい仮説が生まれた。

「同僚のジェローム・フォールが、ロシア人の友達と一週間前に近くの山に登ったときに見たことを思い出しました」とグレミエは当時のことを振り返る。彼によると、島の氷河から融け出した青い濁り水と、北極海の暗い色の濃い海流が出会うところが、はっきりとした線状になって、フィヨルドの入口を横断しているのが見えたそうだ。フォールもグレミエも鳥類の研究を始める前は海洋学者として訓練を積んでいたので、このような急激に変化が生じる移行帯で何が起こるかがわかっていた。「その線状の部分が何を意味するか、二人ともわかっていました。プランクトンが急に冷たい水温に出会い、浸透圧ショックのために死滅し、垂れ幕のようになっていたのです」。微小な甲殻類にとって、性質の異なる水域へ突然入り込むのは、フルスピードで壁に激突するようなものなのだ。一方、こうした甲殻類の捕食者にとっては、その大量の死骸は宝の山になる。

この仮説を検証するにはボートが必要だったが、利用できる船は「いつも空気が抜けているゴムボート」だけしかなく、ムルマンスクから持ってきた燃料は水が混ざっている不良品だった。お世辞にも北極海の探検に打ってつけとは言えないが、二人はともかく調査に出かけ、ボートのエンジンをプスプスいわせながら、何とかフィヨルドの内側まで入っていった。最初は特に変わったことはなかったが、氷河の融解水と海水の合流域を越えると、突然周囲にヒメウミスズメが現れた。「ヒメウミスズメがそこいらじゅうにいました。海側に一列に並び、潜水して、水中の垂れ幕から簡単に取れるプランクトンをたらふく食べていました」とグレミエは書いている。

この思いがけない新事実によって、気候変動下のヒメウミスズメの個体数予測は、減少から回復へ

図12.1　ヒメウミスズメは北極圏の氷河の融解水がもたらした新しい採食機会を利用して、気候変動モデルの予測を覆した。写真：© David Grémillet

と一挙に転換した。確かに、海氷は予測どおりに融けてなくなっているが、北極の氷河も融けているのだ。フランツ・ヨシフ諸島のように氷河がたくさんある場所では、このことで誰も予想もしなかった絶好の機会が生まれているのである。グレミエのチームは調査期間の残りを費やして、ヒメウミスズメが新しい食物供給源で生き延びているだけではなく、繁栄していることも明らかにした。ヒメウミスズメのヒナは、数十年前に同じ場所で従来の食物を食べていたときに測定されたのとまったく同じ成長率を維持していた[5]。ストレスの可能性があるとすれば、そのしるしは成鳥だけにみられた。潜水行動では以前の採食行動よりも個体による違いが大きく、また体重がわずかに減少していたのだ。どうやら、「水中の垂れ幕」で採食するのは、それまでよりもわずかに多くエネルギーを必要とするのかもしれない。この合同調査でグレミエは、些細な点を見逃すと、結果に大きな影響が出る可能性があることを痛感した。「知っているつもりでも、実際に生息地へ行って、野生動物の行動を確認しなくてはいけない。彼らは往々にして意外な行動をするからです」とグレミエは締めくくっていた。

温暖化と融解の進む速さが現在のままであれば、フランツ・ヨシフ諸島の氷河はあと一八〇年は持ちこたえ、プランクトンの垂れ幕を生じさせ続けるだろう。だがそれ以後は、そのあたりのヒメウミスズメがどんな行動をとるかは誰にもわからない。煎じ詰めれば、グレミエの研究でわかった最も重要なことは、ヒメウミスズメがどこで何を食べていたかということではなくて、いかに簡単に行動を切り替えたかということである（つまり、ヒメウミスズメの可塑性である）。急激な食性の変化は、グリーンランドのヒメウミスズメにも認められている。そこでは、ヒメウミスズメは、温暖な海域から最近移動してきたサバなどの幼魚を食べているのだ。しかし、グレミエは、ヒメウミスズメがきわめて脆弱であることに変わりはないと考えている。彼の言葉を借りれば、彼らは「きわめて不安定なエネルギー源」に依存しているだけでなく、そもそも過酷な環境で、十分なカロリーを摂取しようと年中悪戦苦闘しているからだ。グレミエの最新の仮説の一つが正しければ、ヒメウミスズメの予測をさらに覆すような変化が将来生じるかもしれない。グレミエはEメールのやり取りの補足として、「劇的な影響を及ぼす可能性を秘めた」発表したての論文を送ってくれた。もし夏に北極の海氷が消滅すれば、北大西洋の海鳥が北極を横切って渡りをするのを妨げるものはなくなるのではないか？ヒメウミスズメ（やおそらくその他の多くの種）は、北大西洋よりも暖かい北太平洋で越冬すれば、エネルギーを大幅に節約できるだろうし、そこで繁殖コロニーを形成することもできるだろうとグレミエの研究チームは予測している。その結果、地理上の混乱が起こり、将来の鳥類学者にはまさにカオスのように思えるかもしれない。鳥の採食方法が予測と異なっていたのに気づくことと、探している鳥が別の大洋にいたということはまったく違うからだ。

システムや方程式の入力を変えたとき、その結果が予想どおりの変化を示さない場合、数学者はその関係を非線形《ノンリニア》と呼ぶ。生物学でも、特にヒメウミスズメと氷河のような予期せぬ関係を説明するときに、この用語が使われる。実際のところ、多くの場合「非線形」という用語が使われるのは、「研究結果に驚いた」というのを暗に認めたときである。そして、気候変動にまつわる予測の検証が増えるにつれて、生物学の文献にこの用語が頻繁に登場するようになってきた。SPRUCE計画の高層湿原の樹木に「偽りの春」が及ぼした影響がその良い例だが、さらに北方でも同じような影響が出ている。ツンドラや寒帯林が凍死するという、直感に反した運命に見舞われているのだ（植物にとって温暖化で成長期が長くなるのは好ましいことだが、冬に積雪が減ると、寒さに晒されて枯死してしまうのだ）。温暖化に対する植物の最も一般的な応答の一つは、春の開花が早まる現象だ。だが、この反応も、雨量の変化や他の季節の気温の変化、標高や方角のような場所に特有の要因によって、簡単に途絶えたり、逆転さえしたりする。送粉者が関わると、状況の予測がさらに難しくなる。たとえば、マルハナバチは食物にしている春の花が十分に咲いていないと、好みの植物の葉を噛んで穴をあけ、開花を促すことがある。植物はこうした物理的な損傷でストレスを受けると、「今こそがその時期だ」と一気に繁殖できる状態になるらしく[6]、気候に関わらず、開花時期が一か月も早まってしまう。実に興味深い生態だが、きわめて局所的で変則的なので、予測のアルゴリズムにとっては厄介な問題だ。

気候変動生物学では、驚くような事態が起きた場合、見逃していたり知らなかったりした関係がその一因となっているのはまず間違いない。しかし、もう一つ、カオスをもたらす要因がある。それはかのバタフライ効果（遠く離れたところで起きた出来事が、予想外の影響を及ぼすこと）を思い起こさせるタイプのものだ。その典型例を見るために、本書の冒頭に登場したジョシュアツリー国立公園とその名の由来である樹木に戻るとしよう。話は生物のことだが、古生物学にも及ぶ。その話で語られる重要な出来事は、空間的には公園から遠く離れていないが、時間的には遠く離れたところで起こったからだ。

ケン・コールは、ジョシュアツリーの研究計画を開始するのに長い時間がかかったことを思い出して、「いつまで経っても助成金をもらえなかったんだ」と嘆いた。コールは調査地で明らかなパターンに気づいていた。成木は子孫をほとんど残せずに枯死し、また親木から三〇メートル以上離れて生えている若木を、ほとんど見つけられなかったのだ。彼はその状況を説明する確固たる仮説を持っていたので、米国国立公園局にその計画を提案したところ、良い考えだと賛成してくれた。コールが所属する米国地質調査所の上司も賛成だった。加えて、コールはアメリカ南西部の砂漠地域の気候と植物の関係を専門にする研究者としての地位を職場ですでに築いていた。しかし、どうしたわけか、その地域を象徴する植物種の運命を探ろうという彼の研究計画は、両局の優先順位リストの上位に載らなかった。ケンと同僚はその研究が重要だという主張を補強するために、基礎的なデータを集め続けて、創意工夫だけで資金不足を補っていた。

「一番難しかったのは現在の分布、つまり、ジョシュアツリーの正確な分布を知ることだった」とコールは回想した。これほど有名な木なのに、驚くほど情報が少ないので調査が必要だったが、野外調査をする調査員を雇うための資金がなかった。しかし、コールはあきらめず、やがて費用が少ないどころか、まったくかからない解決策を思いついた。それは不動産広告だった。コールはネット上で不動産のリストを検索することで、ジョシュアツリーの潜在的な生息地に関する膨大なデータを集めることができた。モハーヴェ砂漠と周辺の土地や家が売りに出されるたびに、コールは正確な住所と新たなデータポイントを手に入れた。不動産広告には必ず写真が載っているので、写真のギャラリーをスキャンして、お馴染みの形を探せばよいのだ。「ジョシュアツリーがそこにあるかどうかはけっこう簡単にわかったよ」

こうした安上がりの調査を八年続けた頃、助成金をまったく受け取らなくても、解析して結果を発表できるほど十分なデータが採れたことがわかった。同僚が種の分布モデルの専門家だったことも幸いだったし、たいていの人なら入手するのにもっと苦労したはずの情報をすでに入手していた。コールはジョシュアツリーの歴史、つまり更新世以来、それが生息してきた場所（と生息していなかった場所）に関する知見をすべて手に入れていた。そのデータセットは三万年以上もの期間にわたるもので、害獣としてほとんど見向きもされないような砂漠の小動物を研究して得られたものだった。

「パックラット〔モリネズミの一種〕はいろいろなものを巣の中に蓄える習性があるが、そうしてためこんだミッデン〔塚状のガラクタの山〕のなかには、ジョシュアツリーの化石がいっぱい入っている」

とコールは説明し、博士課程に在籍中とその後に研究職に就いてしばらくの間は、古いネズミの巣穴を探して、植物遺物を同定する日々を送っていたと話した。あまり魅力的な研究には思えないかもしれない。確かに普通の齧歯《げっし》類の巣穴だったら、そうだろう。しかし、パックラットは食べ物や綿毛などを多少ためこむだけではないのだ。木の葉や種子から骨や昆虫の死骸、きれいなボタンまで手あたり次第に何でも、ときには大量に巣にためこまずにはいられないのである。こうした宝物は巣穴にしている洞穴や岩石の隙間から一〇〇メートル前後のところから集めたものなので、パックラットがためこんだ塚（ミッデン）は、周囲の環境のスナップショットのような役割を果たす。コールのような研究者にとっては、それが重要なのだ。パックラットが集めた塚は、砂漠の乾燥した空気と、パックラットの尿の固定作用（固まって、琥珀のような硬い外殻になる）によって保存されて、いつまでも残っているからだ(7)。ある意味では、パックラットの塚から得られたデータの解析は、不動産広告の検索とそれほど違わないかもしれない。いずれも、場所がわかり、その場所の植生を垣間見ることができるからだ。広告とパックラットのデータを総合すると、長期間にわたるジョシュアツリーの分布史がみえてきた。過去の気候変動に応答して、ジョシュアツリーの分布域がどのように変化してきたかがわかったのだ。また、他にもわかったことがある。それは今回の気候変動は何かが違っているということだった。

「ジョシュアツリーは気温に直接に反応するので、こうした研究にはぴったりなんだ」とコールは言う。その特性のおかげで、ジョシュアツリーの歴史的分布図を作成して、モデル化するのは簡単だった。ジョシュアツリーは寒冷期には現在のメキシコあたりまで南下し、気候が温暖化すると北上していた。しかし、最終氷期以後は、それまで長い間続いていたパターンがすっかり消え失せてしまったようだ。確かに、気候が温暖化するにつれて、南方の個体群は枯死し始め、この傾向は現代の気候変動で拍車がかかっている。しかし、北方への分布域の拡大という、それまでのパターンのもう一つの傾向は完全に停止していた。ネバダ州南部と隣接するカリフォルニアに延びる広い帯状の地域は、ジョシュアツリーの生息に申し分のない環境が整っているが、そこへ分布域が広がる様子はまったくみられない。そして、コールにはその理由の見当がついていた。

「これまでにやってきたさまざまなことが、この研究で一つにまとまったんだ」とコールは感慨深げに言った。白いひげを生やしたコールはおおやけにはすでに退職した身分だったが、ほとんど毎日まだ仕事をしているそうだ。私とテレビ電話で話す直前にも、一〇キロメートル近く歩いて、砂漠に設置した遠隔気象モニターを回収してきたところだった。コールがジョシュアツリーについて重要な洞察を得たのは、数十年前の大学院生の頃に出かけた野外調査のときだった。「グランドキャニオンの洞窟に入ると、オオナマケモノの糞の化石が三メートルも積もっていた」とコールは言うと、博士課程の指導教授が糞の山のてっぺんを指さして、「あれは一万二〇〇〇年前にオオナマケモノが絶滅する直前に落とした最後の糞の塊だ」と仰々しく言ったことを回想した。コールはその瞬間を鮮明に覚えている。それは状況や教授の言ったことのためではなく、太古の糞に含まれていた内容物のためだった。当時彼が調査していたパックラットの塚と同じように、それにもジョシュアツリーの葉や果実の断片が含まれていたのだ。

太古の砂漠に生息していた最大級と最小級の動物が、ともに同じ植物の遺物を残したのは、興味深い偶然にすぎないと思う人もいるかもしれないが、コールにとっては重大な意味を持っていた。「ジョシュアツリーの果実がなぜあんなに高いところに実るのかと考えるようになったんだ」と彼は言うと、ユッカの仲間としては珍しい、その果実の形質をいくつも挙げた。「割れない。レモンほどの大きさがある。多肉質である。栄養価が高い」。たいていのユッカ類の蒴果《さくか》〔カプセル状の果実〕は低いところに実り、鞘《さや》のような形をしていて、割れて種子を散布するのだが、ジョシュアツリーは背が高く、動物を惹きつけることを明らかに意図した果汁が豊富な果実をつけるのだ。では、お目当ての動物とは何か？　パックラットがその果実をかじって開け、種子を食べるのは確かだが、それは地面に落ちて干からびた古い果実を見つけたときだけである。果実が熟すピークの時期に、それを食べるものが誰もいないのは奇妙に思える。そのときの果実は糖分が二五％もあり、枝先がしなるほど、目立つ緑色の房がたわわに実っているのだ。ある研究者の言葉を借りると、どうしてジョシュアツリーは「大量のエネルギーと資源を費やして、需要がない産物を生産するのか？[8]」もちろん、その答えは「市場が消滅してしまったから」だ。

「シャスタオオナマケモノは、マンモスやその他の巨大動物（メガファウナ）と同じころに絶滅した」とコールは述べた。こうした動物の絶滅は、「更新世の過剰殺戮」によるものだとコールは考えている。最終氷期の末に人類がアジアから北米に移動してきて、槍などの武器で効率よく狩猟を行なったため、アメリカ大陸に生息していた大型哺乳類が十何種類も次々に絶滅していったというのが「更新世の過剰殺戮」説だ（グランドキャニオンでオオナマケモノの糞に言及したコールの指導教授が、この仮説の主唱者であるポール・S・マーティンだったのは偶然ではないだろう）。しかし、シャスタオオナマケモノが絶滅した理由はともかく、その絶滅によって生物界は今でも影響を被り続けているのだ。[9]

シャスタオオナマケモノの成獣は、大きいものでは体長が約三メートル、体重が二五〇キログラムを超えるので、ジョシュアツリーの果実を食べるのに打ってつけだった。さらに、糞の山の化石証拠から、グランドキャニオンだけでなく、南西部の砂漠一帯でも、頻繁にジョシュアツリーの果実を食べていたことが窺えた。太古には両者は共生関係にあり、オオナマケモノはカロリーを与えてもらい、ジョシュアツリーは種子を遠くまで確実に散布してもらっていた。それゆえ、ジョシュアツリーは気候の変動に合わせて、分布域を拡大したり縮小したりすることができた。ジョシュアツリーの過去の分布図を作成して、気候が温暖化し始めてから移動した場所をモデル化することによって、コールはジョシュアツリーの分散が止まった時期が（ポール・S・マーティンの記憶に残る言葉を借りれば）、まさに最後の糞の塊が落ちた頃だったことを明らかにした。こうした巨大動物は何キロメートルにもわたる行動圏の中を歩き回るのだが、それが絶滅してしまった。そこで、ジョシュアツリーは種子の散布をパックラットやその他のちょろちょろ走り回る小さな齧歯類に頼るしかないが、それでは年に二メートルしか分散できないのだ。[10] 気候変動によって、現在の分布域のうち、生息に適さなくなった場所がどんどん増えているのに、ジョシュアツリーには過去が重くのしかかり、身動きがとれなくなっている。北方の冷涼な環境に到達することができないし、その名を冠した国立公園からも消滅する危険があるのだ。

インタビューを終える前に、ケン・コールに仮定の質問をしてみた。もし、シャスタオオナマケモ

図 12.2　シャスタオオナマケモノが絶滅したとき、ジョシュアツリーは主要な長距離種子散布者を失った。その影響は何千年も経った現在でも続いており、ジョシュアツリーは気候変動に対する対応に苦しんでいる。
画：© Chris Shields

ノが絶滅せずに、今でもアメリカの南西部を闊歩《かっぽ》していたら、ジョシュアツリーは現代の気候変動に対処できるだろうか？　コールは微笑み、ほんの一瞬、言葉を途切らせた。頭の中で、気温上昇と種子の分散についての複雑な計算を手慣れた順序でやってみたのだろう。そして、「そう思う。たぶん、できるだろう」と答えた。だがそうなったとしても、ジョシュアツリーの生息地はじきに北向き斜面やその他の冷涼なレフュージアに限定されるかもしれないし、皮肉なことに、長距離の種子散布を私たち人間に頼らざるを得なくなるかもしれない。「もう、ジョシュアツリーを庭に植えている人がいるよ」とコールは述べた。そうした栽培の規模を拡大すれば、存続できる個体群を北方の場所に定着させることができるだろう。生物学ではこの戦略を人間支援型移動と呼んでおり、ますます多くの種に導入することが検討されている。移動ができずに予期せぬ苦境に陥ったり、どこにも行けなくなっているのは、ジョシュアツリーだけではない。また、気候変動に対する自然界の応答を妨げる現象は、太古の絶滅だけではない。生息環境の喪失、都市化、環境汚染、侵略的移入種のような人間が引き起こした現象は生態系を激変させ、その過程で進化によって培われた無数の関係や戦略を混乱させてきた。[11] 動植物はそれまでに進化し適応してきた環境とは著しく異なってしまった環境で、気候変動の問題に直面しているのだ。この状況のせいで、予測する作業にはカオスをもたらす要素がもう一つ加わる。したがって、気候変動生物学者はこの先も常に多くの「予想外」が待ち受けているということを覚悟しておかなければなるまい。

　レイ・ブラッドベリは一九五二年に出版された『サウンド・オブ・サンダー（雷のような音）』というSF小説で、文字どおりバタフライ効果のアイデアの予兆のような話を書いている。その短篇では、ジュラ紀へタイムトラベルした人が、足元にいた金色と黒と緑色の羽を持つ一匹のチョウをうっかり踏みつぶしてしまう。その後、現代に戻った彼らは、世界が微妙に、だが大きく変わってしまっていることに気づく。単語のスペリングが変化し、人々が奇妙な話し方をして、直近の大統領選挙の結果が逆転している。こうしたことはすべて、あの小さな変化が時代を超えて波及してきた結果だったのだ。タイムマシンが手に入れば、生物学者も過去を訪れてみたいと思うだろう。過去を変えるためではなく、そこから学ぶために。温暖化が進む惑星では、最も信頼できる未来への指針はおそらく過去にあるはずだ。この状況を引き起こした原因は異なるかもしれないが、歴史を紐解いてみれば、一つ明らかなことがある。それは、気候変動は何も今に限ったことではないということだ。

第13章　過去は過去、今は今

歴史家とは過去と向き合う預言者である。(1)
フリードリヒ・シュレーゲル『リュケイオン』（一七九八年）

「一度出た家にはもう戻れない」〔過去の良い時代を取り戻すことはできないという意味〕という言い回しは、家が他人の手に渡ってしまった場合は、特に当てはまる。だが、幸いにも、私が再訪してみたいと思ったのは子供の頃に住んでいた家ではなく、家の裏にある路地だった。わが家のガレージ裏の壁から最寄りの大きな交差点まで、南へ六ブロック延びている公道である。私が車を停めて、外に出てあたりを見回すと、その場所は記憶にある風景とかなりよく一致していた。狭い舗装路にゴミ箱、屋外用の椅子やテーブル、トレーラーに乗せられたボートなどの家財道具がたくさん置いてあった。一軒の家の裏庭にはブランコがあり、まわりにおもちゃが散らばっているのを見てうれしくなった。別の家の庭にはバスケットボールのリングや子供用のプール、少なくとも二つの手作りのスケートボード用のスロープがあった。「徐行。子供が遊んでます」という手作りの標識を見つけたとき、この界隈には昔から変わらないことが一つあるのがわかった。家の住人は変わっても、路地は今でも子供たちの居場所なのだ。子供の頃、「路地で会おうぜ」と言えば、いろいろな遊びをしようという意味だった。それには自転車レースや野球から、路地遊びのなかで私の一番のお気に入りだった化石探しまで含まれていた。

地質の気まぐれで、私が育った地域は太古の生き物の痕跡が豊富に含まれた砂岩の丘の上にあった。その岩盤はほとんどが芝生や家屋、森の下に埋もれていたが、その路地には一箇所だけ、狭く露出ている場所があった。誰かが昔、路面をならすために発破をかけたに違いない。その結果、家と斜面に挟まれた路地の斜面側に、ベージュ色の砕けやすい砂岩でできた急斜面が一〇メートルほど続いており、そこは古生物学者を夢見ている子供たちにとってはよだれの出そうな場所だった。そこに露出している岩の塊を歩道に投げつけるときれいに割れることがわかり、岩を割ってみると、中に完璧な化石が保存されていることもあった。もちろん、私たちが見つけたいと思っていたのはティラノサウルス・レックスか、少なくともトリケラトプスで、岩の中にあった丸っこい形のものは巨大な卵の化石に違いないと信じようとしたことさえあった。その頃は知る由もなかったが、私たちの発掘現場は、非鳥類型恐竜を絶滅に追いやった運命の小惑星衝突よりもあとの時代のものだった。しかし、私たちが発掘した葉や小枝などの植物片が物語っていたのは、恐竜ではなく、私たちがいる現在の世界との深い関わりだった。現在の太平洋岸北西部の植生はモミやトウヒ、マツが多数を占めているが、そこで発掘した植物の化石には、今とはまったく異なる、奇妙なシダやヤシの葉が含まれていた。素人目にも、かつての近隣の環境が現在とはまったく異なる姿だったのは明らかだった。もし手近に専門家がいたら、君たちは「暁新世《ぎょうしんせい》－始新世《ししんせい》温暖化極大」現象の証拠を見つけたんだよと教えてくれただろう。この温暖化現象は、最も広く研究されている歴史上の気候変動の一つで、現代の気候変動によく似ているのだ。

地質学者で古植物学者のルネ・ラヴは、専門に研究している時代のことを「過去六五〇〇万年で最も暖かい時代だった」と記している。現在、アイダホ大学の講師をしているラヴは、ワシントン州の私の故郷の地下に埋まっている化石植物について博士論文を書いていた。九五二ページもあるものなので、もちろんフィールドガイドにしようとして書いたわけではない。だが、私はかの路地を再訪するにあたり、その論文をノートパソコンにダウンロードして持ってきた。論文にはイラストや写真が余すところなく掲載されているので、もし化石標本を見つけられたら、名前を調べることができるかもしれないし、子供の頃に発掘していた種の科学的背景がわかるかもしれないと思ったからだ。その計画は、自宅の書斎ではうまくいくと思われたのだが、あの化石層があった場所を見たとたん、その思惑は見事に外れてしまった。崩れかけた砂岩があった法面は、真っ白い造園用ブロックが段々に積まれた壁になっており、基岩の露頭は跡形もなくなっていた。私は一瞬、喪失感で胸が痛くなった――それは自分自身のためだけでなく、裏通りの化石探しという楽しみをもう知ることのできない、地元の子供たちのためでもあった。とはいえ、現実問題としては、かえってその方がよいのかもしれない。歩道に岩を叩きつけて割っているのが見つかった子供は、うちへ帰れと大人に叱られるだろうから。だがそのとき、ふと気づいた。もし私がここでそんなことをしたら、彼らの反応はかなり違ったものになるだろう、と。コロナウイルス対策用のマスクをして、リュックを背負い、ハンマーを持った中年のよそ者、それが私なのだ。私の存在はすでに何人かの好奇の目を引いたようだ。そろそろ路地を去る潮時だ。

幸いなことに、町外れにある南の森に丘の斜面があることを私は知っていた。そこなら化石探しをしてもさほど人目を引かないだろう。そこにも侵食作用によって張り出した崖から転げ落ちた、同じような岩の塊（始新世の砂岩）が散らばっていた。私はすぐそこへ向かい、ラヴの博士論文に記載されていた昔のカバノキの仲間のほぼ完全な化石標本を二つ見つけた。

あとで、ラヴにZｏｏｍのビデオ通話で聞いてみると、彼女は「そのとおりよ。その頃に、カバノキやハンノキは共通の祖先から進化したところで、相当な数の種があったのよ」と断言した。しかし、話が進むにつれて、古《いにしえ》の世界の光景で馴染みのあるものはカバノキだけかもしれないことが明らかになった。当時のこの地域は、丘陵や山地は存在せず、三日月湖が点在する河川の網状のネットワークが平坦に広がる氾濫原で、低地の河川系は最後に海に向かって広がっていた。気候は湿潤な亜熱帯性で、現在のメキシコの一部に似ていた。川岸を歩き回るバクやディアトリマ（大型ハンマーのような嘴を備え、首が太く毛深いダチョウのような飛べない巨大鳥）が生息していた(2)。浅瀬にはワニが潜み、泥の上に五本指の足跡と重い尾を引きずった跡を残していた。ルネ・ラヴはこうした化石を他にもたくさん見てきたが、彼女にとってこうしたエキゾチックな動物は、余興のようなものにすぎない。一番知りたいこと（および気候変動との関係）は、植物の葉に潜んでいるのだ。

「植物はいたるところに存在していた」と、五五〇〇万年前の植生を長年にわたり研究しているラヴは、ゆったりとした自信に満ちた口調で言った。ラヴは大学院生のときに、調査地でバンに寝泊りしながら何か月も過ごし、数千個に上る始新世の化石を採集して、写真に撮ったり、スケッチしたりした。さらに、それから何年もかけて解析したので、当時の森をすらすらと説明できるのも驚くには当たらない。その森には、巨大な木生シダ〔丈夫な幹を持つ樹木状のシダ植物〕やヤシの他にも、彼女の試算によると、葉を持つ高木、低木やつる植物が少なくとも一四二種類も生い茂っていた。すべての標本を同定できたわけではないし、おそらく未知の種も含まれていたと思われるが、植物の名前は必要なかった。ラヴの目的は、葉の最も重要な特徴を記載することだったからだ。

「ＬＭＡ（葉縁解析）という手法を使ったのよ」とラヴは言って、ある単純な関係について説明してくれた。その関係に着目すると、葉の化石が「過去の気候を研究するための最適な手段」になるのだという。そのコンセプトは新しいものではない。一九一六年にハーバード大学の二人の植物学者が「温暖な地域の葉の縁は滑らかだが、寒冷地に生育する植物の葉の縁には、切れ込みやギザギザの鋸《きょ》歯《し》がある」と述べたのがそれだ。そうなる理由はよくわかっていないが、おそらく水分の消失を調整する機能と関係がありそうだ[3]（鋸歯があると葉の表面積が増えるので、先端にある水孔から蒸発する水分の量も増える。温暖な地域では、鋸歯が少ない葉の方が水分を保てるのかもしれない）。このパターンは現代のあらゆる植物相に驚くほど一貫してみられる。そのため、このことを発見した研究者はすぐさま、同じ原則が過去にも当てはまるはずだと指摘し、「白亜紀や第三紀の全般的な気候状態を測定するための、単純で手っ取り早い方法になるだろう」とその論文で述べている[4]。その最初の論文が発表されてから一世紀の間に、ＬＭＡ法は発達して洗練され、遠い過去の気温を測定する驚くほ

図 13.1　こうした葉の化石は 5000 万年以上前の「暁新世－始新世温暖化極大」期にまで遡る。当時、大気中の二酸化炭素濃度が高まったために地球の気温が急上昇し、各地で生態系が再編成された。写真：© Thor Hanson

ど精密な温度計の役目を果たすようになった。化石が十分にあれば、鋸歯のある葉とない葉の割合に基づいて、太古の気温を数度の誤差で特定できるのだ。また、その他の葉の細部からは、さらに微妙な違いがわかる。たとえば、先端が細く尖った「ドリップティップ（滴下先端）」形の葉は、温暖で雨が多い地域でよくみられるので、その割合を調べるのだ。ラヴによると、「化石記録は気候が変化したことを教えてくれる。そして、葉の形は、その変わり方を教えてくれる」のだ。

利用できる葉の化石記録が手元にたくさんあるので、ルネ・ラヴは「暁新世－始新世温暖化極大」期には、私の故郷の気温が現在よりも八℃から一二℃高かったとすぐに計算してくれた。[5] しかし、この温度差は驚くことではないのだ。当時は地球全体が現在よりも気温が高くて蒸し暑く、ラヴの言葉を借りれば、気温には「赤道から両極までほとんど差がない」状態だった。このときの一貫した高温のせいで変わったのは、太平洋岸北西部のような温帯の植生だけではない。北はグリーンランドから、南は南極大陸に至るまで、亜熱帯林が全体を覆い尽くしていたのだ。温室のような世界には、植物の前に立ちはだかる氷河や氷冠はなかったからである。

始新世初期という時代は、気候学者に地球温暖化の有効な事例研究を提供してくれる。地球が暖かくなっただけではなく、温室効果ガスによって温暖化に拍車がかかっていたからだ。当時、大気中の二酸化炭素濃度は現在の三倍から四倍にも跳ね上がった。その原因となった自然現象についてはまだ意見の一致をみないが、おそらく火山活動か、海洋底に蓄積されたメタンガスの大量放出だろう（ちなみに、それ自体が強力な温室効果ガスであるメタン（CH_4）も、大気に二酸化炭素を加える。分解する過程で放出される炭素（C）が、大気中にすでに存在する酸素（O_2）と結びつくからだ）。二酸化炭素の排出量を「現在趨勢《すうせい》（BAU）」〔今後、追加的な対策を講じずに温室効果ガスを排出する〕モデル並みの高さに設定した場合、現代の温暖化は二二世紀の半ばまでに、始新世の水準に到達し始める可能性がある。したがって、ラヴのような研究は、過去だけでなく未来を知る手段でもあるのだ[6]。そのような温暖化が繰り返された場合に生物が被る影響について尋ねると、ラヴは即座に大量絶滅の概念を持ち出した。

「これまでに大量絶滅は五回起きているのだけれど、現在起きているのも加えるならば、六回になるわね。そのうち少なくとも半分は気候が原因と考えられるのよ」とラヴは述べた。もっと多いと考えている研究者もいる。最初の四回の大量絶滅はいずれも、地球の気温が極端な高温か低温、あるいはそれに近い温度になったときに起きている。小惑星の衝突が引き起こした恐竜の大絶滅でさえも、衝突の衝撃そのものよりも、そのときに巻き上げられた塵で太陽光がさえぎられて、地球全体に長い冬が訪れた影響の方が大きかっただろう。[7] 気候に大変動が起こると生物が絶滅するのは、さまざまな種の適応能力が一気に試されるからである。ラヴは大量絶滅は避けられないものではないと強調した。「生き物は応答することができるから」と言って、化石記録の観察結果を立て続けに挙げた。太古の生物も、本書の初めの方で紹介した事例と似た応答を行なっていたのだ。「生き物は動き回るのよ。ジェネラリストはうまくやって繁栄するけれど、特化した種は苦しむことになる」。ラヴはこうしたことをデータから何度も読み取ってきたのだ。ラヴが集めた化石は「暁新世－始新世温暖化極大」期のものだけではなく、その後に続く始新世初期のものも含まれていた。その時代は、さほど激しくはないにせよ、温暖化と寒冷化が数回起きている。気候が変わるたびに、植物群集はそれに応答して、種の構成を変え、葉の形もはっきりとわかるほど変わったが、群集全体が失われることはめったになかった。今日まで研究された始新世初期の他の化石群集にも、おおむね同じことが言える。海の底生プランクトンのなかに絶滅したものがいたのは確かだが、[8] 化石から読み取れる重要なメッセージは、〝生物の回復力〟のようだ。「気候は何度も何度も変化した」とラヴは述べたが、少なくとも長い目で見れば、植物などの群集はいつも順応してきたのだ。

化石の研究にはタイムトラベルに相当する利点がある。ルネ・ラヴは化石の含まれた地層を数十センチメートル上へ移動すれば、研究対象の植物の歴史を数千年、いや数百万年も早送りできるのだ。そのスケールで時間を圧縮すると、適応と生存に関する長期的な視点での疑問、すなわち「その植物は存続するか、それとも消え去るか？」に答えるうえで、非常に役に立つ。歴史をそのような距離から眺めると、問題になっている大変動から切り離され、超然とした気分にもなる。今の瞬間から離れられない私たちには、この感覚はとても新鮮に感じられる。「気候変動？ そんなの毎週起きているよ！」とある古昆虫学者が私に言ったことがあった。もちろん、この研究者は誇張していたのだが、ひどい誇張ではない。過去の数多くの事例は、地球の気温は常に変動し、動植物はその浮き沈みに応答しており、ときには回復力を駆使して生き延び、ときには対応しきれずに絶滅した種もいたということを気づかせてくれる。しかし、化石だけから学べることには限界がある。生態系の大変動を示す指標は絶滅だけではないし、第一級の堆積層でも（時間や多様性の）空白《ギャップ》が数多くみられるからだ。特に、問題の出来事が起きた時期や速さについての詳細がよくわからない。

基盤岩の厚さのほんの数センチメートルだけでも、きわめて長い時間が圧縮されているので、特定の数百年や数十年という短い期間はいうまでもなく、数千年間を特定することもほとんど不可能だ。たとえば「暁新世 - 始新世温暖化極大」が起きた年代の推定値には、一〇〇万年を超える幅がある。地球が急速に温暖化したことはどの専門家も認めているが、その期間が五万年だったのか数百年だったのかは不明である。この違いは地質学的には重要ではないが、動植物が適応しなければならなかった期間という点では、非常に大きな違いになる。現在起きている急速な変化に一番よく似た事例を見つけるためには、正確な年代がわかっている化石と正確な気候の記録が必要になる。始新世のような大昔に起きた事象については、こうした組み合わせの証拠は得られないかもしれない。時間が経ちすぎているからだ。しかし、もっと新しい時代の標本ならば、もっと正確な年代が特定できる。南極やグリーンランドで、ドリルで氷床を掘削する調査を始めた氷河地質学者は、太古の気候状況を推定するのではなく、直接に測定して、八〇万年分の気候データを得る方法を見つけた。

今度、氷に飲み物を注ぐ機会があったら、氷をよく見てほしい。この段落を書いているときに私が観察した氷には、気泡がぎっしり詰まっていて、顕微鏡の光の下で微小な銀の球のように輝いていた。製氷皿に水を入れたときには、泡はなかったのに。うちでは水道水を浄水器を通してから使っていて、室温ではまったく透明に見える。しかし、液体状の水は周囲の大気から気体を吸収するので、水が凍っていくと、溶けていた微小な空気が押し出され、気泡になって閉じ込められるのである。私の角氷に閉じ込められた空気はほんの数日前のもので、台所の空気が最近どんな状態だったかを示すサンプルとなる。一方、氷河の深部にある気泡は、はるか昔に水が液体から固体に凝固した瞬間にできたものだ。その泡は、二酸化炭素も含め、水に溶ける気体をすべて保存しているので、文字どおり太古の空気の微小なサンプルなのである。

氷床コア〔氷床をドリルで掘削して採取した円柱状のサンプル〕からは、気候学者が待ち望んでいた、温室効果ガスと気候変動の関連を示す記録が得られる。氷床コアには、気温の歴史も含まれているからだ。水分子の微妙な違いは、それが形成されたときの環境の平均気温を反映しており、気体の詰まった気泡とともに、その情報も氷河の氷に保存されている(9)。この二つの情報源から得られたデータを一緒にプロットすると、同じ心拍を記録した二つの心電図のように、いつの時代も気温と二酸化炭素量が歩調を合わせて上下していることがわかる（ちなみに、研究者が「人間活動に由来する大気中の炭素量が新たなピークを迎えるのに伴って、現代の気温は今後も上昇し続けるだろう」と考えるのは、

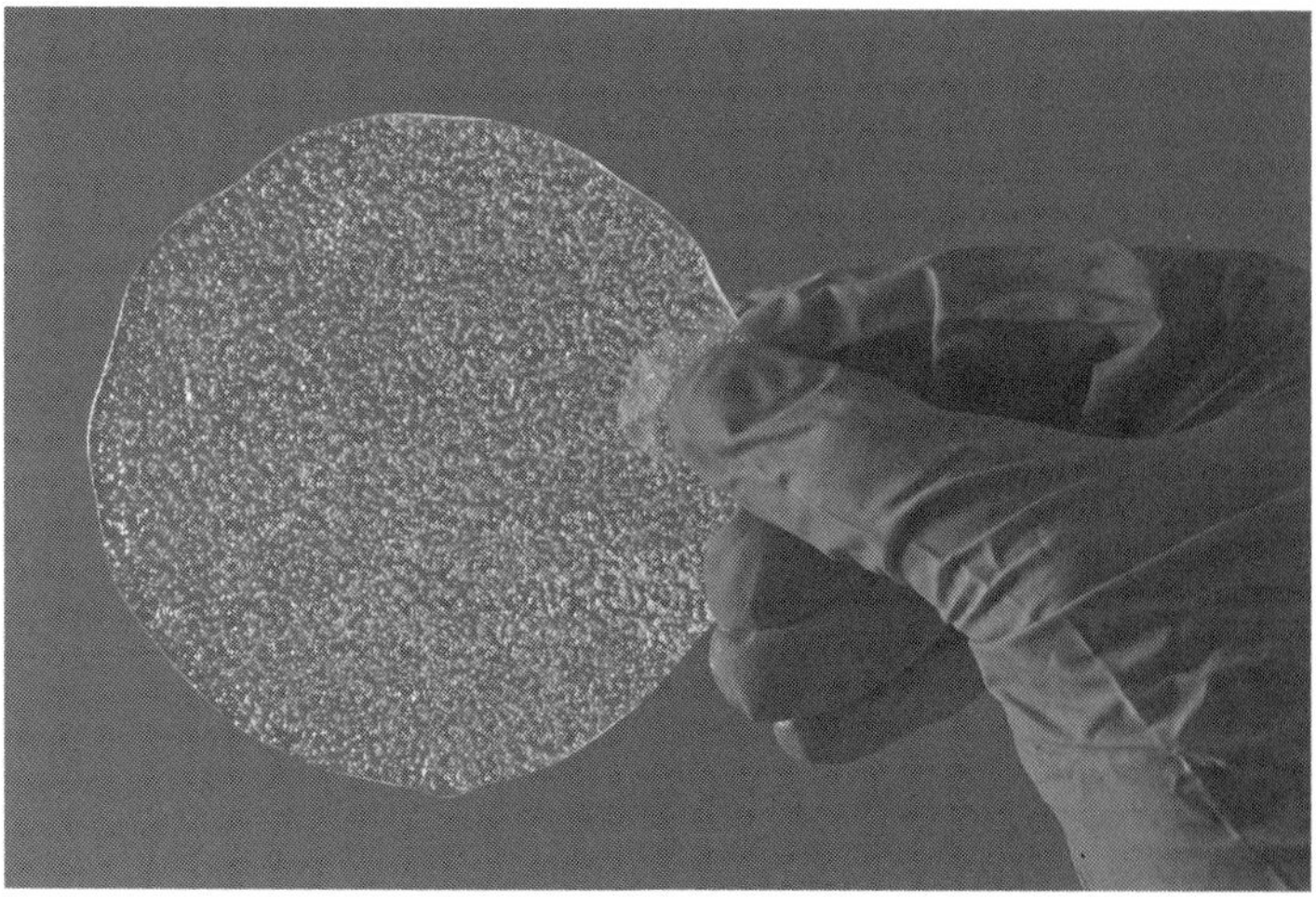

図 13.2　輪切りにした南極の氷床コアの中には、太古の大気の気泡がはっきり見える。深さ3キロメートル近くも氷床を掘削して、途切れ目のない氷柱を取り出すことによって、研究者は80万年前まで遡る気候の記録を収集できた。
写真：© Pete Bucktrout, British Antarctic Survey

こうした方法を利用しているからだ）。古生物学者は氷床コアのデータを、あたかも年鑑のページをめくって過去の状況や傾向を調べるように使う。グリーンランドの年ごとの氷の層を調べたところ、目視では六万年前まで遡れたが、化学分析によってその年数は二倍になった。過去に起きた急激な気候変動の事例を探すときに必要なのは、こうしたきめの細かい精度なのである。そして意外なことに、そうした事例を見つけるのはそれほど難しくはなかった。

グリーンランドでは過去一二万年の間に少なくとも二五回、わずか数十年で気温が五℃〜一五℃も急上昇して、そのまま暖かい状態が数百年続き、その後に徐々に寒冷化するという現象が起きた[10]。しかし、この温暖化は二酸化炭素の排出によって引き起こされたのではないし、もっと低い気温から始まったので、現在の気候変動と似ているとは言えない。さらに、地球規模で起きたものでもない。この温暖化は暖かい熱帯の海水を大西洋の北へ運ぶ海流が突然変わったことで引き起こされたらしく、主な影響は北半球に限られるからだ。しかし、その影響を受けた地域の動植物は、水陸を問わず、現在の地球温暖化に匹敵するか、それを上回るペースと規模の気温上昇を繰り返し経験した。古生物学者や生物学者はこうした出来事に注目し始めたばかりだ。氷床コアから精度の高いデータが得られるようになったのは、比較的最近なのである。しかし、その研究初期の結果には、回復力というお馴染みのテーマが見出せる。最近の査読付き論文を六〇件以上も総説した研究では、分布域の変化、適応行動、生物群集の大幅な再編成の事例が見つかったが、そのほぼ全期間において、絶滅の事例はほとんどなかった。ルネ・ラヴが広い時間枠で観察したことは、狭い時間枠にも当てはまっていたのだ。生物の種や群集は耐えられなくなる間際まで、柔軟性を発揮して急激な変化に耐えてきたのだ。

最終氷期の末に氷河が後退して、地球が現在と同じくらいまで暖かくなったとき、一五〇種を超える巨大動物が突然絶滅した。この絶滅が起きたのは主に北米、南米、ユーラシアで、マストドン、ホラアナグマ、ケブカサイといった有名な動物の他にも、ジョシュアツリーの種子を散布していたシャスタオオナマケモノのような知名度の高くない動物も姿を消した。こうした種はそれまでにも、同等かもっと大きな気温の変動を生き延びてきたはずだから、気候変動だけが絶滅の原因ではないと専門家は考えている。もう一つの大きな要因と見なされているのが、攻撃的な人類による乱獲、「更新世の過剰殺戮」だ。その相対的な影響力については激論が続いているが、おそらく種や状況によって異なっただろう。しかし、真に大事な教訓は、人間と生物の間に相互作用があったという事実そのものにある。急激な気候変動が起きているときに生物が被る影響は、それ以外の環境ストレスによって増幅するからだ。そのことがわかると、「過去の気候変動によって、生物種が穏やかに再編成されるだけで済んだ場合もあれば、大量絶滅に至った場合があるのはなぜか」とか、「特定の生息地や生物群（たとえば、始新世初期の海洋プランクトン）だけが極端に大きな影響を被ることが多いのはなぜか」ということを説明する助けになるかもしれない。回復力に関しては、背景の状況が大きなカギを握っている。それが現在の危機の気がかりな点だ。生態系はすでに人間によるストレスに耐えており、しかも現代人がもたらすストレスは、槍を持った原始の狩猟民と比べてはるかに大きいのだ。

太古の記録から新たな知見がもたらされるに従って、研究者は過去を再評価する以外の目的にも、それを利用するようになった。こうした知見の多くを直接応用すれば、現在の気候に対する生物の応答を理解したり、管理したり、予測することができる。最近の進展の概要を知りたくて、オーストラリアのアデレード大学地球変動生態保全研究室のダミアン・フォーダム室長に連絡をとった。彼の研究チームは、太古の生態系から得られた知見を現代の研究や保全活動に統合することに取り組んでおり、本人はそれを「古生態学、古気候学、古遺伝学、マクロ生態学、保全生物学が重なり合う分野」と表現していた[11]。名刺に印刷するにはずいぶんと長い研究領域だが、精力的に研究結果を発表しているのを見れば、彼が豊饒なニッチを見つけたことがわかる。Eメールを何回か交わしたところ、発表したばかりの論文を送ってくれたが、その論文にはこれまでに出会ったことがない斬新な考えがあふれていた。たとえば、現代の保全戦略はたいてい、種の分布域の中核をなす生息環境を保全することを優先して、辺縁の個体群を無視している。しかし、太古の記録によると、気候変動が起きているときには、周縁の地域がきわめて重要になる場合がある。そうした地域は分布域拡大の際に中心的な役割を果たすことがあるし、またそこには、快適域の限界ギリギリの条件に順応した個体が生息していることが多いからだ。他にも、太古のＤＮＡを採取して分析し、現代のＤＮＡと比較するという新技術を用いれば、気候変動が原因で生じた形質がどのように進化したかを正確に特定することもできる[12]。また、収集された化石を調べて、成長可能な種子や胞子といった休眠状態の生物の探索もしている。もし発芽して成長すれば、実際に生きている生物を用いて、太古の時代を再現する実験を行なうことが可能になる。「太古の記録は、種の絶滅に対する警報システムを検証して改良する絶好の機会を提供してくれる」とフォーダムは述べ、自分のチームは生態系全体の脆弱性も研究していると付け加えていた。過去の事例を研究することで「ある程度の希望」を見出したと言いつつも、人類がもたらした他の変化によって、自然の回復力は損なわれているだろうという警告も繰り返した。

フォーダムの研究チームが書いた論文を熱中して読んでいると、気候の歴史において最も重要な教訓といえるようなことについての、何気ない注釈が目に留まった。最終氷期の末に移動した生物種のリストには、科学用語で言うところの「解剖学的現代人[13]」が含まれる、と論文に記されていたのだ。つまり、氷河が後退するに従って、ヨーロッパやアジアを北上し、やがて南北アメリカへ渡った狩猟採集民の移動も、気候変動に伴う分布域の変化の一端だったのだ。彼らも他の生物種と同じように、環境の変化に反応して、新しい機会を利用し、急速に温暖化している世界で快適域を探していたのだ。私たちは人間の歴史を自然から切り離して考えがちだが、過去の気候変動に対する人類の応答を研究することは、現在の気候変動を理解して、生き延びるために欠かせないことなのである。

二〇世紀の大半にわたり、学者たちは「環境決定論」を匂わせるものを徹底的に避けてきた。環境決定論とは、特定の気候や地理によって、優れた気質や道徳心を備えた文化が生み出されるという説で、それが誤りだということはすでに証明されている。植民地を支配した列強は、このおぞましい理論に基づいて人種差別政策を正当化した。それゆえ、この理論は人間と環境の関係に関する研究に拭いがたい汚点を残したのである。だが現在、古生物学者や考古学者のおかげで、もっと中立的な立場から人類と自然を研究しようという関心が再燃している。その火付け役となったのは、フォーダムの研究のような、太古の人類と自然の関係を示す観察結果だ。たとえば、初期のホミニン〔ヒト族〕は寒冷で乾燥した時期に初めてアフリカを出てヨーロッパに向かい、中東が温暖で湿潤になりつつあった最終氷期の終わりにメソポタミアで農業が発達した。今では、歴史上の有名な出来事と気候の間に相関関係があったことが判明している。たとえば、共和制ローマの終焉（火山灰／地球規模の寒冷化）やチンギス・ハンの興隆（温暖化／湿潤化／草原の繁茂）、フランス革命（干ばつ／不作）などがそうだ。[14] とはいえ、研究者は特定の歴史的出来事の原因を気候変動だけに絞ることを慎重に避けている。更新世に巨大動物が急激に絶滅したときと同じように、気候変動が他のストレス要因と相乗効果をもたらしたと考える方がずっと現実的である。しかし、主要な気候現象が人間に大きな影響をもたらさないといっているわけではない。有史時代でそれを如実に示しているのは、おそらく小氷期だろう。小氷期とは、四〇〇〇年も続いた地球規模の寒冷な期間のことで、その寒さは一七世紀に頂点に達した。

気候学者によると、小氷期は平均気温が少しばかり低下した期間である。その原因と長期化した要

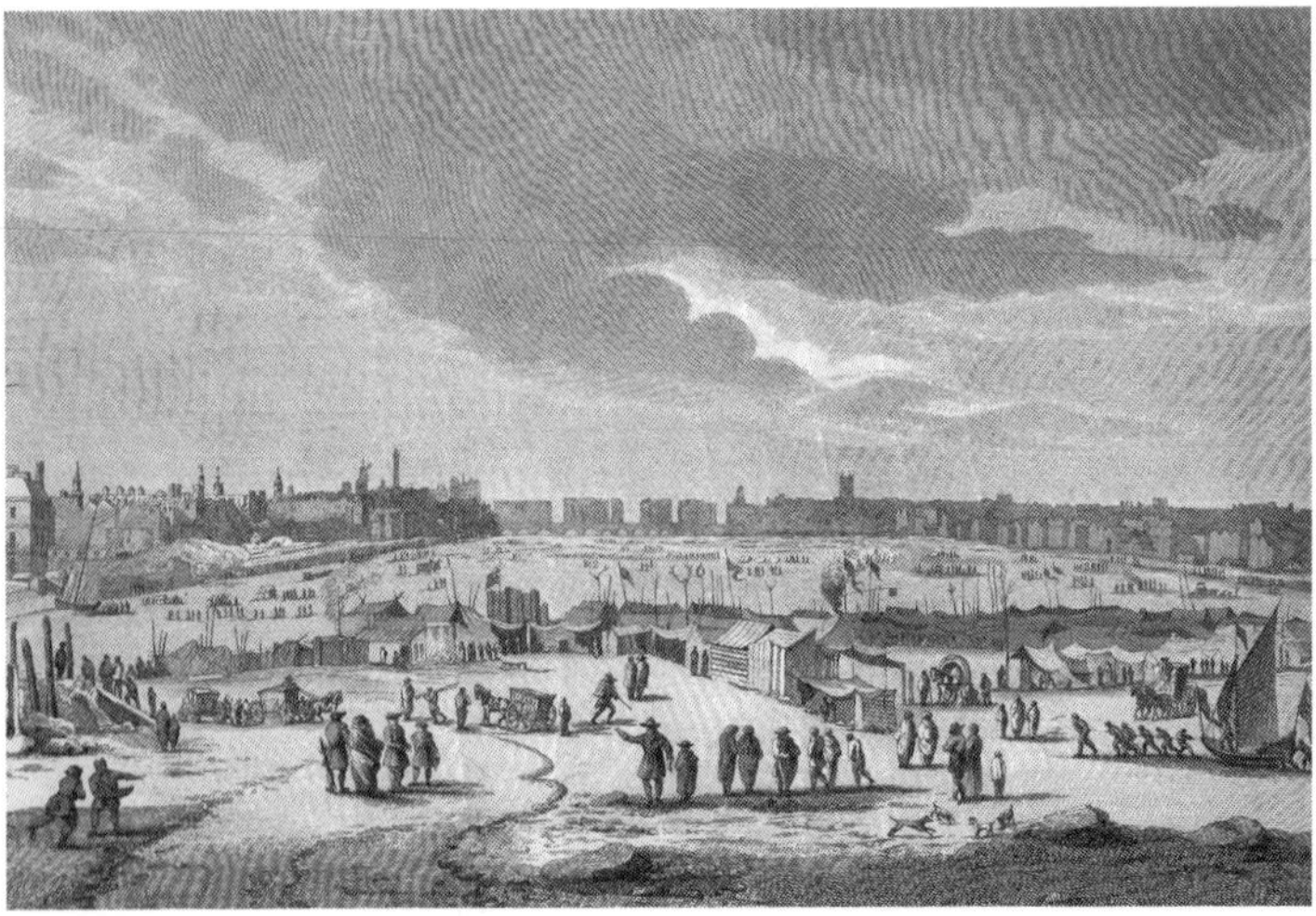

図 13.3　小氷期の間、ロンドンでは凍結したテムズ川で氷祭が定期的に開かれるようになった（イラストは 1683 ～ 84 年の冬に行なわれた氷祭）。数か月にわたり、ウシいじめ〔雄ウシにイヌをけしかける見世物〕、キツネ狩り、竹馬競技会、氷上の馬橇、ボウリング、屋台などのイベントが催されて、大勢の人でにぎわった。図：© Museum of London

因はまだ特定されていないが、いくつかの要因（おそらく火山灰か、海流や太陽活動の周期の変化）が組み合わさったのだろう。ヨーロッパ人がアメリカに入植した際に、彼らが持ち込んだ疫病によって先住民の人口が激減し、農地が放棄されたため、そこに（少なくとも一時的に）森林が大規模に再生したのが原因だという仮説もあるが、異論も多い。理論上は、そのように樹木が急成長すれば、大気中の二酸化炭素を測定可能なほど吸収した可能性はある。その原因が何であれ、長期にわたった寒冷化は世界中で人間活動に拭い去れない痕跡を残した。しかも、この寒冷化はそれ以前の出来事とは異なり、人々が記録をとっていた時代に起きたのだ。航海日誌、作物の収穫報告書、探検家の日記、貿易収支報告書、政府の記録文書、新聞、日記、書簡など、当時の生の記録には異常気象についての言及が随所にみられる。氷床コアや化石が古生物学者にとって重要な資料であるように、こうした文書記録は人類史の研究者にとって貴重な史料になっている。

近年では、少なくとも四人の著名な研究者によって小氷期に関する著作が発表されているが、イギリスの歴史家ジェフリー・パーカーの名著『グローバル危機』ほど包括的なものはない。書名が示すように、この本は大混乱の時代について論じている。当時、気候変動に起因する食料不足、洪水、暴風雨、干ばつ、火事などの災害が発生し、前例のない規模の紛争に拍車をかけた。一六〇〇年代には、ヨーロッパの大国は、三〇件以上もの農民反乱やその他の暴動に対処する一方で、それと並行して、もっと大規模な紛争、すなわち九年戦争、三〇年戦争、第一次〜第三次イングランド内戦といった有名な紛争を数多く繰り広げていた。一七世紀全体を通して、ヨーロッパが平和な状態だったのはたったの三年間だけだった。インドではムガル帝国が一六一五年から少なくとも一七〇七年まで、血なまぐさい後継者争いや多方面での絶え間ない対外戦争を繰り広げていた。中国では、内乱、ロシアや朝鮮との国境紛争、六〇年以上も続く清と明の派閥争いの内戦が起こった。こうした明らかな争いのしるし（生物学者なら「攻撃性の高まり」と呼ぶかもしれない）の他にも、気候変動に対するお馴染みの応答が数多く生じていた。何百万人もの人々がより良い将来の可能性を求めて、農村から都市へ、さらに海外へ移動し、移住が急増したのだ。また、行動も変化した。それは食生活や貿易、農業に従事する時期や作物の変化から、魔女裁判の増加のような奇妙な事態にまで至る（人々が過酷な天候の責任を負わせる生け贄《スケープゴート》を求めたので、さまざまな迷信が広まったのだ）。さらにパーカーは、他の分野と同様に、気候変動をこうした傾向の直接の原因としてではなく、広範囲に影響を及ぼして既存のリスクや問題を悪化させる間接要因として描いている。軍事作戦の計画立案者が使う「スレット・マルチプライヤー〔脅威増大因〕」という用語は、私がこれまで出会った気候変動の脅威を表す言葉のなかで、歴史や生物学分野も含めて、これほど的を射たものはないだろう。研究者もこの言葉を使い始めているし、戦略や外交の世界でもこの用語を耳にする機会が増えている。パーカーが自著の終章で力説しているように、気候変動の影響を受けた一七世紀のパターンが、気候変動の影響を受けている二一世紀でも現れ始めているからだ。

異常気象から極端な政治まで、最近の出来事に気候変動が影を落としていることはすぐに見て取れる。そこには、二〇〇〇年以降、武力紛争が四〇％増加したことも含まれる(15)。たとえば、シリアで内戦が始まったのは、史上最悪の干ばつの最中だった。干ばつのせいで立ちゆかなくなった農場から、一〇〇万人を超える人々が人口の密集した都市部へ流入し、そうした難民の自暴自棄が紛争の火に油を注いでいる。また、「アラブの春」はさまざまな要因が重なって勃発したが、最初の頃の激しい抗議活動の口火を切ったのは、パンの不足だった。その原因をたどると、熱波や、前年の夏にロシアとカナダで起きた小麦の不作に行き着く。移住も世界的に増加しているが、人々が出ていく場所と行きたい場所にははっきりした違いがある。国内外の移住パターンを調査した結果、猛暑、干ばつ、洪水、海面上昇、暴風雨、山火事が発生しやすい地域や国から、気候が比較的に安定している地域や国へ移住する傾向が明白にみられた(16)。

気候変動は脅威を増幅させるので、日々のニュースで常に取り上げられている。この原稿を書きながら、ニュースの見出しに目を通していると(17)、アメリカ西部で記録的な森林火災が発生し、有害な煙を吸わないように人々が屋内に閉じこもっているという記事がすぐに見つかった。また、接近するハリケーンの進路に当たる大西洋岸の地域で避難命令が出されたという記事や、海水面の上昇に苦慮している沿岸地域の戦略として「マネージド・リトリート〔将来の被災に備えて、計画的に安全な場所に移転すること〕」を紹介した記事もあった。これほど目立たないが、インドの記事よりは目を引くものには、アリゾナ州ではエアコンが不足しているという記事もあった。インドでは穀物不作のための保険に対する政府の補助金が増えているという記事もあった。気候変動生物学のレンズを通して見ると、こうした人間活動の多くは、移動、適応、避難といった野生の動植物の応答とよく似ているのだ。しかし、こうした類似性は驚くには当たらない。社会が複雑になり、テクノロジーに囲まれて暮らしていても、結局のところ私たちも、変化する世界の中で同じ気候変動の問題に直面して、同じ基本的な解決策に頼っている種の一つにすぎないからだ。だが、一つだけ注目すべき違いがある。地球上の他の生物とは異なり、人間は気候変動に対して単に応答する以上の能力を持っている。その気になれば、気候変動を引き起こしている行動を変えることができるのだ。

終章　できることは何でも

強い動機があれば、強い行動をとれる。(1)
ウィリアム・シェイクスピア『ジョン王』（一五九六年頃）

私はカバーを外したトラクターの車体の下に屈み込んで、作り直した部品を取りつけ位置に据えると、手で押さえていた。息子のノアがゴムハンマーでそれを数回軽く叩いた。最初は抵抗感があったが、手ごたえのある音がしてうまくはまった。

「やったぁ！」とそっとつぶやいたノアの声からは、興奮を押し殺しているのが伝わってきた。「オイルポンプをやっつけたね！」

私たちが納屋で作業するときは小声で話すのが習慣になっていた。近くの垂木からスズメバチの大きな巣がぶら下がっているので、それを驚かせないためだ。しかし、外の日向《ひなた》に出て、手でクランクを回してエンジンをかけ、油圧計の目盛りがぐんぐん上がって安全ゾーンで止まるのを確認すると、大声を上げてハイタッチをした。この問題には何か月も悩まされていたのだ。だが、これでようやく、ノアのトラクターを限界まで走らせることができる。数分後、私たちは近所の田舎道を走らせながら、トップギアに入れて時速一六キロメートルまで出してみた。一九四五年製の農機具としては、とても速く感じるスピードだった。

最初、息子が時代物のトラクターに熱を上げているのは、一時的な興味かと思っていた。小さな子供はみな、大きな道具が好きなものだからだ。しかし、その後、息子は地元のカウンティフェア〔アメリカの田舎の夏祭り〕でニワトリや卵を売って貯金を始めていた。そして、いつの間にやら、私も平床トレーラーを借りて、真っ赤な古いファーマルAトラクターを誰かの庭からうちの庭に輸送する羽目になっていたのだ。だが、このトラクターを動かせる状態にするのに半年もかかってしまった。それは間違いなく、皮肉な成り行きに気乗りしなかった私のせいでもある。気候変動についての本を書いていていながら、一リットルあたり一・七キロメートルしか走らない燃費の悪い乗り物を復活させようとしているのだから。しかし、息子と一緒に苦労しながら、マグネト発電機やオイルバス式エアクリーナーからペットコックやタペットまでさまざまな部品を修理しているうちに、こうした部品が相互に作用する巧妙な仕組みに対して、渋々ながら感嘆の気持ちが湧いてきた（キャブレターも何回か修理したが、この装置の工夫の妙については判断を差し控えておく）。内燃機関は気候変動の危機に対して大きな責任があるが、よくできた装置であるのは間違いない。化石エネルギーを動力に変換するすばらしい方法である。しかし、ノアがその力を活用するつもりがまったくないと知ったときは、かなり驚いた。

図 C.1　1945 年製ファーマル A トラクター。修復を終えて走ることができる。
写真：© Noah Hanson

トラクターの修理を始めた当初、その牽引装置に連結する器具や、動力取り出し（PTO）装置のシャフトに装着できる器具をネットで少し検索してみた。ノアは草刈り装置やヘイレーキ〔刈って乾燥した牧草を寄せ集める機具〕にも興味があるかもしれない――もしかしたら、それをトラクターに取りつけて、自分がやっている農作業に草刈りも加えたいのかもしれない、と思ったからだ。しかし、その話をすると、息子は少し驚いたような顔をした。そして、わかりきったことだという口ぶりで、このトラクターは古くて時代遅れだし、コレクションとして買ったものだということを根気強く説明した。使うのが目的なのではなくて、修理して、工場出荷時と同じような姿で走らせたいのだ、と。ノアは、カウンティフェアでこのトラクターを展示したり、島で毎年行なわれる独立記念日のパレードに参加して街を走ったりしたいと思っていた。ヴィンテージ農業フェスティバルにトラクターを持っていくという、さらに壮大な計画も明らかにした。その農業フェスティバルには何百人、いや何千人もの愛好家が集まって、自分たちが復元した成果を披露するのだ。そこで私は、ガソリンを大量に消費する古い機械を修復することが、必ずしも低炭素社会への道を後退させるわけではないと気づいた。むしろ、前進と言えるのかもしれない。ノアやコレクター仲間がトラクターを過去のものとして捉えたように、内燃機関の時代全体を過ぎ去った過去として捉える人が増えれば、世界はより良い方向へ向かうだろう。

これまで私は気候変動についてあれこれ考えたり悩んだりしていたが、この気づきで力を得て、個人的にも行動に移す決心をした。とはいえ、地元の機械販売店を訪れて新規購入の書類に書き込みを終え、店の裏へ回って品物を入手するまでの間も、まだ一抹の迷いがあった。

「風船ガムみてえだな」と従業員が苦々しそうにつぶやいたが、それには一理あった。本来はエンジンが搭載されているはずの場所に、その芝刈り機では白とオレンジ色のプラスチックでできたドームが乗っていて、そこにバッテリーパックを入れるスロットが口を開けていた。車に乗せてみると、妙に軽く、全体がお粗末にみえた。化石燃料を使わずに草を刈るという考えはけっこうだが、この珍妙な装置で草を刈れるのかという不安が伴った。特に、野生味のある放牧地といった方がぴったりするわが家の芝生は無理なような気がした。

「これ、たくさん売れてるの?」と聞くと、彼は残念そうにうなずいた。

「あぁ、大人気だよ」

あとで、電動芝刈り機の性能を試してみたとき、彼の顔が曇っていた意味がよくわかった。その機械はかつて使ったどんなガソリン式に劣らず、わが家の荒れた庭を効率よく、しかも静かに刈ってくれた（今でもその状態のまま草を刈ってくれている）。しかも、オイルチェンジ、エアクリーナー、スパークプラグ、キャブレターなどなどを必要としないので、機械を修理する分野の仕事が不要になる。最近、うちでは新しい電動チェーンソーや電気自動車などのバッテリーで動く機具に切り替えたが、こうした機具についても同様のことが言える。正直を言うと、私は電動式は効率が悪いだろうと考えて、ガソリンやディーゼル式の機具から切り替えるのを先送りにしていたのだ。電動芝刈り機が自分の延長コードを切断してしまうと不評を買っていたのはさほど昔のことではない。また、ある知り合いが買った初期の電気自動車は、しょっちゅう（運転中でさえ）ガソリン式のポータブル発電機で充電しなければならず、そのせいで本来の目的がほとんど果たせていなかった。しかし、驚いたことに、うちで使用した現在の電動機具はいずれも、汚染を振りまいていた古い機具と比べると大幅に改善されていた。そこで、少なくとも地球のためになるこの小さな行動をとることに、頭を悩ます必要はない。

いうまでもなく、電動芝刈り機を購入するだけでは気候変動を止められないだろう。誰もが庭仕事や日常のドライブのための機械を電動に切り替えたとしても、化石燃料が農業や空の旅から海運業や建設業、（電動芝刈り機や電気自動車の製造を含む）製造業まで、世界経済に深く組み込まれていることは変わらないだろう。また、庭や車を持てる幸運な人たちが使うエネルギーを少しぐらい減らしたところで、気候変動の危機が及ぼす複雑な社会的・政治的影響に対処できるものでもない。というのも、気候変動の原因となる地域や人々と、その結果を被る地域や人々の間の不公平が非常に大きいからだ。しかし、どうやっても解決に行き着けそうもない問題に直面したときには、現実的な対応が力を発揮する。ゴードン・オリアンズというアメリカの著名な生物学者が語った哲学に、私は賛同している。オリアンズは、ハゴロモガラスの行動から恐怖の進化まで、多様な対象を七〇年にもわたって研究してきた人物だ。気候変動に危機感を抱いた市民はどのように対処したらよいかと尋ねたところ、「できることは何でもやることだ」という簡潔な答えが即座に帰ってきた。

オリアンズはこの簡潔な言葉で、緊急性と主体性の両方、つまり、問題の深刻さと、個々人にできる規模で行動を起こす重要性をうまく捉えたのだ。とはいえ、それは特に新しい考え方ではない。一九世紀の思想家エドワード・エヴァレット・ヘイルも、人々が気候変動を気にかけるようになるずっと以前に創作した詩で、似たようなことを表現している。「私は何でもできるわけではない。それでも私にも何かはできる。何でもできるわけではないので、私にできることをするつもりだ」[2]と彼は書いている。オリアンズとヘイルの助言が貴重なのは、「can（できる）」という、可能性とどんな状況にも適応できることを意味する動詞を選んだことにある。彼らの助言を心に留めておくと、すぐに身近な課題に力を注ぐようになる。ドライブ、買い物、食事、旅行、抗議運動、投票、それに芝刈りといった具体的なことをどんなふうに行なうかに注意するようになるのだ。何でも否定する人は、気候変動のような大きな問題に対して個人が何か行動を起こしても焼け石に水で、見せかけだけの振る舞いにすぎないと主張するだろうが、こうした考え方は間違っている。少々の間違いどころか、真実とは正反対である。私たちは個々の生き物の応答が個体群や種、生態系全体の運命を決めることを見てきた。社会に対しても同じことが当てはまる。私たちが気候変動に対処するためには、エネルギーの生産方法から現在の生活様式で必要になるエネルギー量に至るまで、エネルギーとの関わり方の文化を根本から変えることが必要になる。そのためには、個人の行動の重要性は減るどころか、増すのだ。文化とは、個々人の行動や考え方が集まることで規定され、変化するものだからである。確かに、もっと強力な気候政策やそれを推進する強力なリーダーシップが必要だが、こうしたことは文化的変化の結果であって、原因ではない。

気候変動に対して各人ができることをするのは、生物学的にも理にかなっている。本書で繰り返し示してきたように、それがまさに動植物の応答の仕方だからだ。気候変動の問題に直面したとき、生物は簡単にあきらめたりしない。適応するためにできるかぎりのことをする。成功する者もいれば失敗する者もいるので、時間をかけてその理由を突き止めれば、私たち自身がすべき対応について新たな洞察を得ることができるだろう。たとえば、自然界では分布域の移動が急増しているが、それは現在の移民の急増について何か教えてくれるかもしれない。また、魚やクマなどにみられた適応行動は、地球の温暖化に伴い、私たち自身の行動傾向や、人間が得意とする可塑性がますます重要になることに気づかせてくれる。確かに、モデルや予測を見ると未来は不安定どころか大混乱という様相を呈しているが、自然界には人類を鼓舞してくれるような回復力の事例がたくさんある。もし、この危機に応答してチョウがより大きな翅の筋肉を進化させられるなら、私たちも車の利用方法やサーモスタットの設定温度など、少しぐらいは行動を変えることができるのではないか？　トカゲが一世代で足の指球部の握力を変えられるのなら、私たちも不要な飛行機の利用をやめたり、部屋を出るときには明かりを消すように心がけることはできるだろう。気候変動に対する生物の応答は私たちの身のまわりで毎日繰り広げられている。こうした事例は、私たち人間も動植物が影響を受けているのとまったく同じ力に支配されているということを思い出させてくれ、絶えず密かに私たちに行動を促しているのだ。今、何をするかという選択は、自然界で次に起きることだけではなく、私たちが今いる場所にも決定的な影響を及ぼすだろう。

数学者は長い証明問題を終えるとき、最後にQEDという文字を満足げに書き入れる。ちなみに、QEDはラテン語の「quod erat demonstrandum」の頭字語で、「それは証明された」という意味である。私はこの伝統をうらやましいと思うことがときおりある。生物学ではめったに経験できない、きっぱりとした終了宣言に思えるからだ。生物学では、一つの疑問に答えると、必ず新たな疑問が生まれ、それが無限に循環する。またもやローマ人に敬意を表してラテン語で言うなら、「ad infinitum（終わりなく続く）」というわけだ。気候変動生物学がまさにそうである。気候変動生物学では、問題そのものとともに科学の手法自体も、地球規模で急速に発展し、拡大しているからだ。最近よく耳にするジョークに、「世界中の生物学者はみな、気候変動の影響を研究している。だが、自分がそうしていることに気づいていない者もいる」というものがある。QEDの瞬間にまもなく到達するだろうと予想する研究者は一人もいない。大気中にすでに排出された炭素の量で、気温はこれからも数十年は上昇し続けることが確実だからだ（将来の生物学者にとっても、気候変動は最重要なテーマになるだろう）。炭素排出量を最も少なく想定した場合でも、地球温暖化の影響を長期にわたって管理する必要があり、動植物の生き方は常にその管理の重要な指針となるだろう。生物が直面する問題やその応答を理解すれば、温暖化に対する危機感を減らすことはできないにしても、冷静に対処する一助にはなるはずだ。乏しい研究資金をうまく配分したい研究者、気候変動対策や自然保護戦略を定める政策策定者、より良い打開策を見つけなければならないという、倫理的・感情的な問題を解消しようと努める私たち全員にとって、この出発点は悪くはないと思う。それは、私たちにとっても、すべての生物種にとっても、困難だが魅力に満ちた旅になるだろう。私たちがうまくやってのけられることに期待を込めて。

謝辞

本を書くのは一見、孤独な作業にみえるかもしれないが、実は多くの人が関わる共同作業と言える。本書ができあがるまでには、着想から調査や執筆の段階で世界中の方々にお世話になった。どの人も快く手助けしてくださり、長期にわたる企画を少しずつ後押ししてくれた。いつものことながら、友人でエージェントであるカーティス・ブラウン社のローラ・ブレイク・ピーターソンにはお世話になった。ベイシック・ブックス社の比類なきトマス・ケレハーとまた一緒に仕事ができたことに感謝している。ベイシック・ブックス社のスタッフのララ・ハイマート、レイチェル・フィールド、ローラ・ピアシオ、メリッサ・ヴェロネージ、リズ・ウェッツェル、カイト・ハワード、ジェシカ・ブリーン、カラ・オジェブオボ、メリッサ・レイモンド、アビゲイル・モーア、ケイトリン・バドニック、マイク・ヴァン・マンジェムなどなど、また他にも多くのスタッフにお世話になったことはいうまでもない。書店員や図書館員も本書のアイデアが世に出るのを手助けしてくださったし、特に図書館相互賃借制度の利用に長けたハイジ・ルイスには頭を下げたい。最後に、妻と息子が愛情をもって支えてくれたことと、ブツブツつぶやく変人を我慢してくれた他の家族や友人たちに日々感謝している。

以下に、上記以外で、本書の企画に時間と知識と情熱を気前よく寄与してくれた方々を順不同に挙げて、感謝の言葉に代えたい（万一、言及し忘れた方がいたら、申し訳なくお詫び申し上げる）。ソフィー・ルイス、ドリュー・ハーヴェル、ニナ・ソットレル、ロバート・マイケル・パイル、ニコル・アンジェリ、アン・ポッター、リチャード・プリマック、スティーヴとドンナ・ダイヤー、フィル・グリーン、ピーター・ダンウィディー、バリー・シナーヴォ、ダン・ロビー、スタファン・リンドグレン、ベン・フリーマン、ビル・ニューマーク、ヴィクトリア・ペック、ウィル・ベハレル、トマス・アラースタム、グレタ・ペクル、ウィル・ディーシー、ソンリン・フェイ、ジョン・ターンブル、サンディ・リード、メリッサ・マッカーシー、サリー・キース、エライアス・レヴィー、コリン・ドナヒュー、アリシア・ダニエル、エリザベス・トンプソン、コンスタンス・ミラー、リビー・デイヴィッドソン、ブライアント・オルセン、カーラ・ローレンソ、サイモン・エヴァンス、ラース・ガスタフソン、コディ・デイ、アントン・モストヴェンコ、チャッド・ウィルジー、クリス・シールズ、W・ロバート・ネトルズ、ダヴィッド・グレミエ、ケン・コール、ランディ・コルカ、レイン・ケネディ、アマンダ・クーパー、キース・ゴウツマン、ライアン・コヴァック、ジョナサン・アームストロング、ルネ・ラヴ、ゴードン・オリアンズ、ダミアン・フォーダム、ブルック・ベイトマン、モンタギュー・H・C・ニート－クレッグ。

用語集

アラゴナイト（霰石《あられ》）　炭酸カルシウムでできた鉱物。海性生物の貝殻に多く含まれるが、カルサイトよりも不安定。

遺伝子移入（イントログレッション）　生物種や個体群間で、交雑や度重なる戻し交配によって遺伝子が移動すること。

遺伝的浮動　偶然に遺伝子が無作為に選択され、次世代に伝わるような進化のあり方。

渦鞭毛藻類《うずべんもう》　褐藻類に近い水生の単細胞生物。光合成の能力を持つものが多く、サンゴと共生するものもいる。

エルニーニョ現象　東太平洋海域で温暖な海面の位置と範囲が不定期に変化する現象。それに伴い、海洋と気候の状況が広く変化する。

カイアシ類　水生の微小な甲殻類からなる多様なグループ。

崖錐《がいすい》　断崖の下の斜面に、さまざまな粒径の岩屑や石が積み重なった地形。

カスケード効果　ある出来事や活動、変化などから、連鎖反応的に生態系に影響がもたらされること。

可塑性　生物が生まれつき持っている、環境に応答する能力。

褐虫藻《かっちゅうそう》　サンゴの中に棲む多様な渦鞭毛藻類。

カルサイト（方解石）　炭酸カルシウムでできた白い鉱物。海生生物の貝殻に多く含まれる。

暁新世－始新世温暖化極大期　およそ五五〇〇万年前に温暖化現象が起きた時期。大気中の二酸化炭素濃度が高く、温室効果が働いた気候が特徴。

共生関係　二種類の異なる生物が、密接な相互関係を持ちながら生活する現象。通常、一方もしくは双方が利益を得る。

共生生物　共生関係にある生物同士。

巨大動物（メガファウナ）　非常に大型の動物のグループ。現生の動物（ゾウやバイソン）にも使われるが、更新世の最後に絶滅した種を指すことが多い（マンモス、オオナマケモノ、サーベルタイガーなど）。

クォーツァイト（珪岩）　石英を主成分とする変成岩で、ふつう砂岩が高圧高温の変成作用を経て生じる。

減数分裂　有性生殖に先立って、両親の遺伝物質の半分ずつを持つ配偶子（精子と卵子などの生殖細胞）を生み出す細胞分裂。還元分裂とも呼ばれる。

光合成　植物などの生物が、太陽光を利用して二酸化炭素と水を炭水化物に変換すること。

交雑　遺伝的に異なる種または亜種同士で交配すること。

更新世　およそ二六〇〇万年前から一万年前までの地質時代。大規模な氷期が繰り返し起きたことから、氷河時代とも言われる。

殻皮　殻をもつ貝類や翼足類などの軟体動物において、殻の外側を覆って保護するワニスのようなキチン質の薄膜。

最高限界温度（致死温度）　その温度を超えると生物が生きていけなくなる最高の温度。

サンゴ白化現象　熱ストレスに晒されたサンゴから色鮮やかな共生藻類が出ていくと、サンゴが弱り、「漂白された」ように色が淡くなること。

ジガシン　リシリソウのすべての部分に含まれる有毒なアルカロイド。

始新世　古第三紀の第二の世。およそ五六〇〇万年前から三四〇〇万年前まで続いた。

自然選択　より適応した個体が生き延びて、その遺伝物質を次世代に受け渡す進化の過程。一般的には適者生存として知られる。

順応　個体がその生得的な生理的・行動的な能力により、環境条件にすばやく適応すること。

浸透圧ショック　濃度や化学組成がまったく異なる二つの溶液の間を急に移動した際に受けるストレス。

性選択　簡単に言えば、配偶者選びを通して生じる選択のこと。配偶者に対する好みや競争によって、関連する形質の遺伝が決まるという考え方。

生物多様性　生物がバラエティに富んでいること。それには、生物種の数〔種の多様性〕、種内の遺伝子変異〔遺伝子の多様性〕、生物が形成する群集の複雑さ〔生態系の多様性〕が含まれる。

染色体　細胞内にあり遺伝情報を含む構造体。

選択　進化においてある世代から次の世代へと受け継がれる形質を決めるような過程。たとえば、自然選択や性選択。

相利共生　二つの異なる生物種が相互作用することで、互いに利益を得られるような関係。

属　近縁な種を含む分類上のグループ。

第三紀　およそ六五〇〇万年前から二六〇〇万年前まで続いた時代で、哺乳類を含めてお馴染みの動植物が登場した地質時代。

タイミングのミスマッチ　気候変動がもたらす難題。たとえば植物と送粉者のように相互依存する生物同士が、新しい環境条件に別々の応答をすると、それぞれのタイムスケジュールが変わり、それまで相互作用していた重要な期間が減ったり、なくなったりすることをいう。

炭酸　二酸化炭素が水に溶けてできる弱酸性の物質。

塚（ミッデン）　貝塚などの廃棄物の山。生物学では、パックラットのような貯食性動物の巣などを指すことが多い。

適応　環境に応答して起きる生物の変化。適応は行動や生来の能力（可塑性を参照）を通して直接に起きることもあるし、適応的な特性が遺伝すれば進化することもある。

同位体　同じ元素で化学的性質は同じだが、原子核中の中性子の数が異なるために質量が異なる形態のこと。

動物プランクトン　微小な水生動物で、遊泳能力が低く、流れに乗って漂っている。原生動物、甲殻類、多くの魚類や海生生物の幼生が含まれる。

突然変異　生物の遺伝情報にランダムな変化が起こること。自然界にみられる変異をもたらす大きな要因の一つ。

バク　熱帯雨林に生息する草食動物で、一見大きなブタのように見えるが、実際にはウマに近縁な哺乳類。

白亜紀　一億四六〇〇万年前〜六五〇〇万年前までの地質時代。気候が温暖で、顕花植物が出現し、恐竜が長い間栄えていた。

非線形（ノンリニア）　文字どおりの意味は「直線で表せないこと」。原因と結果が比例関係にないので、予測できないような関係のことを指す。

病原体　病気を引き起こすウイルスや細菌などの微小な生物。

フェノロジー（生物季節学）　季節の移り変わりに伴って変化する自然界の現象と、それについて研究する学問。

ヘリオサーム　日光浴をして体温を調節する動物。

ポリプ　サンゴやイソギンチャクのような海の無脊椎動物にみられる、生活環の一形態。円筒状の体の上端に口と複数の触手を持つのが典型的な構造。

メタン（CH_4）　可燃性ガスで天然ガスの主成分。

戻し交配　雑種をその親種と交配させること。

ユッカ（イトラン）**属**　南北アメリカ大陸の砂漠にみられる針状の葉をもつ多肉植物。五〇〜六〇種が属しており、ジョシュアツリーはそのうち最大サイズの種である。

翼足類　海に棲み、自力で泳ぐ貝の仲間で、シーバタフライ〔有殻翼足類〕とかシーエンジェル〔裸殻翼足類〕とも呼ばれる。

レフュージア（避難所）　周囲の環境が激変しても、以前の環境条件が変わらずに残っている局所的な場所。かつてはありふれていた生物が、望ましくない環境に変わってしまった従来の生息地から逃れ、そうした場所に避難し、生き残ることがある〔退避地ということもある〕。

訳者あとがき

著者のソーア・ハンソンは、これまでに五冊の一般書を出版してきたアメリカのナチュラリストである。出身は保全生物学分野の植物生態畑だが、興味の幅が実に広く、植物の種子から鳥の羽の紹介など、自然界にみられる多様な驚くべき事項を軽妙なタッチで紹介することに定評がある。これまでの著書で取り上げた生き物は、小はハナバチから大はゴリラにまで及んだ。

本書のテーマは地球温暖化とその中で生きる生物の物語である。地球規模の温暖化が起きるという予測と、その状況下で生物多様性にどのようなことが起きるかという点については、これまでにも少なからず取り上げられてきた。たとえば、日本語の著書を調べてみると、『温暖化に追われる生き物たち――生物多様性からの視点』(堂本暁子・岩槻邦男編、一九九七年、築地書館)あたりが最初と見受けられた。その後も、こうした状況を引き起こしている人間に対して警鐘を鳴らす本は、時折出版されてきたが、本書はそれとは一線を画している。本書は、生物が本来もっている生存の戦略に焦点を当てているからだ。

一口に生物といっても、動物以外にも植物や藻類など多様な生き方をする生き物がいる。そこで、本書では、幅広い範囲に及ぶ生物学者の研究を取り上げて、これまでに積み上げられた膨大な研究結果を紹介している。そして、生き物には広く共通してみられる応答もあるが、その一方で、ある種やある生物群に特異的な応答などもあることを、事例ごとに著者に直接インタビューして、その研究の背景なども掘り下げながら、詳しく解説する。

たとえば、ある生き物が今いる場所に暮らしづらくなったとき、どうするだろうか？　動物ならばもっと暮らしやすい場所を探して移動するという手段がすぐに思い浮かぶ。しかし、驚くことにそれは動物に限らない。植物や海藻など、一般に移動するとは思われないような生物でも、世代を越えて分布の移動が起こるのだ。しかも、森の植物が一斉に移動し始めたとしたら、どうなるだろうか？「森が動く」という、シェイクスピアが『マクベス』で予言した比喩が現実のものになるのである。また、こうした移動は生物界のどこにでも普遍的にみられる方策であり、人間も例外ではない。近年、世界中で移民が増えているが、それには特定のパターンが見受けられるという。こうした知見も、政治や経済の視点から離れて、人間を特別視せずに他の生物と同様に生物学の視野から観察することで初めて得られるものだ。移動は生物がもつ生活のための戦略のほんの一つにすぎない。本書ではそれ以外の戦略についても事例をもってそれぞれ紹介している。

著者はひょうきんな着想の実験を身近なものを使って見せ、それぞれのトピックを独特の洒脱な筆致で解説してくれる。実際、本書のテーマを突きつめていくと、ある生き物が絶滅に向かうかもしれないという、気が重くなるような予測が立ちはだかる。しかし、それに対しても著者の話術のおかげで、視野を広げて向き合ってみようかという気も起きてくるのが不思議だ。本書は、ニューヨークタイムズ紙の編集者による推薦図書や、パシフィック・ノースウェスト・ブックアワードの最終選考書に選ばれたのも、そうした独特な語り口によるところもあるかもしれない。

本書は、一般書なのでできるだけ専門用語は避けているが、それでも生態学や進化学で使われる語がよく登場する。このようにどうしても避けて通れない重要な概念については、巻末の用語集に解説してある。また、"response"という「応えること」を表わす用語がよく登場する。それは、物理的な音の反響から生物の刺激に対する反応まで含む幅広い概念である。本書では主に「応答」という訳語を当てた。この訳語は、生物が刺激に対して示す反応という狭義の定義に加えて、保全生態学上で特に環境などからの刺激に対して起こす行動も含む。さらに、最近の研究結果や概念に基づく用語のなかには、日本語として定着した訳語がまだないものもある。そうした用語については、本書で新たに日本語を提案し、ルビや訳注で原語を示したり、解説を加えておいたので、理解の助けになれば幸いである。

現代の私たちは将来に対して大きな不安を抱いて暮らしているといえよう。著者本人も例外ではなく、地球規模の大混乱に巻き込まれて、保全生態学者の宿命ともいえる使命感を滲《にじ》ませてもいる。しかし、このようなカオスの世界に身を置きながらも、これから何が起こるのか、私たち人間が他の生物と共にどのように生き延びていくのか、それはうまくできるのか、そのお手並みを拝見しようと、ある種の達観をしている。私たちと続く世代の人たちはこの挑戦をどのように受け止め、そして対処していくのか？　うまくいくかいかないかは、私たちの決意と行動しだいである。いつのどんな世にもドラマは尽きないのだ。

黒沢令子

り〕探しに関する記事が目に留まった。陰謀論が政治的影響力を増しているという。社会科学者はこのような「非難的なものの見方」が増加していることと、それと並行して葛藤やストレス、トラウマになる出来事が増加していることとを結びつけている。とりわけ、現在の陰謀論には、気候変動の原因や真相そのものを扱っているものがいくつもある。

終章

1　シェイクスピア『ジョン王』第3幕第4場。Bevington 1980, p.470.

2　Fairfield 1890, p.114.

と関係があると考えられているが、不可解な点も残っている。影響を受けたのが、水深が中程度から深海の海底に生息するグループに限られていたからだ。McInerney and Wing 2011 を参照。

9 水分子の酸素と水素にはそれぞれ重さの異なる同位体が含まれており、軽い同位体の方がずっと多い。その比率は水が蒸発する過程で変わっていくが、気温によっても変わる。地球の気温が高くなると重い同位体の比率が高くなり、雨として降ると地上の水の同位体比も変わる。

10 最終氷期に起きた気温の急上昇は、デンマーク人とスイス人の共同発見者の名にちなんで「ダンスガード・オシュガーサイクル」と呼ばれている。その他にも、完新世へ移行する間のベーリング・アレレード期とヤンガードリアス期末にも、温暖化は起きている。この二つの温暖化の方がダンスガード・オシュガーサイクルよりもはるかに有名で、特異な事象だとたいてい考えられている。だが、同じようなパターンは数多く発生しており、これらはごく最近の事例にすぎないと考える研究者もいる。

11 Fordham et al. 2020, p.1.

12 これとは別に、単純だが重要な洞察が古遺伝学と分類学の学際的な研究結果から得られている。それは種の年齢、つまり存続期間に関わるものだ。たとえば、更新世以前に進化した動植物は気候の大変動を生き延びてきたので、さまざまな適応形質を発達させて維持する機会があった。だが、それ以後に進化を遂げた若い種群にはそうした進化史がないので、絶滅の危険性が高いかもしれない。

13 Fordham et al. 2020, p.3.

14 こうした興味深い事例研究はいずれもさらに読む価値がある。たとえば、ローマ帝国の終焉に影響を及ぼした火山は、地球の裏側にあるアラスカの小さな島で噴火したのだが、大気中に火山灰をまき散らしたので、2 年間にわたってイタリア半島の気温が 7℃も低下した。McConnell et al. 2020, Pederson et al. 2014, Waldinger 2013 を参照。

15 21 世紀に入ってから、世界中で武力紛争が 40% 近く増加している。Pettersson and Öberg 2020 を参照。

16 当然のことながら、気候変動に起因する人の国内外への移住は、農業に依存する国々で最も多い。しかし、移住は貧富の差にも強く影響され、自国の高い生活費はまかなえないが、移住するための資金はあるという中所得国で最も多くなる。移住率が低いのは、経済的な余裕がない低所得国や、状況が変わっても快適に暮らせる富裕層の多い国だ。人の移動とは、社会的可塑性という形をとった富の興味深い事例だ。裕福であればあるほど、移動するか、あるいは金で適応をまかなうかを選べるからだ。Hoffman et al. 2020 を参照。

17 ニュース検索をしてみても、魔女裁判自体のことは何もわからなかったが、同じように非理性的なスケープゴート〔不満や憎悪を他に逸らすための身代わ

地を奪ったり乱獲したりしているせいで史上6番目となる大量絶滅が引き起こされていると、リーキーとレウィンはコルバートと同じように説得力をもって主張をしていた。ただし、その本では、現代の気候変動については言及もされていなかった。

第13章

1 Schlegel 1991, p.27.

2 今日では北米のディアトリマとヨーロッパのガストルニスを同じ属に分類する研究者が多い。大きなものは2メートル近くになり、長年、獰猛な捕食者だと考えられていた。しかし、ルネ・ラヴが「優しい巨人」と呼んでいるように、この鳥は植物食で、強大な嘴で種子や果実、植物の木質部を噛み砕いて食べていたと考える研究者もいる。

3 葉縁の形と気温の正確な関係は、単純そうだが明確に説明できない自然界のパターンの一つである。鋸歯は確かに蒸散（水分の流れ）作用を高めるので、季節変化のある寒冷な環境では、その形状のおかげで植物は成長する機会を最大限に生かせるのかもしれない。一方、熱帯では鋸歯がない方が脱水を防げるかもしれない。しかし、もっと単純な理由、つまり異なる条件下での葉の成長効率という直接的な作用によるものだと示唆する研究もある。Wilf 1997 を参照。

4 Bailey and Sinnott 1916, p.38.

5 「暁新世－始新世温暖化極大」期は、地球の平均気温が現在よりも5℃から9℃高かった。ラヴのデータがこの範囲よりもかなり高い値なのは、調査地の緯度によるところもあるが、主に標高のためである。調査地の標高は海抜ゼロメートルで、これまでに研究された数少ない低地の湿性雨林の一つだった。

6 将来のシナリオを過去の特定の条件と比較する気候モデルによると、炭素排出が止まらない現代の世界と歴史的に最も似ているのは始新世である。排出量を中程度に抑えた場合は、将来の気候は鮮新世中期に近いものになる。これは、330万年前の温暖な時期で、気候は始新世ほど極端ではなかった。Burke et al. 2019 を参照。

7 現在のインドにあるデカン・トラップ〔デカン高原を覆う玄武岩の溶岩台地〕に関連する大規模な火山活動が、恐竜の絶滅（と、同時に起きた大量絶滅）の原因であるとする別の仮説もある。しかし、その説も煎じ詰めれば、短期間の寒冷化の間に二酸化炭素による温暖化が散在するという、気候に起因する現象と考えられる。小惑星の衝突と地球規模の冬が、気候変動のストレスをすでに受けていた動植物にとどめを刺したという複合説を論じる研究者もいる。

8 始新世初期に気候が変化していたことに古生物学者が気づく以前から、有孔虫という微小な有殻のプランクトンの多様なグループが、大量の化石を残してこの時期に絶滅したことは知られていた。その原因は海水の温度と酸性度の上昇

3 Austen 2015, p.183.

4 Beechey 1843, p.46.

5 ヒメウミスズメが好む海氷に依存する動物プランクトンのうち、少なくとも2種は、氷河と海水の境界には生息していない。しかし、カイアシ類と呼ばれる小さな甲殻類がたくさんいるので、その甲殻類で不足分を補っているらしい。

6 マルハナバチの唾液に含まれている化学物質が、この効果を高めている可能性が高い。ハチによる損傷を模した実験で、鉗子とカミソリで葉を傷つけたところ、開花時期は早まったものの、ほんのわずかだった。Pashalidou et al. 2020 を参照。

7 太古にためこまれた塚には専門用語で「アムベラト〔固まった糞〕」と呼ばれる物質が含まれている。アムベラトは非常に硬いので、中身を取り出すためにはハンマーで叩き割り、その塊を何日間も水に浸けておく必要がある。パックラットの塚は少なくとも炭素年代測定法が使える限界である5万年前にまで遡るが、もっと古いものもあるかもしれない。

8 Lenz 2001, p.61.

9 巨大動物の絶滅がもたらす影響の全体像については、ほとんど研究されていないのでまだよくわかっていない。最も興味深い可能性として、北極地方ではマンモス、ケブカサイ、バイソン、ウマなどの草食動物がいなくなったことで、ステップのようなイネ科草原だった地域が現在のようなコケに覆われたツンドラに変わったのではないかと考えている研究者もいる。シベリアにある「更新世パーク」という私設の研究保護区で、ウマ、ヤク、ジャコウウシなどの有蹄類を使った実験をした結果では、姿を消した草食動物を再導入すると、生態系が草原に戻り、炭素隔離を促進して、永久凍土の減少を緩和する可能性があることが示唆されている。Macias-Fauria et al. 2020 を参照。

10 齧歯類による散布の難点は、距離が限られることだけではない。ジョシュアツリーの種子はオオナマケモノの腸内を無傷で通り抜けたようだが、リスやネズミは後で食べるために、種子を集めて蓄える。種子が無事に散布されるのは、貯蔵したあとで忘れられるか、放置される場合だ。だが、それは稀なことかもしれない。ある研究結果では、齧歯類が散布した836個のジョシュアツリーの種子のうち、発芽するまで生存できたのは3個だけだった。Vander Wall et al. 2006 を参照。

11 気候変動は生物多様性にとって広範囲にわたる重大な脅威であり、エリザベス・コルバートの『6度目の大絶滅』という優れた著書のテーマでもある。しかし、その影響が顕著になる前に、すでに動植物は他の人間活動がもたらす脅威にさらされていたのだ。しかも、その脅威は、人類学者でケニアの保全活動家のリチャード・リーキーとジャーナリストのロジャー・レウィンが20年前に『第六の絶滅』として著したほど深刻なのだ。われわれ人類が動植物の生息

5 Holdridge 1967, p.79.

6 ホールドリッジの研究と、気候変動生物学の予測モデリングという新分野との興味深い直接的な関係については、Emanuel et al. 1985 を参照してほしい。

7 オーデュボン協会の気候解析の際に、ウィルジーの研究チームはランダム・フォレストに似たブースト回帰木というアルゴリズムと、最大エントロピー法という印象的な名の手法とを組み合わせて利用した。Bateman et al. 2020 を参照。

8 オーデュボン協会の "Survival by Degrees" 報告と地図は、次のサイトで見ることができる。www.audubon.org/climate/survivalbydegrees.

9 統計学には「モデルはすべて正しくない。しかし、なかには役に立つものもある」という有名な格言がある。ウィルジーはこの格言を持ち出して、オーデュボン協会のモデルは気候変動と鳥について有益な洞察をもたらすのが目的なので、それゆえ詳細をすべて正確に表す必要はないのだと私に語った。そして、「このモデルには不確実な部分があるが、それでも異なるシナリオを比較することができる」と説明した。たとえば、地球の気温が「現在趨勢（BAU）」ケースでは、地球の気温が将来3℃上昇すると予測されている。その場合、モデルの予測によると、北米の鳥類の3分の2近くが中度から高度の絶滅危機に直面するという。しかし、気温の上昇を1.5℃に抑えられれば、その予測値は半分以下に下がる。「明らかなのは、行動を起こせば大きな変化をもたらすことができるということだ。これは力強いメッセージなんだ」とウィルジーは締めくくった。

10 植物は光合成に二酸化炭素を利用するので、大気中の二酸化炭素が増えれば、理論的には植物が育ちやすくなるが、その関係は単純ではない。コルカによれば、「確かに植物は二酸化炭素の増加を歓迎するが、すぐに他の要素（窒素の場合が多い）が足りなくなるので、成長が促進されるのはたいてい一時的だ」そうだ。

第12章

1 McCrea 1963, p.197.

2 「バタフライ効果」という用語の起源は、エドワード・ローレンツが1972年にアメリカ科学振興協会（AAAS）の学会で発表した論文に遡るとされることが多い。しかし実は、ローレンツのセッションを担当した同僚が、今では有名になった「予測可能性――ブラジルでチョウが羽ばたくと、テキサスで竜巻が起きるか？」というタイトルを思いついたということがのちに判明した。ローレンツ自身は、いつ頃からカモメではなくチョウを使うようになったのか、はっきりとは覚えていなかった。だが、この比喩はもともと、彼が別の気象学者の使ったものを改変して、長年にわたって（いずれかの形で）使っていたものだった。Dooley 2009 を参照。

3 コンゴ盆地におけるレフュージアの証拠はアマゾンよりもずっと首尾一貫しており、遺伝的多様性や種分化に対して、明らかな（極端なとまではいかないにせよ）影響がみられる。さまざまな事例についてはそれぞれ参考文献がある。陸生巻貝：Wronski and Hausdorf 2008, 森林性レイヨウ類：Ntie et al. 2017, ゴリラ：Anthony et al. 2007.

4 Rapp et al. 2019, p.187.

5 コンスタンス・ミラーによれば、彼女の研究チームがナキウサギの研究結果を発表したとき、科学界の最初の反応は、一言で言えば「排斥、あら探し、無視」だったそうだ。研究結果は朗報だったが、レフュージアで生き延びられるという結論は、ナキウサギが気候変動で絶滅に瀕している象徴的な種（ミラーの言葉を借りれば「温帯のホッキョクグマ」）であるという定説に反したからだ。しかし、長い目で見れば確かにそのとおりかもしれない。崖錐のレフュージアに生息することでどのくらい時間を稼げるのか、誰にもわからないからだ。しかし、ミラーは自分の研究がきっかけになって、危機に瀕している他の種（避難するレフュージアのないタカネシマリスなど）にも注意が集まり、調査が行なわれるようになることを願っている。

6 ナキウサギにとって、崖錐の恩恵は夏の涼しさにとどまらない。崖錐の奥深くの氷から融け出した水が斜面を下り、ナキウサギが依存する湿性草原の植物を潤す。さらに、崖錐には冬期にも利点がある。岩の上に雪が積もると中に空気を閉じ込めて、外の酷寒を遮断してくれるのだ。ナキウサギは冬眠しないので、これには重要な意味がある。越冬期にナキウサギは暗い穴に身を潜めて、ずっと目覚めたまま、ためこんだ干し草の山をかじって過ごすのを好むからだ。Millar and Westfall 2010 ならびに関連の文献を参照。

第11章

1 Jerome 1889, p.36.〔引用はジェローム『ボートの三人男』（丸谷才一訳、中央公論新社）より〕

2 フンボルトのチンボラソ山の分布図は文字どおりに解釈されることが多いが、熱帯アンデス地方の植生パターンを示す一般的なガイドとして描かれたもので、描かれている種や群集のなかには他の山系で観察されたものも含まれている。近年、チンボラソ山の気候研究の際に、この図を基準として使用しようとしたが、このような事情で一筋縄ではいかないようだ。Moret et al. 2019 を参照。

3 Holdridge 1947, p.368.

4 興味深いことに、レスリー・ホールドリッジがコスタリカで行なった調査費用の多くは、米国陸軍が支出していた。その当時、ベトナム戦争が拡大の一途をたどっていたので、米国陸軍は突然に熱帯の環境に興味を示し、単純な気候要因から地上の状態を正確に予測できるかどうかを知ろうとしたのだ。

裂する必要があるが、63本では均等に分かれることができないからだ。植物でも同じことが起きるが、植物は一枚上手である。多くの植物は栄養繁殖〔無性生殖の一種〕ができるので、不稔の雑種でも存続することができる。また、その染色体も自然に2倍になることがよくあるので、奇数の染色体を持った交雑個体が突然、生殖可能になることがあるのだ。この問題についての興味深い概説はHegarty and Hiscock 2005を参照してほしい。

9　雑種強勢として知られている現象では、たいてい雑種第一代が特に頑健になる。その理由は完全にはわかっていないが、ヘテロ接合性が増したから、つまり異種の両親によって、何らかの形質の遺伝的多様性が高くなるからだと考えられている。しかし、雑種同士で繁殖していくと、世代を経るごとに遺伝子の均質化が進み、その影響はじきに失われていく。園芸家や農家はこのことをよく知っているので、交雑品種の種子を毎年購入する。交雑品種の種子からは、最初の年は実りの多い大きな作物が育つが、そうした特性が子孫に確実に伝わるわけではない（したがって、種子生産者のマーケティングにとっては幸いなことに、交雑品種の新しい種子に対する需要は安定している）。

第10章

1　ローレンタイド氷床の辺縁では、崖錐の中を冷たい空気が降下するのと同じ原理がはるかに大規模で働いていた。厚みが1600メートルほどある氷河の表面で冷やされて高密度になった空気が縁から絶えず流れ落ちて、気象学者が「カタバティック風」と呼ぶ斜面降下風が生じ、周辺地域では、冬期にはたいてい秒速25メートルを超えるような風が吹き荒れていた。氷河期の天候にはたくさんモデルがあるが、その一つについてはBromwich et al. 2004を参照してほしい。

2　熱帯のレフュージアについては、新種を生み出すのに一役買ったという説をめぐって論争が起きている。1969年にドイツのユルゲン・ハッファーという鳥類学者が提唱した説は有名だ。彼によると、更新世（もしくはそれ以前）にアマゾンの雨林が拡大や縮小をしたことが一因となって、その地域に類を見ない生物多様性がもたらされたのだという。生物種の分布域が何度も縮小し、個別のレフュージアになったために、著しい生殖隔離〔個体群間で子孫ができなくなること〕が起きたので、並外れた速さで個体群が分岐し、種分化が起きたというのだ。このパラダイムは数十年は通用したものの、花粉記録の分析によって雨林の縮小の頻度と規模に疑問が投げかけられ、さらに遺伝子分析によって更新世に種分化が急速に進んだグループがほとんどいないことがわかり、ほころび始めた。アマゾン地方の生態系で多様性が豊かな理由について、現時点では意見の一致をみていない。誰もが認めるのは、複雑すぎるという点だけだ。この問題に関する最近の概説はRocha and Kaefer 2019を参照してほしい。

て冷たくなったカップのところへ戻ったときに、何かが違っていることに気がつくだろう。私の実験では、コーヒーが冷めたとき、7ミリメートルほど少なくなっていた。誰かが一口飲んだのではないかと思うほどの減り具合だ。蒸発して減った分もあるが、ほとんどは温度が下がったことによるものだ（この実験をやって、私と同様に冷めたコーヒーを飲んでみようと思う人には、金属の定規を使うことをお勧めする。あとで気づいたのだが、木製の定規を熱いコーヒーに浸けると、塗ってあるニスが熱で溶け出したせいで、コーヒーに不快な酸味がしてまずくなってしまった）。

4　性選択の重要性とその動因については、進化生物学者の間で長期にわたり論争が続いている。単なる好みの問題、つまり、美のための美なのだろうか？　それとも、好まれる形質は、その背後で健康状態を示す何らかの指標と結びついていて、いかに親として適応度が高いかを宣伝しているのだろうか？　両方の説を裏付ける証拠が挙がっている。必ずしも互いに相容れないものではないが、このような不確実性があるために、性選択はこれまで進化研究で脚光を浴びてこなかったのだろう。この問題は Prum 2017 で詳しく説明されているので参照してほしい。

5　気候変動がもたらす他の難題と同様に、繁殖期にイトヨが直面する問題も、人間が引き起こした別の問題のせいで深刻化している。藻類が繁茂しているのは、水温の上昇だけでなく、農業や下水などの陸上の活動から栄養過多の排水が海に流入するせいでもあるのだ。

6　遺伝的浮動は小さな個体群に対しては悪影響を与えると一般的に考えられている。ランダム性が自然選択の力を上回ると、有害な突然変異が蓄積しやすくなるからである。つまり、普通ならば自然選択の作用で遺伝子プールから取り除かれるような形質が、そのまま残されてしまいがちなのだ。しかし、自然界では小さな個体群のままで長年にわたって存続している種も多い。この矛盾を説明する「浮動頑健性」（と提唱者は呼んでいる）に関する新説がある。生存に有利な突然変異が生じる率と、生存に不利な突然変異が生じる率が、あるときに数学的な平衡に達し、それが持続するという説だ。興味深い論考が LaBar and Adami 2017 にあるので、参照してほしい。

7　Montana Conservation Genetics Lab website: www.cfc.umt.edu/research/whiteley/mcgl/default.php.

8　植物の雑種の方が動物よりも生きながらえることが多い理由はいくつもある。最も重要な理由の一つは、染色体の数と関係がある。親となる種同士の染色体の数が異なっていると、雑種が受け継ぐ染色体はたいてい奇数になるので、不稔〔動物では不妊〕になる。たとえば、ウマの染色体は 64 本で、ロバは 62 本なので、ラバではかわいそうなことに 63 本になってしまう。染色体が 63 本だと、卵と精子が正常に発生できない。有性生殖では減数分裂によって細胞が分

病と関連があるという説もある）については、Bateman et al. 2004 に興味深い考察があるので参照してほしい。

6　カリフォルニアタンポポにとっては踏んだり蹴ったりだが、セイヨウタンポポの花粉をたやすく受け入れてしまうことで、交雑によって遺伝的には消滅してしまう危険が高まっている。

7　この海洋熱波はエルニーニョ現象と関係がある。この現象は地球の温暖化に伴って頻度と激しさが増すと気候学者は予測している。興味深いことに、これまでにもこのようなサイクルに晒されたと考えると、アメリカオオアカイカがこれほど劇的な可塑性を進化させて維持している理由が説明できるかもしれない。この可塑性は気候変動の苦難を切り抜けるのに役立つ形質と考えられている。Hoving et al. 2013 を参照。

8　魚たちは繁殖や攻撃をやめることで、エネルギー消費を抑えているのかもしれないとキースは考えている。そう考えると、白化現象が起きたあと、数年間は魚の個体数が減少しないことの説明がつくからだ。エネルギーを節約しておとなしくしていれば、成魚はどうにかやっていけるだろう。だが、寿命が尽きて死ぬ個体が出始めたとき、あとを継ぐ新しい世代はいないのだ。

9　理論的には、環境が変わりやすいところでは、可塑性を備えた種は有利になる。緯度に関してこのことを裏付ける証拠が見つかっている。温帯に生息する動植物の方が、熱帯に生息する近縁種よりもたいてい可塑性が高い（ただし、常にそうだというわけではない）。この傾向が進化したのは、高緯度地方の方が季節の変化による年間の最高気温と最低気温の温度差が大きいうえに、更新世の氷河期に由来する気候の大変動を何度も経験してきたからだろう。

第９章

1　Di Lampedusa 1960, p.28.

2　そのクモは河川の上に大きな巣を張って集団で暮らしている。嵐のあとでは、攻撃性の高いコロニーが繁栄して、子孫にその形質が受け継がれる。その理由はまだ専門家にもわかっていないが、限られた獲物を捕食する効率や、競争相手を駆逐する能力と関係があるかもしれない。Little et al. 2019 を参照。

3　気候変動の基本的な性質について、家庭の台所の実験で得られる教訓がもう一つある。それは海面上昇に関係することだ。南極とグリーンランドの氷床が融けているせいで、世界中の海水面の上昇に拍車がかかっているが、今日まで起きた上昇の半分以上は熱によるものである。簡単にいえば、水は温められると膨張して体積が増えるので、海洋の水温が上がれば、体積が増加するのだ。この現象（の逆）は、台所の簡単な実験で明らかにできる。もっとも、やり遂げられない人もいるかもしれない。まず、熱いコーヒーをカップに注いで、コーヒーの深さを測り、それから飲まずに放っておく。これができれば、忘れられ

ラデーはリードの大叔父にあたり、電気化学の分野でもっと有名な難問にファラデー・パラドックスという名がつけられている。

20 この数値は1974年から2005年まで追跡された254羽の鳥の平均値である。著者らは分布域の前縁と後縁の変化、および、フェイの「地理的中心」とよく似た指標である「個体数の中心」の変化を調査した。La Sorte and Thompson 2007を参照。

第8章

1 Carver 1915, p.74.

2 タンパク質だけを多く摂って体重を増やす（あるいは維持する）のに苦労するのは、クマだけではない。アトキンス・ダイエットからシュガーバスターやサウスビーチ・ダイエットまで、減量法はいずれも高タンパクモデルに頼っている。たとえば、スティルマン・ダイエットをしている人は、カロリーの68%をタンパク質から摂取する。これは、川を遡上するサケだけを食べるクマとだいたい同じ割合だ。

3 人間の可塑性のよく知られたもう一つの事例は、高地で生活する人にみられる適応である。高地で暮らす人は赤血球の数を増やしたり、呼吸パターン、心拍数、血圧などを調整したりすることで、大気中の酸素が少ない状態に対応している。運動選手はこうした環境でトレーニングを行なったり、睡眠をとったりすることで、一時的な恩恵が得られると考えられている。競技のために標高の低いところへ戻ったときに、酸素摂取量が増えるからだ。アメリカのオリンピック選手のトレーニング施設がロッキー山脈の麓に造られていたり、ヨーロッパのチームがアルプス山脈でトレーニングをしたり、山地の少ないオーストラリアのトップ選手が、人工的に内部の空気を3000メートル上空と同じ状態にした「高地ハウス」と呼ばれる施設で過ごしたりするのはそのためである。

4 通常は、人の身長の80%は遺伝で決まり、残りの20%が可塑性と環境の影響によって決まる。しかし、少なくとも50個もの異なる遺伝子が関わっているので、バラツキが大きい。McEvoy and Visscher 2009を参照。

5 鳥類やハムスターからホモ・サピエンスに至るまで、この興味深い関係がみられる。発生段階や幼児期にストレスがあると、低身長や低代謝をはじめとしてさまざまな生理的な違いが生じる。それらはいずれも厳しい状況に対する適応と考えられる。厳しい状況下では食物が不足するかもしれないので、大きな体を維持するのが難しくなるからだ。しかし、生涯の後半で環境が大きく変化した場合には、効率の良い小さな体は問題になることがある。たとえば、小さな身体で大量の食物を消化しようとすると健康を害することもあるし、大型の個体の方が豊富な資源を獲得するのに適しているので、小さな個体は競争で不利になるかもしれない。こうした可塑性が人間の疾病率に及ぼす影響（二型糖尿

や『イソップ物語』)、科学的考察（たとえば、アリストテレス、プリニウス、アエリアヌス）に1000年以上にわたって繰り返し登場した。Ovadiah and Mucznik 2017を参照。

3 リンネは鳥類の知識を誇っていたが、最も有名なのは植物学の分野である。1757年に発表された『鳥類の渡り』という論文はリンネ一人の作とされることが多いが、実際はウプサラ大学の教え子だったカロルス・ダニエル・エクマルクの研究をまとめたものだ。研究者はおおむねエクマルクとリンネが論文を共同執筆したと考えている。Heller 1983を参照。

4 Ekmarck 1781, p.237.

5 White 1947, p.60.

6 White 1947, p.124.

7 White 1947, p.124.

8 White 1947, p.129.

9 White 1947, p.162.

10 White 1947, p.124.

11 ギルバート・ホワイトは、自分がセルボーンについて記した一風変わった小著が、出版史上最高のベストセラーの一つとして今なお版を重ね、300種ものバージョンが刊行されているということにも、さぞ驚くだろう。

12 科学者も快適域を求めて新しい土地へ移動することが知られている。2016年にアメリカ合衆国の大統領に事実や科学嫌いで知られる人物が選出されて、パリ協定から脱退した。そのとき、新しい気候研究プログラムを立ち上げたフランスのエマニュエル・マクロン大統領の招きに応じて、アメリカの一流の学者や学生たちが何十人も歓迎ムードのフランスへ移住した。7000万ドルをかけたそのプログラムの名称は、「地球を再び偉大に」である〔「米国を再び偉大に」というトランプ大統領のスローガンをもじった名称〕。

13 さほど知られていないが、海洋でも関連したパターンが起きている。海面温度が上昇するにつれて、冷水に生息する生物種が深海へ降りていっているのだ。これは行動圏（ホームレンジ）だけでなく、鉛直移動〔海洋の深い層と浅い層との間の移動〕という短期的な動向にも影響を及ぼす。セレンゲティのレイヨウ類の大移動は衆目を集めるが、水柱の中を毎日上下するプランクトンの動きこそ地球最大の大移動である。

14 シェイクスピア『マクベス』4幕1場。Bevington 1980, p.1239.

15 シェイクスピア『マクベス』5幕6場。Bevington 1980, p.1247.

16 Crimmins et al. 2011.

17 Reid 1899, p.25.

18 Reid 1899, p.28.

19 パラドックスは、この一族に付き物だったようだ。物理学者のマイケル・ファ

その過程はたいていもっと微妙で複雑である。たとえば、ペルーでのベン・フリーマンの調査で、頂上から姿を消したり、減少していたりしたことがわかった鳥のなかには、下から上がってきた鳥と直接の競争関係にあるものは一種もいなかった。

6　湖は、水面で大気から二酸化炭素を取り込む他にも、周囲の環境から流入する腐敗した落ち葉や木材などの有機物が放出する二酸化炭素も受け取るので、気候変動による酸性化の影響だけを抜き出して研究するのが難しい（Weiss et al. 2018 を参照）。海洋の炭素循環も、大気から取り込まれるだけではないので複雑だが、炭素のさまざまな供給源を特定するのは比較的たやすい。

7　発泡飲料はいずれも弱酸性だが、セルツァー（天然発泡ミネラルウォーター）は炭酸の影響を検証するのに向いている。クラブソーダ（炭酸水）には中和塩が入っているし、コーラのような甘味飲料には他の酸や成分が入っているので影響を区別できないからだ。私たちはアヒルの卵を使ったが、鶏卵でも同じようにうまくいくだろう。カメの卵が手に入れば最高だ。カメの卵殻は、カキの幼生や有殻翼足類の殻と同じようにアラゴナイトでできているからだ。鳥の卵殻は頑丈なカルサイトでできているが、セルツァーは海水よりもずっと酸性度が高いので、実験はうまくいくだろう。最後に残るのは、ゴムのような半透明の膜だけに覆われた卵だ。うちの実験では、卵殻が消失するまでに 17 日間かかった。その間、途中でガスが抜けるといけないので、定期的にセルツァーを交換した。炭酸が殻を腐食する様子がよくわかるし、ポットラック（持ち寄り）パーティーで誰かにもらったまま、自宅では誰も飲まなくて戸棚にしまい忘れていた古いセルツァーを始末する方法としても悪くない。

8　もっと正確に言えば、炭酸は水素イオンと炭酸水素イオンに分解される。この水素イオンはその後、海水中にある炭酸イオンと結合して、さらに炭酸水素イオンを形成する。水中に含まれる遊離炭酸イオンの量が少なくなると、水素イオンは炭酸イオンをもっと手に入れるために、殻を溶かし始める。その結果、殻の形成や修復に利用できる遊離炭酸イオンがほとんどない腐食性の高い環境になる。

第 7 章

1　Mackay 1859, p.151.

2　アリストテレスはツバメが冬眠するという考えを認めていただけでなく、シロビタイジョウビタキやムシクイ類のような小鳥は、特定の季節になると他の種に変わると考えていた。古代に信じられていた奇妙な説のなかには、ツルはナイル川の上流域に渡り、ヤギに乗ったピグミーの戦士と戦いながら越冬するというものがある。前半はあながち間違いとは言えないが、後半は奇想天外な発想である。このテーマは芸術作品や物語（たとえば、ホメロスの『イリアス』

がじょうごを探っているうちに足を滑らせて、底にある収集瓶の中に落ちてしまう仕組みだ。

6 Darwin 2004, p.355.

7 モンタナ大学の昆虫学者のダイアナ・シックスはアメリカマツノキクイムシの大発生について講演するときは、よく最初にキクイムシとネズミの糞の画像を横並びにして見せる。

8 Cooke and Carroll 2017 でこのように述べられている。

第6章

1 Wodehouse 2011, p.186.〔引用は『でかした、ジーヴス！』（森村たまき訳、国書刊行会）より〕

2 私の調査では、小枝を編んで作った巣を森の中に何百個も設置して、粘土製の柔らかい卵を入れておき、捕食者が来て卵に嚙みつけば歯形が残るようにしておいた。この企ては成功し、齧歯類をうまくだますことができた。その結果、出っ歯の嚙みつき跡は、森の大小にかかわらず同じ比率で残されていることがわかった。つまり、調査地に広く生息しているネズミ類の分布と合致していたのだ。しかし、その後にビルの研究チームが、1000個以上に及ぶ本物の鳥の巣を見つけて、その運命を調査した結果、分断されて小さくなった森では実際のところ、ほとんどの鳥類で巣の卵が捕食される割合が高くなっていることがわかった。小さな森では、猛禽類やヘビなどの齧歯類以外の捕食者にも狙われやすいからだろうと研究チームは考えている。Newmark and Stanley 2011 を参照。

3 フリーマンたちが指摘しているように、標高の高い方へ向かう移動が広くみられるのは熱帯地方だけではなく、いたるところで多くの種が同じ行動をしている。温帯の山地でも同様な変化はみられるが、個体や集団に特異的で、状況によって異なる。フリーマンは季節性も関係しているのではないかと述べている。温帯の生物は、空間的にも時間的にも対応することができる。たとえば、新しい場所へ移動するのではなく、春の繁殖を早めることもできるのだ。しかし、熱帯ではそうした対策の多様性は存在しない。「もし熱帯の鳥がある気候を好むとしたら、その気候を見つけに出向かないといけない」のだ。

4 昆虫が気候変動に応答して移動すると、その昆虫が媒介する病原体も一緒に移動するので、鳥も人間と同じようにさまざまな病気にかかる。たとえば、鳥マラリアもヒトのマラリアと同じように温暖化した地域へ拡大しており、ハワイで何種かの稀少なハワイミツスイが減少したり、その分布域が標高の高い方へ移動していることとの因果関係が認められている。Liao et al. 2017.

5 標高の高い方へ向かう移動は、競争による連鎖反応であると説明されることがある。標高の低い場所にいる生物種が上に向かって移動すると、行く手にいる種を押し上げてしまうのだ。そうした連鎖が生じることもあるかもしれないが、

受ける関係にはたいてい勝者と敗者がいることを思い出させてくれる。ヒトデにとっては地獄だが、ヒトデのウイルスにとっては天国なのだ。

4　ロバート・ペインは最初、「捕食して被食者の個体数を抑制することで、群集の構造と多様性を維持する、中位から高位の捕食者」がキーストーン種（中枢種）であると定義していた。その後、この用語の意味が広がって、それが属する生態系にきわめて大きな影響を及ぼすあらゆる種を含むようになった。

第5章

1　シェイクスピア『テンペスト』第2幕第2場。Bevington 1980, p. 1511.〔引用は『テンペスト』（松岡和子訳、筑摩書房）より〕

2　カッショクペリカンの分布域が一時的にエトピリカと重複していることは、気候変動の相反する影響が、ますます多くみられるようになってきたことを反映している。温暖化によってペリカンは分布域を北へ拡張できたが、エトピリカにとっては暑すぎるのだ。エトピリカは気温がその快適域に収まっているアラスカ沿岸ではまだ普通にみられるが、分布域の南部では劇的に減少している。ワシントン州では以前はありふれた鳥だったが、2015年に州の絶滅危惧種リストに掲載された。一方、かつては個体数がきわめて少なかったカッショクペリカンは、同じ年に同リストから外されるほど数が増えた。

3　フジツボが345キロメートルも移動するのはさぞかし大変だろうと思われるかもしれないが、幼生のときに海流に乗れば、長距離を移動できるのだ。巻貝、イソギンチャク、甲殻類、コケムシ、被嚢類、棘皮動物、魚類を含めて、幼生のときに分散する海洋生物は他にもたくさんいる。

4　スタファン・リンドグレンは、アメリカマツノキクイムシがこの一風変わった習性を進化させたのは競争を避けるためだと考えている。菌類の助けを借りて、生きた樹木を攻撃することで、他のキクイムシの仲間には利用できない膨大な食物と生息場所を手に入れたのだ。枯れ木や弱った木に他のキクイムシの仲間と一緒に生息していることもあるが、そうした競争の激しい環境ではあまり繁栄できていない。リンドグレンの言葉を借りれば、「なんとか持ちこたえている程度」なのだ。Lindgren and Raffa 2013を参照。

5　「悪夢でした」とリンドグレンは言って、ねばつく糊を塗った金網で甲虫を捕まえていた旧来の方法を説明した。糊は服や髪の毛にも付くし、捕れた標本を網から取り外すために溶剤で何時間も処理する必要があったそうだ。「僕は基本的にまめではないから、もっと良い方法があるはずだと思ったんです」とリンドグレンは言って笑った。その不精さのおかげで、じょうごをいくつも積み重ねた太い棒のような巧妙な装置が生まれた。キクイムシは多様性が高くて世界中に6000種いるが、適切なフェロモンを仕掛ければ、そのうちかなりの種を捕まえることができる。フェロモンに惹きつけられてやってきたキクイムシ

寒の戻りや降雪がみられることも珍しくないと説明を続けた。そして、保守的な植物にとっては、慎重な対応をする方がかつては有利に働いていたのではないかと推測し、「ニューイングランドの人たちに似ている。慎重なのさ」と冗談を言った。

6 Thoreau 1966, p.103.

7 Thoreau 1906, p.349.

8 ソローの鳥類観察と現代のデータを突き合わせてみると、気候が渡りに及ぼす影響が一つ見出せる。渡りをしなくなった鳥がいるのだ。ゴマフスズメやムラサキマシコなどの種は、厳しい冬を逃れるために少なくとも短距離の南下をしていたが、今ではわざわざ移動せずに、ウォールデン池周辺で通年居心地よく暮らしている。ソローもうちの庭に来るシマセゲラを見たら、驚いただろう。最近の数十年で分布域が何百キロメートルも北へ移ったからだ。郊外でバードフィーダーなどを出す家が増えたこともこうした傾向に拍車をかけているのかもしれないが、研究によれば気温が暖かくなったことが主要な要因として挙げられている。Kirchman and Schneider 2014 を参照。

9 Fritz 2017 を参照。

10 アメリカ西部にはリシリソウのいくつかの変種が広く生育しているが、その分布域には必ずこのリシリソウヒメハナバチが生息している。また場所によっては、同じようにジガシンを解毒できるハナアブも生息している。

第4章

1 この引用文は、マーク・トウェインやSF作家のロバート・A・ハインラインのものとされることがよくあるが、誤りである。この言い回しは1973年に出版されたハインラインの『愛に時間を』という小説の中に出てくるが、それより何十年も前に登場していた。おそらく、1887年の『教えられたままの英語――公立学校の試験問題に対する真の解答（*English as She is Taught: Genuine Answers to Examination Questions in our Public Schools*）』という作品集で、氏名不詳の児童が述べた同じような言葉にまで遡るのではないか。そこには、「気候はずっと続くものだが、天気は数日にすぎない」と表現されている（Le Row 1887, p.28）。トウェインは、同年にこの本の熱狂的な書評を『ザ・センチュリー・マガジン』に掲載し、その中でこの言葉を引用した。

2 純粋なウイルス株を分離・培養するのはきわめて難しく時間もかかるが、ハーヴェルの研究チームは、病気のヒトデから採取したウイルス大のサンプルが健全なヒトデに感染することを突き止めた。また、そのサンプルからは、病気を引き起こした疑いのあるウイルス（イヌに致死性の感染症をもたらすイヌパルボウイルスの近縁種）のDNAが検出された。Hewson et al. 2014 を参照。

3 ウイルスや細菌などの病原体は温暖な環境で繁栄するので、気候変動の影響を

4　Priestley 1781, p.25.
5　Priestley 1781, p.36.
6　Priestley 1781, p.35.
7　Priestley 1781, p.28.
8　プリーストリーが発明した炭酸水は当初、壊血病の治療に役立ちそうだと勘違いした英国海軍の軍医の間でもてはやされた。今もそうだが、当時も医学の進歩に寄与することが、科学研究や科学への資金援助をする大義名分だと見なされていた。ジョゼフ・ブラックは膀胱結石の治療薬を見つけ出そうとして、二酸化炭素の研究を始めていた。
9　発酵というと、一般的には微生物の活動と結びつけられるが、実際にはもっと広くみられる基本的な代謝活動である。人間の筋肉は血中酸素が減少すると発酵作用を利用するので、乳酸が蓄積して、長距離走などのレースの後半になると、選手の足がつったりする。イースト（酵母）も発酵に依存しているので、発酵時に二酸化炭素が発生して、パンが膨らみ、小さな気泡ができる。そして、トーストしたときに溶けたバターやジャムの溜まる場所になるのだ。
10　圧力と温度の関係は、皮肉なことに、内燃機関の仕組みで一般によく知られている。シリンダーの中では、燃料と混ざった空気がピストンによって圧縮されるので、非常に高温になる。ガソリンエンジンではスパークプラグで点火して燃焼させるが、ディーゼルエンジンでは圧縮熱だけに頼って燃焼させる。

第３章

1　Wisner 2016, p.24.
2　プリマックの研究チームは、ウォールデン池では冬も暖かくなっていることを確認したが、春がいかに暖かくても、1月の気温が低い年には開花を早めない植物もあった。秋の気温と春の開花の関係を明らかにした研究もある。1年を通じての状況の変化によって、特定の季節の生物学的現象に影響が出ることがあるのだ。Miller-Rushing and Primack 2008 を参照。
3　同じ時期の世界の気温は平均して0.8℃上昇しており、ウォールデン池の温暖化はそれを上回っている。このことから、地球上には他の地域よりも温暖化が急速に進んでいる場所があることがわかる。ウォールデン池の気温上昇は、近くのボストンと周辺の都市化の影響も受けている。植物が失われて、熱を吸収する舗装面や建物が増えると「ヒートアイランド」効果が生じて、都市部の気温は明らかに郊外よりも高くなるからだ。
4　Thoreau 1966, p.197.
5　気温の変動に迅速に応答することは、気候が温暖化する以前には有害だった可能性もある。プリマックは「ニューイングランドの森の天気は、世界の温帯地域のなかで最も変わりやすい」と言うと、春先に急激に気温が上がったあとで、

って、ロンドン地質学会から最高の栄誉であるウォラストンメダルを授与されている。Herbert 2005を参照。ダーウィン書簡プロジェクト（Darwin Correspondence Project）"Letter no. 282", 2018年9月3日アクセス。www.darwinproject.ac.uk/DCP-LETT-282.

8 Darwin Correspondence Project," Letter no. 282", 2018年9月3日アクセス。www.darwinproject.ac.uk/DCP-LETT-282.

9 Darwin 2008, p.279.〔原註9～11の引用はダーウィン『種の起源』（渡辺政隆訳、光文社）より〕

10 Darwin 2008, p.279.

11 Darwin 2008, p.303.

12 広すぎると言う人もいるかもしれない。断続平衡説は言語の発達史から新技術の普及まであらゆることを説明するのに引き合いに出されていると、スティーヴン・ジェイ・グールドはのちに困惑している。同じような急速な変化と停滞のパターンは珍しくないかもしれないが、グールドとエルドリッジは、大進化における個々の種の存続期間だけを説明する目的で、この仮説を提唱したのだ。

13 Von Humboldt and Bonpland 1907, p.9.

14 Von Humboldt 1844, p.214. Nina Sottrellによる翻訳（著者への私信）。

15 同上。

16 Arrhenius 1908, p.58.

17 Arrhenius 1908, p.53.

18 アレニウスが有名な気候計算を行なうようになったのは、氷期の周期（当時関心を集めていた話題で、科学界で議論されていた）に興味を引かれたからだった。アレニウスは、大気中の二酸化炭素濃度の減少が、いかにして過去の氷期を引き起こし、新たな氷期を誘発する恐れがあるかに注目した。そして、その新たな氷期を「温帯の国々に住む私たちが、アフリカのような熱帯地方に移住せざるを得なくなるような」現実的な脅威と見なした。Arrhenius 1908, p.61.

19 アレニウスにはけれん味が強いところがあり、自説のこの部分を述べたのは、生真面目な科学論文ではなく、ストックホルム大学で1896年1月に行なった大衆向けの講演でのことだった。Crawford 1996, p.154.

第2章

1 この引用はガリレオ本人の言葉とされることが多いが、それは誤りである。ガリレオの伝記作者の一人であるフランスのトマ＝アンリ・マルタンという学者が1868年に、ガリレオの科学に対する取り組み方を説明した言葉だ。Martin 1868, p.289. S. Rouysによる翻訳（著者への私信）。

2 Johnson 2008, p.41.

3 Priestley 1781, p.25.

註

序章

1　シェイクスピア『リア王』第1幕2場。Bevington 1980, p.1178.〔引用は『リア王』（松岡和子訳、筑摩書房）より〕

2　物語に対する脳の応答に関わる神経伝達物質のなかで、最も研究が進んでいるのはオキシトシンというホルモンだろう。共感や信頼感と密接な関係があることから、「道徳の分子」と呼ぶ研究者もいる（Zak 2012）。脳が物語を処理するときに放出されるオキシトシンなどの化学物質は、理解を深めたり、抽象的な概念を行動に変えたりするのに役立つと考えられている。

第1部

1　Wilson 1917, p.286.

第1章

1　Veblen 1912, p.199.〔引用はヴェブレン『有閑階級の理論』（高哲男訳、講談社）より〕

2　Burnet 1892, p.185.

3　これは、リンネが1737年の『植物学の批評（*Critica Botanica*）』で、神が定めた真正の植物と、園芸家が作り出した人為的品種とを区別するために述べた見解である。人為的変種は「自然による終わりのない戯れ」で生み出されたもので、長続きすることはなく、やがては真正な姿に戻るとリンネは考えていた。Hort 1938, p.197.

4　Hort 1938, p.197.

5　Hutton 1788, p.304.

6　Jefferson 1803.

7　ダーウィンは地質学への想いを綴った手紙を、1835年にビーグル号から聖職者で博物学者の従兄弟のウィリアム・ダーウィン・フォックス宛てに出している。その手紙でダーウィンはライエルの考えを称賛し、自然科学の他の分野よりも地質学は「はるかに広い思考の場を提供してくれる」と述べている。ダーウィンはのちに提唱した進化論の方が有名になり、地質学に関する業績はその陰に隠れてしまったが、南米の地質やサンゴ礁と環礁の形成に関する所見によ

は「競争」では繁栄しない』柴田裕之訳、ダイヤモンド社）

Vander Wall, S. B., T. Esque, D. Haines, M. Garnett, et al. 2006. Joshua tree（*Yucca brevifolia*）seeds are dispersed by seed-caching rodents. *Ecoscience* 13: 539–543.

Veblen, T. 1912. The *Theory of the Leisure Class*. New York: The Macmillan Company.（ヴェブレン『有閑階級の理論』高哲男訳、講談社ほか）

von Humboldt, A. 1844. *Central-Asien*. Berlin: Carl J. Klemann.

von Humboldt, A., and A. Bonpland. 1907. *Personal Narrative of the Travels to the Equinoctial Regions of America During the Years 1799–1804*, vol. II. London: George Bell & Sons.

Waldinger, M. 2013. Drought and the French Revolution: The effects of adverse weather conditions on peasant revolts in 1789. London: London School of Economics, 25 pp.

Wallace, A. R. 2009. "On the Law Which Has Regulated the Introduction of New Species（1855）." *Alfred Russel Wallace Classic Writings*: Paper 2. http://digitalcommons.wku.edu/dlps_fac_arw/2.

Weiss, L. C., L. Pötter, A. Steiger, S. Kruppert, et al. 2018. Rising CO_2 in freshwater ecosystems has the potential to negatively affect predator-induced defenses in *Daphnia. Current Biology* 28: 327–332.

Welch, C. A., J. Keay, K. C. Kendall, and C. T. Robbins. 1997. Constraints on frugivory by bears. *Ecology* 78: 1105–1119.

White, G. 1947. *The Natural History of Selborne*. London: The Cresset Press.（ホワイト『セルボーンの博物誌』山内義雄訳、講談社ほか）

Wilf, P. 1997. When are leaves good thermometers?: A new case for leaf margin analysis. *Paleobiology* 23: 373–390.

Wilson, W. 1917. *President Wilson's State Papers and Addresses*. New York: George H. Doran Company.

Wisner, G., ed. 2016. *Thoreau's Wildflowers*. New Haven, CT: Yale University Press.

Wodehouse, P. G. 2011. *Very Good, Jeeves!* New York: W. W. Norton & Company.（ウッドハウス『でかした、ジーヴス！』森村たまき訳、国書刊行会）

Woodroffe, R., R. Groom, and J. W. McNutt. 2017. Hot dogs: high ambient temperatures impact reproductive success in a tropical carnivore. *Journal of Animal Ecology* 86: 1329–1338.

Wronski, T., and B. Hausdorf. 2008. Distribution patterns of land snails in Ugandan rain forests support the existence of Pleistocene forest refugia. *Journal of Biogeography* 35: 1759–1768.

Yao, H., M. Dao, T. Imholt, J. Huang, et al. 2010. Protection mechanisms of the iron-plated armor of a deep-sea hydrothermal vent gastropod. *Proceedings of the National Academy of Sciences* 107: 987–992.

Zak, P. 2012. *The Moral Molecule: How Trust Works*. New York: Plume.（ザック『経済

of the National Academy of Sciences 115: 7069–7074.

Schilthuizen, M., and V. Kellerman. 2014. Contemporary climate change and terrestrial invertebrates: evolutionary versus plastic changes. *Evolutionary Applications* 7: 56–67.

Schlegel, F. 1991. *Philosophical Fragments*. P. Firchow, transl. Minneapolis: University of Minnesota Press.

Simpson, C., and W. Kiessling. 2010. Diversity of Life Through Time. In *Encyclopedia of Life Sciences* (ELS). Chichester, UK: John Wiley & Sons. DOI: 10.1002/9780470015902.a0001636.pub2.

Sinervo, B., F. Mendez-de-la-Cruz, D. B. Miles, B. Heulin, et al. 2010. Erosion of lizard diversity by climate change and altered thermal niches. *Science* 328: 894–899.

Spottiswoode, C. N., A. P. Tøttrup, and T. Coppack. 2006. Sexual selection predicts advancement of avian spring migration in response to climate change. *Proceedings of the Royal Society B: Biological Sciences* 273: 3023–3029.

Squarzoni, P. 2014. *Climate Changed: A Personal Journey Through the Science*. New York: Abrams.

Stinson, D. W. 2015. Periodic status review for the brown pelican. Olympia, WA: Washington Department of Fish and Wildlife. 32 + iv pp.

Tape, K. D., D. D. Gustine, R. W. Ruess, L. G. Adams, et al. 2016. Range expansion of moose in Arctic Alaska linked to warming and increased shrub habitat. *PloS One* 11: e0152636.

Telemeco, R. S., M. J. Elphick, and R. Shine. 2009. Nesting lizards (*Bassiana duperreyi*) compensate partly, but not completely, for climate change. *Ecology* 90: 17–22.

Teplitsky, C., and V. Millien. 2014. Climate warming and Bergmann's Rule through time: is there any evidence? *Evolutionary Applications* 7: 156–168.

Teplitsky, C., J. A. Mills, J. S. Alho, J. W. Yarrell, et al. 2008. Bergmann's Rule and climate change revisited: disentangling environmental and genetic responses in a wild bird population. *Proceedings of the National Academy of Sciences* 105: 13492–13496.

Terry, R. C., L. Cheng, and E. A. Hadly. 2011. Predicting small-mammal responses to climatic warming: autecology, geographic range, and the Holocene fossil record. *Global Change Biology* 17: 3019–3034.

Thoreau, H. D. 1906. *The Writings of Henry David Thoreau: Journal, Vol. VIII, November 1, 1855-August 15, 1856*. B. Torrey, ed. Boston: Houghton Mifflin.

Thoreau, H. D. 1966. *Walden and Civil Disobedience*. New York: W. W. Norton & Company.（ソロー『ウォールデン　森の生活』今泉吉晴訳、小学館ほか）

Tyndall, J. 1861. The Bakerian lecture: on the absorption and radiation of heat by gases and vapours, and on the physical connexion of radiation, absorption, and conduction. *Philosophical Transactions of the Royal Society of London* 151: 1–36.

Johnson.
Primack, R. B. 2014. *Walden Warming: Climate Change Comes to Thoreau's Woods*. Chicago: The University of Chicago Press.
Primack, R. B., and A. S. Gallinat. 2016. Spring budburst in a changing climate. *American Scientist* 104: 102–109.
Prum, R. O. 2017. *The Evolution of Beauty: How Darwin's Forgotten Theory of Mate Choice Shapes the Animal World*. New York: Doubleday.（プラム『美の進化』黒沢令子訳、白揚社）
Rapp, J. M., D. A. Lutz, R. D. Huish, B. Dufour, et al. 2019. Finding the sweet spot: shifting optimal climate for maple syrup production in North America. *Forest Ecology and Management* 448: 187–197.
Raup, D. M. 1994. The role of extinction in evolution. *Proceedings of the National Academy of Sciences* 91: 6758–6763.
Real, D., A. G. McAdam, S. Boutin, and D. Berteaux. 2003. Genetic and plastic responses of a northern mammal to climate change. *Proceedings of the Royal Society B* 270: 591–596.
Reed, T. E., V. Grotan, S. Jenouvrier, B. Saether, et al. 2013. Population growth in a wild bird is buffered against phenological mismatch. *Science* 340: 488–491.
Reid, C. 1899. *The Origin of the British Flora*. London: Dulau and Company.
Robbirt, K. M., D. L. Roberts, M. J. Hutchings, and A. J. Davy. 2014. Potential disruption of pollination in a sexually deceptive orchid by climatic change. *Current Biology* 24: 845–849.
Rosenberger, D. W., R. C. Venette, M. P. Maddox, and B. H. Aukema. 2017. Colonization behaviors of mountain pine beetle on novel hosts: implications for range expansion into northeastern North America. *PloS One* 12: e0176269.
Safranyik, L., and B. Wilson, eds. 2006. *The Mountain Pine Beetle: A Synthesis of Biology, Management and Impacts on Lodgepole Pine*. Victoria, BC: Canadian Forest Service.
Saintilan, N., N. Wilson, K. Rogers, A. Rajkaran, et al. 2014. Mangrove expansion and salt marsh decline at mangrove poleward limits. *Global Change Biology* 20: 147–157.
Sanford, E., J. L. Sones, M. García-Reyes, J. H. Goddard, et al. 2019. Widespread shifts in the coastal biota of northern California during the 2014–2016 marine heatwaves. *Scientific Reports* 9: 1–14.
Saunders, S. P., N. L. Michel, B. L. Bateman, C. B. Wilsey, et al. 2020. Community science validates climate suitability projections from ecological niche modeling. *Ecological Applications* 30: e02128. DOI: 10.1002/eap.2128.
Schiebelhut, L. M., J. B. Puritz, and M. N. Dawson. 2018. Decimation by sea star wasting disease and rapid genetic change in a keystone species, *Pisaster ochraceus*. *Proceedings*

Ovadiah, A., and S. Mucznik. 2017. Myth and reality in the battle between the Pygmies and the cranes in the Greek and Roman worlds. *Gerión* 35: 151–166.

Parker, G. 2017. *Global Crisis: War, Climate Change and Catastrophe in the Seventeenth Century*. New Haven, CT: Yale University Press.

Parmesan, C. 2006. Ecological and evolutionary responses to recent climate change. *Annual Review of Ecology, Evolution, and Systematics* 37: 637–669.

Parmesan, C., and M. E. Hanley. 2015. Plants and climate change: complexities and surprises. *Annals of Botany* 116: 849–864.

Pashalidou, F. G., H. Lambert, T. Peybernes, M. C. Mescher, et al. 2020. Bumble bees damage plant leaves and accelerate flower production when pollen is scarce. *Science* 368: 881–884.

Pateman, R. M., J. K. Hill, D. B. Roy, R. Fox, et al. 2012. Temperature-dependent alterations in host use drive rapid range expansion in a butterfly. *Science* 336: 1028–1030.

Peck, V. L., R. L. Oakes, E. M. Harper, C. Manno, et al. 2018. Pteropods counter mechanical damage and dissolution through extensive shell repair. *Nature Communications* 9. DOI: 10.1038/s41467-017-02692-w.

Peck, V. L., G. A. Tarling, C. Manno, E. M. Harper, et al. 2016. Outer organic layer and internal repair mechanism protects pteropod *Limacina helicina* from ocean acidification. *Deep Sea Research*, Part II: *Topical Studies in Oceanography* 127: 41–52.

Pecl, G. T., M. B. Araújo, J. D. Bell, J. Blanchard, et al. 2017. Biodiversity redistribution under climate change: impacts on ecosystems and human well-being. *Science* 355: eaai9214. DOI: 10.1126/science.aai9214.

Pederson, N., A. E. Hessl, N. Baatarbileg, K. J. Anchukaitis, et al. 2014. Pluvials, droughts, the Mongol Empire, and modern Mongolia. *Proceedings of the National Academy of Sciences* 111: 4375–4379.

Petit, J. R., J. Jouzel, D. Raynaud, N. I. Barkov, et al. 1999. Climate and atmospheric history of the past 420,000 years from the Vostok ice core, Antarctica. *Nature* 399: 429–436.

Pettersson, T., and M. Öberg. 2020. Organized violence, 1989–2019. *Journal of Peace Research* 57: 597–613.

Pfister, C. A., R. T. Paine, and J. T. Wootton. 2016. The iconic keystone predator has a pathogen. *Frontiers in Ecology and the Environment* 14: 285–286.

Porfirio, L. L., R. M. Harris, E. C. Lefroy, S. Hugh, et al. 2014. Improving the use of species distribution models in conservation planning and management under climate change. *PLoS One* 9: e113749.

Prevey, J. S. 2020. Climate change: flowering time may be shifting in surprising ways. *Current Biology* 30: R112–R114.

Priestley, J. 1781. *Experiments and Observations on Different Kinds of Air*. London: J.

glacial landforms as refugia in warming climates. *Arctic, Antarctic, and Alpine Research* 42: 76–88.

Millar, C. I., R. D. Westfall, and D. L. Delany. 2014. Thermal regimes and snowpack relations of periglacial talus slopes, Sierra Nevada, California, USA. *Arctic, Antarctic, and Alpine Research* 46: 483–504.

Millar, C. I., R. D. Westfall, and D. L. Delany. 2016. Thermal components of American pika habitat—how does a small lagomorph encounter climate? *Arctic, Antarctic, and Alpine Research* 48: 327–343.

Miller, M. 1974. *Plain Speaking: An Oral Biography of Harry S. Truman*. New York: G. P. Putnam's Sons.

Miller-Rushing, A. J., and R. B. Primack. 2008. Global warming and flowering times in Thoreau's Concord: a community perspective. *Ecology* 89: 332–341.

Mitton, J. B., and S. M. Ferrenberg. 2012. Mountain pine beetle develops an unprecedented summer generation in response to climate warming. *The American Naturalist* 179: E163–E171.

Morelli, T. L., C. Daly, S. Z. Dobrowski, D. M. Dulen, et al. 2016. Managing climate change refugia for climate adaptation. *PLoS One* 11: e0159909.

Moret, P., P. Muriel, R. Jaramillo, and O. Dangles. 2019. Humboldt's Tableau Physique revisited. *Proceedings of the National Academy of Sciences* 116: 12889–12894.

Moritz, C., and R. Agudo. 2013. The future of species under climate change: resilience or decline? Science 341: 505–508.

Muhlfeld, C. C., R. P. Kovach, R. Al-Chokhachy, S. J. Amish, et al. 2017. Legacy introductions and climatic variation explain spatio-temporal patterns of invasive hybridization in a native trout. *Global Change Biology* 23: 4663–4674.

Muhlfeld, C. C., R. P. Kovach, L. A. Jones, R. Al-Chokhachy, et al. 2014. Invasive hybridization in a threatened species is accelerated by climate change. *Nature Climate Change* 4: 620–624.

Newmark, W. D., and T. R. Stanley. 2011. Habitat fragmentation reduces nest survival in an Afrotropical bird community in a biodiversity hotspot. *Proceedings of the National Academy of Sciences* 108: 11488–11493.

Nogués-Bravo, D., F. Rodríguez-Sánchez, L. Orsini, E. de Boer, et al. 2018. Cracking the code of biodiversity responses to past climate change. *Trends in Ecology & Evolution* 33: 765–776.

Ntie, S., A. R. Davis, K. Hils, P. Mickala, et al. 2017. Evaluating the role of Pleistocene refugia, rivers and environmental variation in the diversification of central African duikers （genera *Cephalophus* and *Philantomba*）. *BMC Evolutionary Biology* 17: 212. DOI:10.1186/s12862-017-1054-4.

Lourenço, C. R., G. I. Zardi, C. D. McQuaid, E. A. Serrao, et al. 2016. Upwelling areas as climate change refugia for the distribution and genetic diversity of a marine macroalga. *Journal of Biogeography* 43: 1595–1607.

Mabey, R. 1986. *Gilbert White: A Biography of the Author of "The Natural History of Selborne."* London: Century Hutchinson Ltd.

Macias-Fauria, M., P. Jepson, N. Zimov, and Y. Malhi. 2020. Pleistocene Arctic megafaunal ecological engineering as a natural climate solution? *Philosophical Transactions of the Royal Society B* 375: 20190122. DOI:10.1098/rstb.2019.0122.

Mackay, C. 1859. *The Collected Songs of Charles Mackay*. London: G. Routledge and Co.

Mackey, B., S. Berry, S. Hugh, S. Ferrier, et al. 2012. Ecosystem greenspots: identifying potential drought, fire, and climate-change micro-refuges. *Ecological Applications* 22: 1852–1864.

Marshall, G. 2014. *Don't Even Think About It: Why Our Brains Are Wired to Ignore Climate Change*. New York: Bloomsbury.

Martin, T.-H. 1868. *Galilée: Les Droits de la Science et la Méthode des Sciences Physiques*. Paris: Didier et Cie.

Mayhew, P. J., G. B. Jenkins, and T. G. Benton. 2008. A long-term association between global temperature and biodiversity, origination and extinction in the fossil record. *Proceedings of the Royal Society B: Biological Sciences* 275: 47–53.

McConnell, J. R., M. Sigl, G. Plunkett, A. Burke, et al. 2020. Extreme climate after massive eruption of Alaska's Okmok volcano in 43 BCE and effects on the late Roman Republic and Ptolemaic Kingdom. *Proceedings of the National Academy of Sciences* 117: 15443–15449.

McCrea, W. H. 1963. Cosmology, a brief review. *Quarterly Journal of the Royal Astronomical Society* 4: 185–202.

McEvoy, B. P., and P. M. Visscher. 2009. Genetics of human height. *Economics & Human Biology* 7: 294–306.

McInerney, F. A., and S. L. Wing. 2011. The Paleocene-Eocene Thermal Maximum: a perturbation of carbon cycle, climate, and biosphere with implications for the future. *Annual Review of Earth and Planetary Sciences* 39: 489–516.

Merilä, J., and A. P. Hendry. 2014. Climate change, adaptation, and phenotypic plasticity: the problem and the evidence. *Evolutionary Applications* 7: 1–14.

Millar, C. I., D. L. Delany, K. A. Hersey, M. R. Jeffress, et al. 2018. Distribution, climatic relationships, and status of American pikas (*Ochotona princeps*) in the Great Basin, USA. *Arctic, Antarctic, and Alpine Research* 50: p.e1436296.

Millar, C. I., and R. D. Westfall. 2010. Distribution and climatic relationships of the American pika (*Ochotona princeps*) in the Sierra Nevada and western Great Basin, USA: peri-

Kooiman, M., and J. Amash. 2011. *The Quality Companion*. Raleigh, NC: TwoMorrows Publishing.

Körner, C., and E. Spehn. 2019. A Humboldtian view of mountains. *Science* 365: 1061.

Kovach, R. P., B. K. Hand, P. A. Hohenlohe, T. F. Cosart, et al. 2016. Vive la résistance: genome-wide selection against introduced alleles in invasive hybrid zones. *Proceedings of the Royal Society B: Biological Sciences* 283: 20161380.

Kutschera, U. 2003. A comparative analysis of the Darwin-Wallace papers and the development of the concept of natural selection. *Theory in Biosciences* 122: 343–359.

Kuzawa, C. W., and J. M. Bragg. 2012. Plasticity in human life history strategy: implications for contemporary human variation and the evolution of genus *Homo*. *Current Anthropology* 53: S369–S382.

LaBar, T., and C. Adami. 2017. Evolution of drift robustness in small populations. *Nature Communications* 8: 1–12.

La Sorte, F., and F. Thompson. 2007. Poleward shifts in winter ranges of North American birds. *Ecology* 88: 1803–1812.

Lenoir, J., J. C. Gégout, A. Guisan, P. Vittoz, et al. 2010. Going against the flow: potential mechanisms for unexpected downslope range shifts in a warming climate. *Ecography* 33: 295–303.

Lenz, L. W. 2001. Seed dispersal in *Yucca brevifolia* (Agavaceae)—present and past, with consideration of the future of the species. *Aliso: A Journal of Systematic and Evolutionary Botany* 20: 61–74.

Le Row, C. B. 1887. *English as She is Taught: Genuine Answers to Examination Questions in our Public Schools*. New York: Cassell and Company.

Liao, W., C. T. Atkinson, D. A. LaPointe, and M. D. Samuel. 2017. Mitigating future avian malaria threats to Hawaiian forest birds from climate change. *PLoS One* 12: e0168880. https://doi.org/10.1371/journal.pone.0168880.

Lindgren, B. S., and K. F. Raffa. 2013. Evolution of tree killing in bark beetles (Coleoptera: Curculionidae): trade-offs between the maddening crowds and a sticky situation. *The Canadian Entomologist* 145: 471–495.

Ling, S. D., C. R. Johnson, K. Ridgeway, A. J. Hobday, et al. 2009. Climate-driven range extension of a sea urchin: inferring future trends by analysis of recent population dynamics. *Global Change Biology* 15: 719–731.

Little, A. G., D. N. Fisher, T. W. Schoener, and J. N. Pruitt. 2019. Population differences in aggression are shaped by tropical cyclone-induced selection. *Nature Ecology and Evolution* 3: 1294–1297.

Lorenz, E. N. 1963. The predictability of hydrodynamic flow. *Transactions of the New York Academy of Sciences*, Series II 25: 409–432.

ing climate. *Global Change Biology* 19: 2089–2103.

Huey, R. B., J. B. Losos, and C. Moritz. 2010. Are lizards toast? *Science* 328: 832–833.

Hulme, M. 2009. On the origin of "the greenhouse effect": John Tyndall's 1859 interrogation of nature. *Weather* 64: 121–123.

Hutton, J. 1788. Theory of the earth. *Transactions of the Royal Society of Edinburgh* 1: 209.

Isaak, D. J., M. K. Young, C. H. Luce, S. W. Hostetler, et al. 2016. Slow climate velocities of mountain streams portend their role as refugia for cold-water biodiversity. *Proceedings of the National Academy of Sciences* 113: 4374–4379.

Jefferson, T. 1803. Jefferson's instructions to Meriwether Lewis. Letter dated June 20, 1803. Archived at www.monticello.org. Accessed October 31, 2018.

Jerome, J. K. 1889. *Three Men in a Boat*. London: Simpkin, Marchall, Hamilton, Kent & Co.（ジェローム『ボートの三人男』丸谷才一訳、中央公論新社ほか）

Johnson, C. R., S. C. Banks, N. S. Barrett, F. Cazassus, et al. 2011. Climate change cascades: shifts in oceanography, species' ranges and subtidal marine community dynamics in eastern Tasmania. *Journal of Experimental Marine Biology and Ecology* 400: 17–32.

Johnson, S. 2008. *The Invention of Air*. New York: Riverhead Books.

Johnson, W. C., and C. S. Adkisson. 1986. Airlifting the oaks. *Natural History* 95: 40–47.

Johnson, W. C., and T. Webb III. 1989. The role of blue jays（*Cyanocitta cristata* L.）in the postglacial dispersal of fagaceous trees in eastern North America. *Journal of Biogeography* 16: 561–571.

Johnson-Groh, C., and D. Farrar. 1985. Flora and phytogeographical history of Ledges State Park, Boone County, Iowa. *Proceedings of the Iowa Academy of Science* 92: 137–143.

Jost, J. T. 2015. Resistance to change: a social psychological perspective. *Social Research* 82: 607–636.

Karell, P., K. Ahola, T. Karstinen, J. Valkama, et al. 2011. Climate change drives microevolution in a wild bird. *Nature Communications* 2: 1–7.

Keith, S. A., A. H. Baird, J. P. A. Hobbs, E. S. Woolsey, et al. 2018. Synchronous behavioural shifts in reef fishes linked to mass coral bleaching. *Nature Climate Change* 8: 986–991.

Kirchman, J. J., and K. J. Schneider. 2014. Range expansion and the breakdown of Bergmann's Rule in red-bellied woodpeckers（*Melanerpes carolinus*）. *The Wilson Journal of Ornithology* 126: 236–248.

Koch, A., C. Brierley, M. M. Maslin, and S. L. Lewis. 2019. Earth system impacts of the European arrival and Great Dying in the Americas after 1492. *Quaternary Science Reviews* 207: 13–36.

Kolbert, E. 2014. *The Sixth Extinction: An Unnatural History*. New York: Henry Holt.（コルバート『6度目の大絶滅』鍛原多惠子訳、NHK出版）

demic and a marine heat wave are associated with the continental-scale collapse of a pivotal predator (*Pycnopodia helianthoides*) . *Science Advances* 5: eaau7042. DOI: 0.1126/sciadv.aau7042.

Harvell, D. 2019. *Ocean Outbreak: Confronting the Tide of Marine Disease*. Oakland: University of California Press.

Hassal, C., S. Keat, D. J. Thompson, and P. C. Watts. 2014. Bergmann's rule is maintained during a rapid range expansion in a damselfly. *Global Change Biology* 20: 475–482.

Heberling, J. M., M. McDonough, J. D. Fridley, S. Kalisz, et al. 2019. Phenological mismatch with trees reduces wildflower carbon budgets. *Ecology Letters* 22: 616–623.

Hegarty, M. J., and S. J. Hiscock. 2005. Hybrid speciation in plants: new insights from molecular studies. *New Phytologist* 165: 411–423.

Heller, J. L. 1983. Notes on the titulature of Linnaean dissertations. *Taxon* 32: 218–252.

Hendry, A. P., K. M. Gotanda, and E. I. Svensson. 2017. Human influences on evolution, and the ecological and societal consequences. *Philosophical Transactions of the Royal Society B* 372: 20160028.

Herbert, S. 2005. *Charles Darwin, Geologist*. Ithaca, NY: Cornell University Press.

Hewson, I., J. B. Button, B. M. Gudenkauf, B. Miner, et al. 2014. Densovirus associated with sea-star wasting disease and mass mortality. *Proceedings of the National Academy of Sciences* 111: 17278–17283.

Hilborn, R. C. 2004. Sea gulls, butterflies, and grasshoppers: a brief history of the butterfly effect in nonlinear dynamics. *American Journal of Physics* 72: 425–427.

Hill, J. K., C. D. Thomas, and D. S. Blakely. 1999. Evolution of flight morphology in a butterfly that has recently expanded its geographic range. *Oecologia* 121: 165–170.

Hocking, M. D., and T. E. Reimchen. 2002. Salmon-derived nitrogen in terrestrial invertebrates from coniferous forests of the Pacific Northwest. *BMC Ecology* 2: 4.

Hoffmann, R., A. Dimitrova, R. Muttarak, J. Crespo Cuaresma, et al. 2020. A meta-analysis of country-level studies on environmental change and migration. *Nature Climate Change* 10. DOI: 10.1038/s41558-020-0898-6.

Holdridge, L. R. 1947. Determination of world plant formations from simple climatic data. *Science* 105: 367–368.

Holdridge, L. R. 1967. *Life Zone Ecology*. San Jose, Costa Rica: Tropical Science Center.

Honey-Marie, C., A. L. Carroll, and B. H. Aukema. 2012. Breach of the northern Rocky Mountain geoclimatic barrier: initiation of range expansion by the mountain pine beetle. *Journal of Biogeography* 39: 1112–1123.

Hort, A., transl. 1938. *The Critica Botanica of Linnaeus*. London: The Ray Society.

Hoving, H.-J. T., W. F. Gilly, U. Markaida, K. J. Benoit-Bird, et al. 2013. Extreme plasticity in life-history strategy allows a migratory predator (jumbo squid) to cope with a chang-

Franks, S. J., J. J. Webber, and S. N. Aitken. 2014. Evolutionary and plastic responses to climate change in terrestrial plant populations. *Evolutionary Applications* 7: 123–139.

Freeman, B. G., and A. M. C. Freeman. 2014. Rapid upslope shifts in New Guinean birds illustrate strong distributional responses of tropical montane species to global warming. *Proceedings of the National Academy of Sciences* 111: 4490–4494.

Freeman B. G., J. A. Lee-Yaw, J. Sunday, and A. L. Hargreaves. 2017. Expanding, shifting and shrinking: the impact of global warming on species' elevational distributions. *Global Ecology and Biogeography* 27: 1268–1276.

Freeman, B. G., M. N. Scholer, V. Ruiz-Gutierrez, and J. W. Fitzpatrick. 2018. Climate change causes upslope shifts and mountaintop extirpations in a tropical bird community. *Proceedings of the National Academy of Sciences* 115: 11982–11987.

Fritz, A. 2017. This city in Alaska is warming so fast, algorithms removed the data because it seemed unreal. *The Washington Post*, December 12, 2017. Archived at www.washingtonpost.com. Accessed March 20, 2019.

Gallinat, A. S., R. B. Primack, and D. L. Wagner. 2015. Autumn, the neglected season in climate change research. *Trends in Ecology and Evolution* 30: 169–176.

Gardner, J., C. Manno, D. C. Bakker, V. L. Peck, et al. 2018. Southern Ocean pteropods at risk from ocean warming and acidification. *Marine Biology* 165. DOI: 10.1007/s00227-017-3261-3.

Gienapp, P., C. Teplitsky, J. S. Alho, J. A. Mills, et al. 2008. Climate change and evolution: disentangling environmental and genetic responses. *Molecular Ecology* 17: 167–178.

Gould, S. J. 2007. *Punctuated Equilibrium*. Cambridge, MA: The Belknap Press of Harvard University Press.

Grant, P. R., B. R. Grant, R. B. Huey, M. T. Johnson, et al. 2017. Evolution caused by extreme events. *Philosophical Transactions of the Royal Society B: Biological Sciences* 372: 20160146. DOI: 10.1098/rstb.2016.014.

Greiser, C., J. Ehrlén, E. Meineri, and K. Hylander. 2019. Hiding from the climate: characterizing microrefugia for boreal forest understory species. *Global Change Biology* 26: 471–483.

Grémillet, D., J. Fort, F. Amélieneau, E. Zakharova, et al. 2015. Arctic warming: nonlinear impacts of sea-ice and glacier melt on seabird foraging. *Global Change Biology* 21: 1116–1123.

Hannah, L. 2015. *Climate Change Biology*. 2nd Edition. London: Academic Press.

Hanson, T., W. Newmark, and W. Stanley. 2007. Forest fragmentation and predation on artificial nests in the Usambara Mountains, Tanzania. *African Journal of Ecology* 45: 499–507.

Harvell, C. D., D. Montecino-Latorre, J. M. Caldwell, J. M. Burt, et al. 2019. Disease epi-

but maintain fecundity in response to an outbreak of mountain pine bark beetles. *Forest Ecology and Management* 261: 203–210.

Eisenlord, M. E., M. L. Groner, R. M. Yoshioka, J. Elliott, et al. 2016. Ochre star mortality during the 2014 wasting disease epizootic: role of population size structure and temperature. *Philosophical Transactions of the Royal Society B: Biological Sciences* 371: 20150212. DOI: 1098/rstb.2015.0212.

Ekmarck, D. 1781. On the Migration of Birds. In F. J. Brand, transl., *Select Dissertations from the Amoenitates Academicae* 215–263. London: G. Robinson, Bookseller.

Eldredge, N., and S. J. Gould. 1972. "Punctuated Equilibria: An Alternative to Phyletic Gradualism." In T. J. M. Schopf, ed., *Models in Paleobiology*, 82–115. San Francisco: Freeman, Cooper & Co.

Ellwood, E. R., J. M. Diez, I. Ibánez, R. B. Primack, et al. 2012. Disentangling the paradox of insect phenology: are temporal trends reflecting the response to warming? *Oecologia* 168: 1161–1171.

Ellwood, E. R., S. A. Temple, R. B. Primack, N. L. Bradley, et al. 2013. Recordbreaking early flowering in the eastern United States. *PLoS One* 8: e53788.

Emanuel, W. R., H. H. Shugart, and M. P. Stevenson. 1985. Climatic change and the broad-scale distribution of terrestrial ecosystem complexes. *Climatic Change* 7: 29–43.

Erlenbach, J. A., K. D. Rode, D. Raubenheimer, and C. T. Robbins. 2014. Macronutrient optimization and energy maximization determine diets of brown bears. *Journal of Mammalogy* 95: 160–168.

Evans, S. R., and L. Gustafsson. 2017. Climate change upends selection on ornamentation in a wild bird. *Nature Ecology & Evolution* 1: 1–5.

Fagan, B. 2000. *The Little Ice Age: How Climate Made History*. New York: Basic Books.（フェイガン『歴史を変えた気候大変動』東郷えりか・桃井緑美子訳、河出書房新社）

Fagen, J. M., and R. Fagen. 1994. Bear-human interactions at Pack Creek, Alaska. *International Conference on Bear Research and Management* 9: 109–114.

Fairfield, A. H., ed. 1890. *Starting Points: How to Make a Good Beginning*. Chicago: Young Men's Era Publishing Company.

Fei, S., J. M. Desprez, K. M. Potter, I. Jo, et al. 2017. Divergence of species responses to climate change. *Science Advances* 3: e1603055.

Fordham, D. A., S. T. Jackson, S. C. Brown, B. Huntley, et al. 2020. Using paleo-archives to safeguard biodiversity under climate change. *Science* 369: eabc5654. DOI: 10.1126/science.abc5654.

Foster, D. R., and T. M. Zebryk. 1993. Long-term vegetation dynamics and disturbance history of a *Tsuga*-dominated forest in New England. *Ecology* 74: 982–998.

Crawford, E. 1996. *Arrhenius: From Ionic Theory to the Greenhouse Effect*. Canton, MA: Science History Publications.

Crimmins S., S. Dobrowski, J. Greenberg, J. Abatzoglou, et al. 2011. Changes in climatic water balance drive downhill shifts in plant species' optimum elevations. *Science* 331: 324–327.

Cronin, T. M. 2010. *Paleoclimates*. New York: Columbia University Press.

Crozier, L. G., and J. A. Hutchings. 2014. Plastic and evolutionary responses to climate change in fish. *Evolutionary Applications* 7: 68–87.

Cudmore, T. J., N. Björklund, A. L. Carroll, and S. Lindgren. 2010. Climate change and range expansion of an aggressive bark beetle: evidence of higher beetle reproduction in naïve host tree populations. *Journal of Applied Ecology* 47: 1036–1043.

da Rocha, G. D., and I. L. Kaefer. 2019. What has become of the refugia hypothesis to explain biological diversity in Amazonia? *Ecology and Evolution* 9: 4302–4309.

Darwin, C. 2004. *The Voyage of the Beagle*（1909 text）. Washington, DC: National Geographic Adventure Classics.（ダーウィン『ビーグル号航海記』荒俣宏訳、平凡社ほか）

Darwin, C. 2008. *On the Origin of Species: The Illustrated Edition*（1859 text）. New York: Sterling.（ダーウィン『種の起源』渡辺政隆訳、光文社ほか）

Deacy, W. W., J. B. Armstrong, W. B. Leacock, C. T. Robbins, et al. 2017. Phenological synchronization disrupts trophic interactions between Kodiak brown bears and salmon. *Proceedings of the National Academy of Sciences* 114: 10432–10437.

Deacy, W., W. Leacock, J. B. Armstrong, and J. A. Stanford. 2016. Kodiak brown bears surf the salmon red wave: direct evidence from GPS collared individuals. *Ecology* 97: 1091–1098.

Dessler, A. 2016. *Introduction to Modern Climate Change*. New York: Cambridge University Press.（デスラー『現代気候変動入門』神沢博監訳、石本美智訳、名古屋大学出版会）

di Lampedusa, G. 1960. *The Leopard*. New York: Pantheon Books.（ランペドゥーサ『山猫』小林惺訳、岩波書店ほか）

Donihue, C. M., A. Herrel, A. C. Fabre, A. Kamath, et al. 2018. Hurricane-induced selection on the morphology of an island lizard. *Nature* 560: 88–91.

Dooley, K. J. 2009. The butterfly effect of the "butterfly effect." *Nonlinear Dynamics, Psychology, and Life Sciences* 13: 279–288.

Draper, A. M., and M. Weissburg. 2019. Impacts of global warming and elevated CO_2 on sensory behavior in predator-prey interactions: a review and synthesis. *Frontiers in Ecology and Evolution* 7: 72–91.

Edworthy, A. B., M. C. Drever, and K. Martin. 2011. Woodpeckers increase in abundance

Scientific Reports 6: 18842.

Burke, K. D., J. W. Williams, M. A. Chandler, A. M. Haywood, et al. 2018. Pliocene and Eocene provide best analogs for near-future climates. *Proceedings of the National Academy of Sciences* 115: 13288–13293.

Burnet, J. 1892. *Early Greek Philosophy*. London: Adam and Charles Black.（バーネット『初期ギリシア哲学』西川亮訳、以文社）

Candolin, U., T. Salesto, and M. Evers. 2007. Changed environmental conditions weaken sexual selection in sticklebacks. *Journal of Evolutionary Biology* 20: 233–239.

Carlson, S. M. 2017. Synchronous timing of food resources triggers bears to switch from salmon to berries. *Proceedings of the National Academy of Sciences* 114: 10309–10311.

Caruso, N. M., M. W. Sears, D. C. Adams, and K. R. Lips. 2014. Widespread rapid reductions in body size of adult salamanders in response to climate change. *Global Change Biology* 20: 1751–1759.

Carver, T. N. 1915. *Essays in Social Justice*. Cambridge, MA: Harvard University Press.

Chan-McLeod, A. C. A. 2006. A review and synthesis of the effects of unsalvaged mountain-pine-beetle-attacked stands on wildlife and implications for forest management. *BC Journal of Ecosystems and Management* 7: 119–132.

Chen, I., J. K. Hill, R. Ohlemüler, D. B. Roy, et al. 2011. Rapid range shifts of species associated with high levels of climate warming. *Science* 333: 1024–1026.

Christie, K. S., and T. E. Reimchen. 2008. Presence of salmon increases passerine density on Pacific Northwest streams. *The Auk* 125: 51–59.

Clairbaux, M., J. Fort, P. Mathewson, W. Porter, H. Strøm, et al. 2019. Climate change could overturn bird migration: transarctic flights and high-latitude residency in a sea ice free Arctic. *Scientific Reports* 9: 1–13.

Clark, J. S., C. Fastie, G. Hurtt, S. T. Jackson, et al. 1998. Reid's paradox of rapid plant migration: dispersal theory and interpretation of paleoecological records. *BioScience* 48: 13–24.

Cleese, J., E. Idle, G. Chapman, T. Jones, et al. 1974. *Monty Python and the Holy Grail Screenplay*. London: Methuen.

Cole, K. L., K. Ironside, J. Eischeid, G. Garfin, et al. 2011. Past and ongoing shifts in Joshua tree distribution support future modeled range contraction. *Ecological Applications* 21: 137–149.

Cooke, B. J., and A. J. Carroll. 2017. Predicting the risk of mountain pine beetle spread to eastern pine forests: considering uncertainty in uncertain times. *Forest Ecology and Management* 396: 11–25.

Corlett, R. T., and D. A. Westcott. 2013. Will plant movements keep up with climate change? *Trends in Ecology & Evolution* 28: 482–488.

of Aquatic Organisms 86: 245–251.
Bateson, P., D. Barker, T. Clutton-Brock, D. Deb, et al. 2004. Developmental plasticity and human health. *Nature* 430: 419–421.
Becker, M., N. Gruenheit, M. Steel, C. Voelckel, et al. 2013. Hybridization may facilitate in situ survival of endemic species through periods of climate change. *Nature Climate Change* 3: 1039–1043.
Bednaršek, N., R. A. Feely, J. C. P. Reum, B. Peterson, et al. 2014. *Limacina helicina* shell dissolution as an indicator of declining habitat suitability owing to ocean acidification in the California Current Ecosystem. *Proceedings of the Royal Society B* 281: 20140123.
Beechey, F. W. 1843. *A Voyage of Discovery Towards the North Pole*. London: Richard Bentley.
Bellard, C., W. Thuiller, B. Leroy, P. Genovesi, et al. 2013. Will climate change promote future invasions? *Global Change Biology* 12: 3740–3748.
Bevington, D., ed. 1980. *The Complete Works of Shakespeare*. Glenview, IL: Scott, Foresman and Company.
Blom, P. 2017. *Nature's Mutiny*. New York: Liveright Publishing Company.
Bordier, C., H. Dechatre, S. Suchail, M. Peruzzi, et al. 2017. Colony adaptive response to simulated heat waves and consequences at the individual level in honeybees (*Apis mellifera*). *Scientific Reports* 7: 3760.
Botkin, D. B., H. Saxe, M. B. Araújo, R. Betts, et al. 2007. Forecasting the effects of global warming on biodiversity. *BioScience* 57: 227–236.
Botta, F., D. Dahl-Jensen, C. Rahbek, A. Svensson, et al. 2019. Abrupt change in climate and biotic systems. *Current Biology* 29: R1045–R1054.
Boutin, S., and J. E. Lane. 2014. Climate change and mammals: evolutionary versus plastic responses. *Evolutionary Applications* 7: 29–41.
Brakefield, P. M., and P. W. de Jong. 2011. A steep cline in ladybird melanism has decayed over 25 years: a genetic response to climate change? *Heredity* 107: 574–578.
Breedlovestrout, R. L. 2011. "Paleofloristic Studies in the Paleogene Chuckanut Basin, Western Washington, USA." PhD dissertation. Moscow: University of Idaho, 952 pp.
Breedlovestrout, R. L., B. J. Evraets, and J. T. Parrish. 2013. New Paleogene paleoclimate analysis of western Washington using physiognomic characteristics from fossil leaves. *Palaeogeography, Palaeoclimatology, Palaeoecology* 392: 22–40.
Bromwich, D. H., E. R. Toracinta, H. Wei, R. J. Oglesby, et al. 2004. Polar MM5 simulations of the winter climate of the Laurentide Ice Sheet at the LGM. *Journal of Climate* 17: 3415–3433.
Brooker, R. M., S. J. Brandl, and D. L. Dixson. 2016. Cryptic effects of habitat declines: coral-associated fishes avoid coral-seaweed interactions due to visual and chemical cues.

参考文献

Anderson, J. T., and Z. J. Gezon. 2014. Plasticity in functional traits in the context of climate change: a case study of the subalpine forb *Boechera stricta*（Brassicaceae）. *Global Change Biology* 21: 1689–1703.

Anthony, N. M., M. Johnson-Bawe, K. Jeffery, S. L. Clifford, et al. 2007. The role of Pleistocene refugia and rivers in shaping gorilla genetic diversity in central Africa. *Proceedings of the National Academy of Sciences* 104: 20432–20436.

Aronson, R. B., K. E. Smith, S. C. Vos, J. B. McClintock, et al. 2015. No barrier to emergence of bathyal king crabs on the Antarctic Shelf. *Proceedings of the National Academy of Sciences* 112: 12997–13002.

Arrhenius, S. 1908. *Worlds in the Making: The Evolution of the Universe*. New York: Harper and Brothers.

Aubret, F., and R. Shine. 2010. Thermal plasticity in young snakes: how will climate change affect the thermoregulatory tactics of ectotherms? *The Journal of Experimental Biology* 213: 242–248.

Austen, J. 2015（1816）. *Emma*. 200th Anniversary Annotated Edition. New York: Penguin.（オースティン『エマ』中野康司訳、筑摩書房ほか）

Bailey, I. W., and E. W. Sinnott. 1916. The climatic distribution of certain types of angiosperm leaves. *American Journal of Botany* 3: 24–39.

Barnosky, A. 2014. *Dodging Extinction: Power, Food, Money, and the Future of Life on Earth*. Oakland: University of California Press.

Barnosky, A. D., P. L. Koch, R. S. Feranec, S. L. Wing, et al. 2004. Assessing the causes of late Pleistocene extinctions on the continents. *Science* 306: 70–75.

Bateman, B. L., L. Taylor, C. Wilsey, J. Wu, et al. 2020. Risk to North American birds from climate change-related threats. *Conservation Science and Practice* 2. DOI: 10.1111/csp2.243.

Bateman, B. L., C. Wilsey, L. Taylor, J. Wu, et al. 2020. North American birds require mitigation and adaptation to reduce vulnerability to climate change. *Conservation Science and Practice* 2. DOI: 10.1111/csp2.242.

Bates, A. E., B. J. Hilton, and C. D. G. Harley. 2009. Effects of temperature, season and locality on wasting disease in the keystone predatory sea star *Pisaster ochraceus*. *Diseases*

〈マ行〉

〈ヤ行〉

〈ラ行〉

〈タ行〉

〈ナ行〉

〈ハ行〉

索引

ソーア・ハンソン（THOR HANSON）
保全生物学者。グッゲンハイム財団フェロー、スウィッツァー財団環境研究フェロー。
自然に関する著作は高い評価を受け、『羽』（白揚社）でアメリカ自然史博物館のジョン・バロウズ賞、『種子』（白揚社）でファイ・ベータ・カッパ科学図書賞、『ハナバチがつくった美味しい食卓』（白揚社）でパシフィック・ノースウェスト・ブックアワードなど、数々の賞を受賞。
ワシントン州にある島で、妻と息子と暮らしている。

黒沢令子（くろさわ・れいこ）
鳥類生態学研究者、翻訳者。地球環境学博士。NPO 法人バードリサーチで野外鳥類調査の傍ら、翻訳に携わる。
著書に『時間軸で探る日本の鳥』（共編著、築地書館）、訳書に『羽』『種子』『ハナバチがつくった美味しい食卓』『美の進化』『鳥の卵』（以上、白揚社）、『フィンチの嘴』（共訳、早川書房）、『人類を熱狂させた鳥たち』（築地書館）など多数。

ISBN 978-4-8269-0257-1

温暖化《おんだんか》に負《ま》けない生《い》き物《もの》たち
気候変動を生き抜くしたたかな戦略

二〇二四年三月二十六日　第一版第一刷発行

著　者　ソーア・ハンソン
訳　者　黒沢《くろさわ》令子《れいこ》
発行者　中村幸慈
発行所　株式会社　白揚社　©2024 in Japan by Hakuyosha
〒101-0062　東京都千代田区神田駿河台1-7
電話　03-5281-9772　振替　00130-1-25400
装　幀　吉野　愛
印刷・製本　中央精版印刷株式会社